JIANGYU TIAOJIAN XIA
GAOYE XIAN HONGNIANTU
BIANPO WENDINGXING FENXI LILUN

降雨条件下高液限红黏土边坡稳定性分析理论

邱祥　曾铃　马吉倩　邹聪　李雄 ⊙ 著

·长沙·

图书在版编目(CIP)数据

降雨条件下高液限红黏土边坡稳定性分析理论 / 邱祥等著. —长沙：中南大学出版社，2023.4

ISBN 978-7-5487-5230-1

Ⅰ. ①降… Ⅱ. ①邱… Ⅲ. ①降雨—影响—粘土—边坡稳定性—研究 Ⅳ. ①TV698.2

中国版本图书馆 CIP 数据核字(2022)第 238217 号

降雨条件下高液限红黏土边坡稳定性分析理论

邱祥　曾铃　马吉倩　邹聪　李雄　著

□出 版 人　吴湘华

□责任编辑　刘锦伟

□责任印制　李月腾

□出版发行　中南大学出版社

社址：长沙市麓山南路　　邮编：410083

发行科电话：0731-88876770　　传真：0731-88710482

□印　　装　长沙雅鑫印务有限公司

□开　　本　787 mm×1092 mm 1/16　□印张 10.5　□字数 256 千字

□版　　次　2023 年 4 月第 1 版　□印次 2023 年 4 月第 1 次印刷

□书　　号　ISBN 978-7-5487-5230-1

□定　　价　66.00 元

前言

在我国南方地区公路、铁路等交通基础设施建设过程中，不可避免地需要穿越高液限红黏土地区，高液限红黏土边坡浅层失稳控制已经成为南方地区工程建设中的技术瓶颈。目前，针对高液限红黏土边坡的治理多采用“挂网喷浆”或“格构加固”技术。建设初期，采用上述技术治理的高液限红黏土边坡稳定性状态良好，但建成一段时间后，在南方地区湿热环境的长期作用下，高液限红黏土边坡坡面防护结构破坏严重，浅层失稳频繁，严重影响了交通道路的安全与畅通，增加了公路建设与维护成本，这一问题引起了工程建设人员的广泛关注。

高液限红黏土具有黏粒含量高、液塑限大、渗透性差、保水性强、毛细现象显著的特点，在我国南方地区分布广泛。南方地区降雨量大、气温高、晴雨天气交替频繁，因此，南方地区高液限红黏土边坡不可避免地受到干湿环境循环的影响，在上述因素的反复作用下，高液限红黏土物理力学性质会发生极大变化。因此，如何将高液限红黏土工程特性与我国路基设计规范相结合，在分析高液限红黏土物理力学性质的基础上，推导高液限红黏土物理力学参数随深度变化的数学模型，揭示降雨条件下边坡暂态饱和区形成机制与演化规律，提出暂态饱和边坡稳定性分析方法，形成半刚性支护生态综合处治成套技术，成为我国南方地区设计与科研人员亟待解决的工程难题。

本书从室内试验、理论分析、数值计算、处治技术等方面对高液限红黏土理化特性、工程特性及边坡暂态饱和区形成机理与演化规律、暂态饱和边坡稳定性分析方法、半刚性支护生态综合处治技术等方面进行了系统全面的阐述。本书共分6章，第1章为绪论，简要介绍岩土体力学特性、边坡水分迁移规律、边坡稳定性分析理论、边坡防护与加固技术研究现状；第2章阐述高液限红黏土地质成因、矿物与化学成分方面的内容；第3章从工程特性角度，阐述高液限红黏土抗剪强度、渗透系数、液塑限、土水特征曲线随土体深度的变化规律；第4章阐述降雨条件下高液限红黏土边坡暂态饱和区形成机理；第5章阐述降雨条件下高液限红黏土边坡暂态饱和区演化规律；第6章阐述降雨条件下高液限红黏土边坡稳定性分析方法。

全书由长沙理工大学组织撰写，第1、2章由邱祥博士、马吉倩博士撰写；第3、4章由邱祥博士、曾铃教授撰写；第5、6章由邱祥博士、李雄、邹聪撰写。全书由邱祥博士统稿。

由于笔者理论水平和实践经验有限，书中难免有欠缺、不妥甚至错误之处，恳请各位专家、学者和广大读者批评指正。

笔者

2022年10月

目录

第1章

绪　论

1.1　引言

我国南方地区山体的主要组成成分为红黏土[1]，其具有“水理性强、液塑限大、密度小、黏粒含量高”等特点[2-3]。我国南方地区降雨量大、气温高、晴雨天气交替频繁，因此，在此区域范围内的高液限红黏土边坡不可避免地会受到干湿循环的影响，在上述因素的反复作用下高液限红黏土物理力学性质会发生极大变化。

南方地区，多条在建和拟建的高速公路、高速铁路需要经过高液限红黏土分布区域，不可避免地会形成大量高液限红黏土人工边坡。经过大量研究、设计与施工人员多次会议研究与论证，决定采用常规坡面防护技术对高液限红黏土边坡进行治理。虽然采用该方法治理的高液限红黏土边坡在建设期及通车 2 年内，边坡稳定性状态良好，但是通车 2 年后，在南方地区湿热环境的长期作用下，高速公路、高速铁路沿线高液限红黏土边坡坡面防护结构破坏严重，浅层失稳频繁(图 1-1)，严重影响交通安全与畅通，增加公路建设与维护成本。

目前，已有不少针对高液限红黏土理化特性及边坡稳定性分析与控制方面的研究。在高液限红黏土理化特性研究方面，现有研究成果多侧重于分析高液限红黏土的基本性质，没有渗透系数、抗剪强度等参数空间分布方面的研究[4-5]。高液限红黏土边坡稳定性方法可以分为两种，第一种，根据有关边坡设计规范，将高液限红黏土边坡视为均质边坡，采用传统 Bishop 法、Janbu 法等方法进行边坡稳定性分析与支护结构设计[6-7]。第二种，在第一种的基础上进一步考虑岩土体饱和度变化及非饱和抗剪强度的影响[8]。虽然第二种方法较第一种方法进一步考虑了两种因素的影响，但是第二种方法尚未考虑边坡安全系数受土体理化特性参数空间分布、暂态水压力和饱水软化现象的影响，计算得到的边坡失稳破坏模式仍表现为深层整体滑移，与高液限红黏土边坡频频出现的浅层失稳破坏现象严重不符。由此可见，当前有关高液限红黏土理化特性空间分布特征、边坡暂态饱和区形成机制与演化规律、边坡浅层失稳机制及稳定性计算方法等诸多难题还有待解决。

图 1-1　高液限红黏土边坡浅层失稳

针对南方地区高液限红黏土边坡面临的浅层失稳破坏问题，本书拟结合湖南长韶娄高速公路某段左侧边坡水文地质实际情况，开展降雨条件下高液限红黏土边坡稳定性相关的试验、理论、数值模拟与计算方法研究，以期实现对高液限红黏土边坡浅层破坏潜在滑动面位置与边坡稳定性系数的精准预测，其研究思路与方法可以进一步推广到与我国南方地区气候相似的“一带一路”沿线国家与地区，具有极其重要的理论意义与工程实践推广价值。

1.2　岩土体力学特性研究现状

路堤边坡的稳定性与岩土体力学特性息息相关，近年来，由于工程建设的快速发展，学者对岩土体力学特性尤为重视，展开了大量的研究，取得了较为丰硕的成果。郑建东等[9]研究了固结条件下低液限粉土特性，发现了土体的应力-应变的剪胀特征；安然等[10]通过对原位花岗岩残积土开展自钻式旁压试验(SBPT)和预钻式旁压试验(PMT)在不同成孔时间后的对比分析，研究了土体原位强度指标、承载力特征值和刚度衰减性状的响应特征；王文军等[11]结合宏观和微观实验得到污染土的渗透和压缩特性的变化关系与机制；Shariatmadari 等[12]探讨了微观环境下，污染土的渗透压缩特性的变化规律及机制；Girgis 等[13]研究了低温下冻结砂质黏土的单轴压缩特性，得出该环境下土的形变规律；Yang 等[14]通过常规三轴压缩试验和巴西试验，研究具有水平和垂直层面的页岩试样在降低围压试验下的破坏过程和机理；王云飞等[15]采用真三轴试验，得到了重塑黏土的强度规律和应力-应变关系；涂义亮等[16]采用宏观试验，研究粉质黏土的应力-应变关系，得到了该关系随干湿循环次数的变化规律；刘文化等[17]通过CU试验得到了粉质黏土应力-应变曲线；彭丽云等[18]研究了粉土的排水剪切实验，得出了吸力和内摩擦角的变化关系；李焱等[19]采用干湿循环实验，研究了红土的裂隙发展规律；杨成松等[20]研究了含盐冻结粉质黏土在三轴实验中的应力-应变行为；李雄威等[21]分析了水化作用和温度作用下膨胀土变形和强度特性；丁自伟等[22]采用自研装置研究了矿区土体力学特性；冯德銮等[23]通过快剪试验得到了颗粒尺度效应，定量计算了单元模型的细观计算参数；邓博等[24]研究多种围压下饱和粉质黏土静力特性；蒋明镜等[25]探究了固结和压缩试验下原状土的压缩剪切特性；张升等[26]采用本构模型探讨了饱和土在温度作用下的力学特性；姜景山等[27]研究了轴对三轴实验下粗粒土的强度特性；Yang等[28]分析了单轴压缩试验和声波试验中绿泥石的力学性能退化规律；Ding等[29]评估了封闭系统冻融(FT)循环对两种路基土(低塑性贫黏土SS和高塑性贫黏土HC)的水-力学行为的影响。综上所述，以上针对干湿循环对岩土体力学性质的研究成果颇多，学者已经了解到由于干湿循环、浸水软化等因素对岩土体的抗剪强度、单轴抗压强度、渗透性能均能产生显著的影响，因而使得路堤边坡的稳定性受到极大的冲击。

1.3 边坡水分迁移规律研究现状

降雨入渗是导致边坡发生失稳的“罪魁祸首”，近年来，边坡垮塌、浅层失稳频繁发生。在雨水入渗过程中，孔隙水压力、体积含水率、基质吸力等强度参数发生显著变化。目前，国内外学者对该问题做了大量研究[30]。张仓[31]采用数值分析方法讨论了边坡孔和体积含水率的变化；包小华等[32]通过模型试验，得出不同入渗边界条件下边坡土体破坏规律；张昊[33]结合案例得到了坡体安全性时间特征受岩土体性质和降雨渗流的影响规律；张豹等[34]采用数值方法研究了孔压、土体特性和暂态饱和区与水位线的变化规律；Geng等[35]通过对地电场参数的分析，推断出降雨渗透路径的演化过程；Hazreek等[36]采用了基于电阻率法的斜坡渗流填图的地球物理工具对边坡进行监测，得出电阻率成像在考虑成本、时间、数据覆盖和可持续性等方面的适用性；杨世豪等[37]通过数值模拟方法研究坡体渗流规律，研究了降雨过程中孔压的变化规律；曾文西等[38]研究了渗透系数对边坡安全性的影响；付宏渊等[39]通过数值计算，得到了降雨入渗过程中孔压与暂态饱和区面积的分布规律；荣冠等[40]采用自研程序研究了降雨入渗过程中边坡渗流区的变化规律；王培清等[41]研究了土边坡渗流场及稳定性与降雨量、裂隙深度和渗透系数之间的变化关系；孙子涵等[42]通过软件计算了降雨入渗过程中多层土边坡安全性变化规律；韦秉旭等[43]提出了一种综合考虑膨胀应变和应力-应变的非饱和膨胀土多场耦合分析法，通过算例实现了降雨入渗条件下膨胀土边坡非饱和渗流的数值模拟；潘永亮等[44]在Green-Ampt模型的基础上综合考虑了坡体的初始含水率、非饱和特性等多种因素，建立了一种适用于不同降雨工况的入渗模型，并采用数值模拟的方法对该模型进行了验证；曾铃等[45]基于理论模拟了雨水入渗下路堤边坡的入渗过程和安全系数变化规律；何忠明等[46]模拟分析了边坡渗流过程受初始渗流场的空间位置变化的影响规律。

边坡内水分迁移受到暂态饱和区、毛吸饱和区等的影响，胡志强[47]考虑了风化与非饱和效应，研究了边坡暂态饱和区的演化规律；邱祥等[48]采用自研程序研究了暂态饱和-非饱和边坡的失稳机理；林国财等[49]采用模型试验得到了沙土边坡暂态饱和区随降雨入渗的变化规律；蒋中明等[50]考虑暂态水压力影响，得到了坡体暂态饱和区的发展规律；段旭龙等[51]研究了降雨强度和时间作用下暂态饱和区的变化规律；Zeng 等[52]通过数值计算研究了瞬态饱和区形成、发育、消散的全过程；Mao 等[53]采用有限元方法研究了水库岸坡在水位快速波动作用下渗流场的变化和非饱和带的分布；Liu 等[54]以饱和-非饱和渗流理论为基础，对水位升降三次循环条件下的岸坡渗流场进行了分析，发现经过多次水位上下循环之后，坡面周围土体容易饱和，饱和区逐渐扩大等规律。

从上述研究成果可以看出，当今国内外研究人员针对降雨入渗边坡暂态饱和区、非饱和区形成条件及其影响因素都有着独特的见解，成果丰硕。但是有关边坡暂态饱和区形成机理与演化特征方面的科研成果较少，且现有暂态饱和区并非真正的暂态饱和区，需进一步研究。

1.4 边坡稳定性研究现状

边坡稳定性分析作为公路边坡的重要研究问题，从极限平衡法(1916)的提出发展到现在已有百年，其中 Fellenius(1927/1936)、Janbu(1954)、Bishop(1955)、Sarma(1973)等对极限平衡法计算原理进行了完善，并提高了其计算精度，使其成为边坡稳定性分析计算的经典理论。随着该理论的发展，有限元、边界元、离散元等方法的应用逐渐成熟。

有限元法作为边坡稳定性分析的一种强有力的方法，在研究边坡破坏机制方面，具有准确、通用、先验假设需要较少等突出优点。Morgenstern 等[55]比较了由抗剪强度折减技术得到的安全系数与均质路堤的极限分析解，提出了一种测定任意形状含剪切强度参数和孔隙压力的滑动体安全系数的方法。Liu 等[56]提出了一种可用于求解各种边坡问题且基于弹性有限元应力场的二维和三维边坡稳定性模型。Fang 等[57]基于临界边坡概念和双强度折减理论研究了边坡的稳定性。程雪[58]研究了强度折减以及混合法在边坡滑裂面上的应用。胡培强等[59]基于强度系数折减有限元法研究了土质边坡模型的稳定性。

边界元法针对无限或半无限域问题，只需要少量数据，便可计算边界的离散。Jiang 等[60]推导出了常四极元的正确公式，在此基础上提出了一种间接边界元算法，该算法利用边界元重新分配了不平衡应力。Jiang[61]基于边界元方法提出了塑性比法分析坡体稳定性。该方法与极限平衡法相似，它确定了一系列潜在滑移面的临界面，且不需要对应力分布作任何假设。

离散元法作为一种实用方法，具有多种单元性质和形状。杨朝晖等[62]基于强度折减方法探讨了岩质边坡稳定性。陈颉等[63]提出了离散元极限平衡法，并采用实例计算验证了其可靠性。Chang[64]提出了一种基于离散元法的边坡分析方法，且该方法适用于分析包括局部屈服和随后应力重分布的渐进破坏。Lu 等[65]采用三维和二维离散元方法，用 UDEC 离散元数值模拟软件模拟了破坏模式和变形过程，探讨了控制边坡变形破坏的关键因素。

现阶段的边坡稳定性分析方法除了传统分析法和有限元分析方法外，国内外学者的研究工作推动了新的边坡稳定性分析方法的发展，涌现了新的分析方法。例如 FCE(模糊综合评价法)、GRA(灰色关联分析法)、ANN(人工神经网络评价法)等方法。

FCE 方法以 Q 系统为基础，将各种参数的不确定性考虑到岩土体分类方法中。Wang[66]讨论了 FCE 在边坡稳定性评价应用中的主要问题和发展趋势。贾厚华等[67]提出了有关边坡模糊可靠度及其指标的方法，研究了边坡随机破坏函数和随机极限状态方程。陈云超等[68]采用 FCE 方法分析了边坡模型的稳定性。陈元俊[69]采用 FCE 方法评价了不同位置边坡模型的稳定性。

GRA 方法可在不完整的信息中，对所需要研究的所有元素进行分析，其主要特性和影响因素可通过元素间的关联性和矛盾性进行确定。侯晓亮等[70]采用 GRA 方法评价了多种稳定性影响因素。王宁等[71]采用 GRA 分析了边坡的安全系数影响因素。Sun 等[72]分析改进了 GRA，弥补了传统方法在确定边坡稳定性时的不足。刘春等[73]采用 GRA 方法评价了边坡岩体稳定性并讨论了该方法的有效性。

ANN 可对现有的工程实例进行学习，并将结果进行储存，在类似的工程问题中可进行非线性映射，通过其学习结果分析推断工程问题。汤强等[74]通过对人工神经网络模型的分析，评价了坡度变化时的边坡稳定性。Zhou 等[75]基于统计 ANN 建立了包含 80 个实际案例的边坡稳定性预测知识库，对三峡工程永久船闸岩体边坡工程的稳定性预测结果进行了详细的说明。孙一静等[76]将 ANN 与边坡实例结合分析确定了该方法的适用性和正确性。邹义怀等[77]采用数值软件基于 ANN 预测了边坡的稳定性，并与工程实例结合验证了该方法的可靠性。

在边坡的稳定性分析过程中，滑动面位置、土体受力变化情况、土体参数以及坡体外部荷载的作用等都会影响边坡的安全，采用极限平衡法分析二维和三维边坡稳定性较为有效。它在识别潜在的破坏机制和推导特定岩土情况的安全因素等方面有着一定的优势，且其能够快速搜索滑动面、综合考虑多种因素的影响、快速确定安全系数与潜在滑动面位置，比较符合工程实际的应用。

1.5 边坡防护与加固研究现状

边坡防护和加固作为岩土工程边坡安全问题的重要一环，国内外学者进行了大量研究，传统的支护方式有锚杆、挡土墙和抗滑桩等。

以锚杆支护为例，Zheng 等[78]通过将实际案例与离散元法数值模型进行比较，研究了锚杆位置对加固效果的影响。黄代茂等[79]提出 BFRP 锚杆岩质边坡加固设计方法、施工工艺及检测方法，并应用在实际工程中，结果表明该方法是可行的。廖坤阳等[80]检测和监控了预应力锚杆，证明了其在高边坡防护加固中的可靠性。Shukla 等[81]综合了在附加荷载和地震荷载条件下边坡失稳时实际发生的破坏力，导出了多方向锚定岩石边坡(MDARS)抗平面破坏安全系数的一般解析表达。Liang 等[82]提出了一种基于位移的锚杆加固边坡稳定性分析方法，计算了锚固力的递进及其在边坡垂直剖面上的分布，以及在滑面土移动各阶段的预期全局安全系数。

以挡土墙为例，Srbulov[83]基于极限平衡法，分析了边坡和墙体的稳定性，解释了两种挡土墙的土工格栅轴向变形的测量结果。Li 等[84]提出了一种可用于计算确定挡土墙裂纹的深度和最不利位置的新型重力式挡土墙的抗震稳定性分析方法。Pain 等[85]采用极限平衡法，分析了刚性基础上的重力式挡土墙的旋转稳定性。骆书彩[86]对公路高边坡挡土墙施工过程中，挡土墙锚索格构等施工工艺进行了介绍，该方法缩短了施工工期，节约了成本。刘瑛等[87]提出了一种系统而全面的挡土墙质量综合检测标准，通过将实际案例和有限元模型进行对比，证明了综合检测标准的适用性、可行性和正确性。

以抗滑桩为例，唐世兴[88]介绍了抗滑桩的特点及工况，对抗滑桩施工技术要点进行了详细探究，可以为相关工程提供借鉴。娄诗建等[89]根据边坡稳定性的评价结果以及地质岩土力学性能，选用抗滑桩支护加固方案，加固后该边坡变形得到有效控制且稳定性良好。陈昌富等[90]阐述了抗滑桩施工技术以及在施工过程中存在的问题，论述了抗滑桩设计的基本要素，介绍抗滑桩在工程实例中的应用。王晓芳等[91]采用强度折减法结合边坡滑面的失稳判据分析了抗滑桩的各项参数对抗滑桩支护效果的影响。林斌等[92]简化了土拱极限剪切面和桩侧摩阻力，并结合工程实例和数值模型进一步分析了桩间距的影响因素及不同桩间距下土拱的受力情况。李蒙[93]监测了抗滑桩、坡体埋设测斜管的深部位移，并根据监测数据动态调整处治方案，确保了施工期安全且处治后的滑坡体处于稳定状态。

传统的支护方式往往为单一结构，当滑坡土体或危险坡体较大时往往结合采用两种或多种支护方法，这既能控制施工成本、节约时间、经济合理，又能产生良好的支护效果，这样的实例在国内外有着大量的研究，例如加筋土、悬臂式、扶壁式挡墙等。

以加筋土挡墙为例，李倩等[94]分析了加筋土挡墙的内部稳定性，采用随机搜索法生成的多线段破裂面计算结果可靠，破裂面位置相较于对数螺旋面更偏向于墙体外侧；筋材拉力随着加筋土挡墙坡度的减小而减小，竖向加速度变化对筋材拉力影响较小；加筋土挡墙维持稳定所需筋材长度随着填土内摩擦角的增大而减小。周云艳等[95]对不同根系长度的生态袋加筋土挡墙模型进行了加载试验证明了该结构的有效性。Wang 等[96]进行了模型试验和数值模拟，研究了墙面水平位移、竖向和水平土压力以及土工格栅应变。Li 等[97]研究了废轮胎与土工格栅复合加固挡土墙的动力响应。

以悬臂式挡墙为例，Hu 等[98]对紧邻既有基底外墙的悬臂桩墙进行主动土压力理论和模型试验研究，分析和处理模型试验观测到的图像，计算出破裂角，结果表明该方法具有较好的预测效果。曹明等[99]分析讨论了悬臂式挡墙应用前景及其变形控制方法、设计原理以及计算方法。吴孙星等[100]基于滑楔体平衡理论分析了地震作用下悬臂式挡土墙受土压力作用的情况。

以扶壁式挡墙为例，朱天宁[101]利用 ANSYS 建立了数值模型，充分考虑了结构与土体的相互作用，分析了该挡墙墙前土压力的形成原因及其内力分布，同时对比规范方法，研究不同肋板间距对计算结果的影响。王新等[102]对扶壁式挡土墙进行稳定计算，结合地质情况，采用控制变量法通过调整扶壁式挡墙截面尺寸从而达到墙体稳定性要求，并对底板厚度、前趾长度、踵板长度等影响因素对整体稳定的影响进行敏感性分析，得出较为经济合理的断面。黄频等[103]结合某扶壁式挡土墙加固设计工程实例，采用通用有限元软件ANSYS对带卸荷平台的桩承扶壁式挡土墙进行了详尽的应力分析。陈磊[104]以扶壁式挡土墙施工为实例计算了高大挡土墙模板的受力情况。Lim等[105]采用三维有限元分析方法，研究了扶壁结构对基坑极限运动的影响。

综上所述，高液限红黏土边坡属于典型的浅层破坏，采用单一的刚性支护和柔性支护很难起到很好的支护效果，施工成本花费较大，且没有进行系统的坡面排水处理，采用本书提出的半刚性支护技术进行治理，既能有效疏导坡面降水，又能对浅层破坏的边坡起到良好的支护效果。

参考文献

[1] 万智，郭爱国，谈云志，等. 湘西南红黏土路堤填筑技术研究[J]. 岩土力学，2011，32(8)：2281-2286.

[2] 雷卫佳，谈亦帆，郭生根，等. 干湿循环作用下重塑红黏土水力特性与强度试验研究[J]. 中国水运(下半月)，2020，20(7)：139-141.

[3] 陈道松. 基于水土作用下红黏土的力学特性研究[D]. 南宁：广西大学，2017.

[4] 董金玉，赵亚文. 不同含水率下高低液塑限红黏土抗剪强度特性研究[J]. 华北水利水电大学学报(自然科学版)，2018，39(3)：84-87.

[5] 易亮. 红黏土土水特征及湿化特性试验研究[D]. 湘潭：湖南科技大学，2015.

[6] 孙川，周涛. 边坡稳定性数值分析方法研究进展[C]//北京力学会. 北京力学会第20届学术年会论文集. 北京力学会，2014：2.

[7] 于玉贞，林鸿州，李荣建，等. 非稳定渗流条件下非饱和土边坡稳定分析[J]. 岩土力学，2008(11)：2892-2898.

[8] 廖红建，姬建，曾静. 考虑饱和-非饱和渗流作用的土质边坡稳定性分析[J]. 岩土力学，2008，29(12)：3229-3234.

[9] 郑建东，刘典基，肖丽君. 不同应力路径下低液限粉土力学特性三轴试验研究[J]. 工业建筑，2012，42(S1)：368-373.

[10] 安然，黎澄生，孔令伟，等. 花岗岩残积土原位力学特性的钻探扰动与卸荷滞时效应[J]. 岩土工程学报，2020，42(1)：109-116.

[11] 王文军，陈勇，蒋建良，等. 碱、锌污染淤泥质黏土的压缩与渗透特性试验研究[J]. 工程勘察，2020，48(2)：6-12.

[12] Shariatmadari N, Askari-Lasaki B, Eshghinezhan H, et al. Effects of landfill leachate on mechanical behaviour of adjacent soil: A case study of saravan landfill, rasht, iran[J]. International Journal of Civil Engineering, 2018, 16(10): 1503-1513.

[13] Girgis N, Li B, Akhtar S, et al. Experimental study of rate-dependent uniaxial compressive behaviors of two artificial frozen sandy clay soils[J]. Cold Regions Science and Technology, 2020, 180: 103166.

[14] Yang S Q, Yin P F, Li B, et al. Behavior of transversely isotropic shale observed in triaxial tests and Brazilian disc tests [J]. International Journal of Rock Mechanics and Mining Sciences, 2020, 133: 104435.

[15] 王云飞, 闫芙蓉, 焦华喆, 等. 重塑黏土真三轴试验强度特性及本构模型研究[J]. 地下空间与工程学报, 2019, 15(6): 1674-1679, 1698.

[16] 涂义亮, 刘新荣, 钟祖良, 等. 干湿循环下粉质黏土强度及变形特性试验研究[J]. 岩土力学, 2017, 38(12): 3581-3589.

[17] 刘文化, 杨庆, 孙秀丽, 等. 干湿循环条件下干燥应力历史对粉质黏土饱和力学特性的影响[J]. 水利学报, 2017, 48(2): 203-209.

[18] 彭丽云, 李涛, 刘建坤. 非饱和击实粉土强度特性的试验研究[J]. 北京工业大学学报, 2014, 40(6): 872-877.

[19] 李焱, 汤红英, 邹晨阳. 多次干湿循环对红土裂隙性和力学特性影响[J]. 南昌大学学报(工科版), 2018, 40(3): 253-256, 261.

[20] 杨成松, 何平, 程国栋, 等. 含盐冻结粉质黏土应力-应变关系及强度特性研究[J]. 岩土力学, 2008, 29(12): 3282-3286.

[21] 李雄威, 孔令伟, 郭爱国, 等. 考虑水化状态影响的膨胀土强度特性[J]. 岩土力学, 2008, 29(12): 3193-3198.

[22] 丁自伟, 钱坤. 基于原位直剪试验的岩土体力学特性研究[J]. 西安科技大学学报, 2017, 37(1): 32-37.

[23] 冯德銮, 房营光. 土体直剪力学特性颗粒尺度效应理论与试验研究[J]. 岩土力学, 2015, 36(S2): 81-88.

[24] 邓博, 任青, 徐伟. 考虑围压因素的重塑粉质黏土的力学特性试验研究[J]. 中国水运, 2019(10): 118-120.

[25] 蒋明镜, 李志远, 黄贺鹏, 等. 南海软土微观结构与力学特性试验研究[J]. 岩土工程学报, 2017, 39(S2): 17-20.

[26] 张升, 刘雪晴, 徐硕, 等. 温度-循环荷载作用下饱和土的力学特性研究[J]. 岩土工程学报, 2018, 40(6): 994-1001.

[27] 姜景山, 程展林, 卢文平, 等. 基于大型三轴排水剪切试验的粗粒土强度特性研究[J]. 水电能源科学, 2014, 32(7): 109-112.

[28] Yang X, Wang J, Hou D, et al. Effect of dry-wet cycling on the mechanical properties of rocks: a laboratory-scale experimental study[J]. Processes, 2018, 6(10): 199.

[29] Ding L, Han Z, Zou W, et al. Characterizing hydro-mechanical behaviours of compacted subgrade soils considering effects of freeze-thaw cycles[J]. Transportation Geotechnics, 2020, 24: 100392.

[30] 刘建华, 查旭东, 付宏渊, 等. 考虑降雨入渗条件下岩质边坡稳定性分析[J]. 公路交通科技, 2009, 26(10): 33-37, 43.

[31] 张仓. 不同类型降雨条件下的基坑边坡渗流特性研究[J]. 佳木斯大学学报(自然科学版), 2019, 37(5): 707-710.

[32] 包小华, 廖志广, 徐长节, 等. 不同渗流边界条件下粉砂边坡失稳模型试验研究[J]. 岩土力学, 2019, 40(10): 3789-3796.

[33] 张昊. 基于降雨渗流条件下的土质边坡稳定性时间特征研究[J]. 水利科技与经济, 2020, 26(1): 28-35.

[34] 张豹，陈安，蒙健，等. 降雨对富水边坡渗流特征及稳定性的影响[J]. 中国水运(下半月)，2019，19(1)：252-254.

[35] Geng J，Sun Q，Zhang Y，et al. Electric-field response based experimental investigation of unsaturated soil slope seepage[J]. Journal of Applied Geophysics，2017，138：154-160.

[36] Hazreek Z M，Nizam Z M，Aziman M，et al. Mapping on slope seepage problem using electrical resistivity imaging (ERI)[J]. Journal of Physics：Conference Series，2018，995：012091.

[37] 杨世豪，苏立君，张崇磊，等. 强降雨作用下昔格达边坡渗流特性及稳定性分析[J]. 土木与环境工程学报(中英文)，2020，42(4)：19-27.

[38] 曾文西，肖新辉. 土质边坡在渗透系数各向异性条件下的稳定性分析[J]. 中外公路，2017，37(3)：10-14.

[39] 付宏渊，曾铃，王桂尧，等. 降雨入渗条件下软岩边坡稳定性分析[J]. 岩土力学，2012，33(8)：2359-2365.

[40] 荣冠，张伟，周创兵. 降雨入渗条件下边坡岩体饱和非饱和渗流计算[J]. 岩土力学，2005，26(10)：1545-1550.

[41] 王培清，付强. 降雨入渗对裂隙性红黏土边坡的稳定性影响分析[J]. 公路工程，2013，38(5)：165-170，192.

[42] 孙子涵，王述红，杨天娇，等. 降雨条件下多层土坡入渗机理与稳定性分析[J]. 东北大学学报(自然科学版)，2020，41(8)：1201-1208.

[43] 韦秉旭，陈亮胜，肖罗明，等. 基于多场耦合的膨胀土边坡非饱和降雨入渗分析[J]. 长江科学院院报，2021，38(3)：90-96.

[44] 潘永亮，简文星，李林均，等. 基于改进 Green-Ampt 模型的花岗岩残积土边坡降雨入渗规律研究[J]. 岩土力学，2020，41(8)：2685-2692.

[45] 曾铃，肖柳意，刘杰，等. 预崩解炭质泥岩路堤填料工程性能试验研究[J]. 铁道科学与工程学报，2020，17(1)：73-81.

[46] 何忠明，邱祥，卞汉兵，等. 考虑初始渗流场影响的坡积土边坡降雨入渗过程[J]. 长安大学学报(自然科学版)，2017，37(5)：39-48.

[47] 胡志强. 考虑风化与非饱和效应的残积土边坡稳定性分析[J]. 中外公路，2018，38(6)：34-39.

[48] 邱祥，蒋煌斌，欧健，等. "暂态"饱和-非饱和边坡稳定性分析方法研究[J]. 中国公路学报，2020，33(9)：63-75.

[49] 林国财，谢兴华，阮怀宁，等. 降雨入渗边坡非饱和渗流过程及稳定性变化研究[J]. 水利水运工程学报，2019(3)：95-102.

[50] 蒋中明，李小凡，袁涛，等. 厚覆盖层暂态饱和边坡稳定性分析方法[J]. 岩土力学，2018，39(12)：4561-4568.

[51] 段旭龙，何忠明，刘登生，等. 降雨条件下粗粒土高路堤边坡暂态饱和区形成条件及影响因素[J]. 中南大学学报(自然科学版)，2018，49(4)：971-978.

[52] Zeng L，Bian H，Shi Z，et al. Forming condition of transient saturated zone and its distribution in residual slope under rainfall conditions[J]. Journal of Central South University，2017，24(8)：1866-1880.

[53] Mao J Z，Guo J，Fu Y，et al. Effects of rapid water-level fluctuations on the stability of an unsaturated reservoir bank slope[J]. Advances in Civil Engineering，2020(1)：1-10.

[54] Liu X W，Wan W，Shen X Z. The analysis about seepage of the bank slope under the cycle rising and drawdown of reservoir water level[J]. Applied Mechanics and Materials，2013，353-356：112-115.

[55] Morgenstern N R, Price V E. The analysis of the stability of general slip surfaces[J]. Géotechnique, 1965, 15(1): 79-93.

[56] Liu S Y, Su Z N, Li M, et al. Slope stability analysis using elastic finite element stress fields[J]. Engineering Geology, 2020, 273: 105673.

[57] Fang H, Chen Y F, Xu G, et al. New instability criterion for stability analysis of homogeneous slopes with double strength reduction[J]. International Journal of Geomechanics, 2020, 20(9): 04020162.

[58] 程雪. 基于有限单元法的边坡稳定性分析[J]. 黑龙江水利科技, 2019, 47(12): 60-63.

[59] 胡培强, 周伏萍, 黄传胜, 等. 基于强度系数折减有限元法的土质边坡稳定性敏感性分析[J]. 中国新技术新产品, 2020(14): 99-101.

[60] Jiang Y, Zimmermann T. Indirect boundary element algorithm for slope stability analysis[J]. Engineering Analysis with Boundary Elements, 1992, 9(3): 209-217.

[61] Jiang Y. Slope analysis using boundary elements[M]. Springer Science & Business Media, 2013.

[62] 杨朝晖, 王汉斌. 基于离散元强度折减法的五盂高速公路边坡稳定性分析[J]. 桂林理工大学学报, 2020, 40(3): 535-541.

[63] 陈颉, 曾亚武. 边坡稳定性分析的离散元极限平衡法研究[J]. 水利与建筑工程学报, 2018, 16(3): 113-119.

[64] Chang C S. Discrete element method for slope stability analysis[J]. Journal of Geotechnical Engineering, 1992, 118(12): 1889-1905.

[65] Lu W, Zhou Z, Liu T, et al. Discrete element simulation analysis of rock slope stability based on udec[J]. Advanced Materials Research, 2012, 461: 384-388.

[66] Wang Y X. Application of fuzzy mathematics to slope stability analysis [J]. Rock and Soil Mechanics, 2010, 31(9): 3000-3004.

[67] 贾厚华, 贺怀建. 边坡稳定模糊随机可靠度分析[J]. 岩土力学, 2003, 24(4): 657-660.

[68] 陈云超, 杨平庆. 模糊综合评判在山区公路边坡稳定性分析中的应用[J]. 水利与建筑工程学报, 2018, 16(6): 202-206, 229.

[69] 陈元俊. 福建某水电站厂房后边坡稳定性模糊综合评判[J]. 甘肃水利水电技术, 2020, 56(1): 28-31, 61.

[70] 侯晓亮, 谭晓慧. 灰色关联理论在边坡稳定性分析中的应用[J]. 路基工程, 2011(3): 16-18, 22.

[71] 王宁, 付成华, 张志芳. 基于灰色关联度的边坡稳定性因素敏感性分析[J]. 甘肃水利水电技术, 2017, 53(6): 14-16.

[72] Sun Q, Zhang Z, Li L. Slope stability based on grey relational analysis and distance analysis[J]. Journal of Liaoning Technical University (Natural Science), 2009, 28: 85-87.

[73] 刘春, 杜俊生, 王敬堃. 基于灰色关联分析理论的边坡稳定性预测[J]. 地下空间与工程学报, 2017, 13(5): 1424-1430.

[74] 汤强, 陈新, 廖元元, 等. 高边坡施工期变形预测遗传神经网络模型[J]. 西南民族大学学报(自然科学版), 2013, 39(6): 942-947.

[75] Zhou J, Li E, Yang S, et al. Slope stability prediction for circular mode failure using gradient boosting machine approach based on an updated database of case histories[J]. Safety Science, 2019, 118: 505-518.

[76] 孙一静, 赵亮亮. 基于人工神经网络的边坡稳定性工程地质评价方法[J]. 世界有色金属, 2019(19): 238-239.

[77] 邹义怀，江成玉，李春辉. 人工神经网络在边坡稳定性预测中的应用[J]. 矿冶，2011，20(4)：38-41，55.

[78] Zheng Y, Chen C, Liu T, et al. Stability analysis of anti-dip bedding rock slopes locally reinforced by rock bolts[J]. Engineering Geology, 2019, 251: 228-240.

[79] 黄代茂，汪小静，赵文. BFRP锚杆公路岩质边坡加固工程应用研究[J]. 中外公路，2020，40(4)：7-11.

[80] 廖坤阳，林灿阳. 预应力锚杆在高边坡预防加固中的应用[J]. 土工基础，2018，32(4)：376-378.

[81] Shukla S K, Hossain M M. Stability analysis of multi-directional anchored rock slope subjected to surcharge and seismic loads[J]. Soil Dynamics and Earthquake Engineering, 2011, 31(5/6): 841-844.

[82] Liang R Y, Feng Y X, Vitton S J, et al. Displacement-based stability analysis for anchor reinforced slope [J]. Soils and Foundations, 1998, 38(3): 27-39.

[83] Srbulov M. Analyses of stability of geogrid reinforced steep slopes and retaining walls[J]. Computers and Geotechnics, 2001, 28(4): 255-268.

[84] Li X, Zhao S, He S, et al. Seismic stability analysis of gravity retaining wall supporting c-φ soil with cracks[J]. Soils and Foundations, 2019, 59(4): 1103-1111

[85] Pain A, Choudhury D, Bhattacharyya S K, et al. Seismic rotational stability of gravity retaining walls by modified pseudo-dynamic method[J]. Soil Dynamics and Earthquake Engineering, 2017, 94: 244-253.

[86] 骆书彩. 公路高边坡挡墙加固处理技术[J]. 交通世界，2020(17)：57-58.

[87] 刘瑛，方龙建，姜啸. 重力式挡土墙综合质量检测方法研究[J]. 科学技术创新，2020(28)：90-92.

[88] 唐世兴. 抗滑桩在复杂边坡中的应用研究[J]. 智能城市，2018，4(16)：105-106.

[89] 娄诗建，贺宏涛. 石坝河水库下游边坡抗滑桩支护加固方案研究[J]. 水利建设与管理，2020，40(3)：29-33，74.

[90] 陈昌富，戴宇佳，梁冠亭，等. 基于改进SW滑楔模型刚性抗滑桩极限滑坡推力智能优化计算方法[J]. 水文地质工程地质，2014，41(6)：38-43.

[91] 王晓芳，夏玲琼. 基于抗滑桩强度和桩位因素对边坡稳定性影响研究[J]. 水利水电技术，2020，51(8)：152-158.

[92] 林斌，李怀鑫，范登政，等. 悬臂式抗滑桩受力特性分析及桩间距计算[J]. 人民长江，2021，52(4)：177-181.

[93] 李蒙. 抗滑桩支挡效果监测分析[J]. 公路，2020，65(7)：82-86.

[94] 李倩，凌天清，韩林峰，等. 加筋土挡墙地震稳定性破裂面随机搜索法[J]. 西南交通大学学报，2021，56(4)：801-808.

[95] 周云艳，钱同辉，宋鑫，等. 植物根系长度对生态袋加筋土挡墙稳定性的影响[J]. 农业工程学报，2020，36(13)：102-108.

[96] Wang H, Yang G, Wang Z, et al. Static structural behavior of geogrid reinforced soil retaining walls with a deformation buffer zone[J]. Geotextiles and Geomembranes, 2020, 48(3): 374-379.

[97] Li L H, Yang J C, Xiao H L, et al. Behavior of tire-geogrid-reinforced retaining wall system under dynamic vehicle load[J]. International Journal of Geomechanics, 2020, 20(4).

[98] Hu W, Zhu X, Liu X, et al. Active earth pressure against cantilever retaining wall adjacent to existing basement exterior wall[J]. International Journal of Geomechanics, 2020, 20(11).

[99] 曹明，马晓明. 悬臂式排桩挡土墙在某市政道路中的应用[J]. 黑龙江交通科技，2020，43(4)：6-7.

[100] 吴孙星，孙树林，张岩，等. 悬臂式挡土墙地震主动土压力拟动力分析[J]. 河北工程大学学报(自然科学版)，2019，36(4)：7-12，77.

[101] 朱天宁. 扶壁式挡墙前墙土压力及其内力分布探析[J]. 建筑技术开发，2020，47(8)：3-4.

[102] 王新，胥慧. 浅析扶壁式挡墙截面尺寸对稳定计算影响[J]. 黑龙江水利科技，2020，48(1)：147-151.

[103] 黄频，冷巧娟，郭健，等. 某扶壁式挡土墙加固设计[J]. 中外建筑，2019(5)：227-229.

[104] 陈磊. 扶壁式挡墙整体浇筑施工技术[J]. 建材与装饰，2018(39)：14-15.

[105] Lim A, Hsien P G, Ou C Y, et al. Evaluation of buttress wall shapes to limit movements induced by deep excavation[J]. Computers and Geotechnics, 2016, 78: 155-170.

第2章

高液限红黏土地质成因、矿物与化学成分

地球北纬30°与南纬30°之间分布有大量高液限红黏土，如此广阔的分布面积，造成了不同地区高液限红黏土的化学成分及形成条件具有一定的差异，这也使得其工程特性不尽相同。但研究发现[1-5]，各地高液限红黏土虽均具有较差的物理性能，但其力学性能优良，这主要是由于高液限红黏土是一种岩块经过剧烈风化及红土化作用后形成的风化土，其结构松散，成分多为石英、云母等硬度较高的物质。在热带和亚热带地区长期的湿热气候影响下，高液限红黏土天然含水率常年保持较高的水平，这类土因水稳定性和力学性能差、含水率高等特点，被划分为不良地质土，难以被工程利用。随着今天工程建设的发展，特别是公路工程的快速发展，导致优质填料匮乏与公路建设大量需求之间的矛盾突出，且开挖的大量高液限红黏土边坡存在稳定性差的问题。因此，在一些优质填料匮乏且工程成本难以保证优质填料的供应的情况下，建设工程领域人员开始研究采用开挖高液限红黏土作为路基填料进行填筑的方法。同时，为了保证高液限红黏土在工程使用中及开挖后高液限红黏土边坡的稳定性，认识这类土质复杂的工程特性，有必要对高液限红黏土进行地质成因、矿物与化学成分及边坡失稳模式开展研究。

鉴于此，本章通过对高液限红黏土进行地质成因、分布特征、矿物成分及结构特性分析，研究南方地区高液限红黏土形成条件对其工程特性的影响，并通过对两地高速公路高液限红黏土边坡进行调研统计，得出南方地区红黏土边坡的失稳模式，为开展高液限红黏土边坡稳定性分析及变形控制提供工程依据。

2.1 高液限红黏土地质成因

大量试验和工程实践证明[6-9]，碳酸盐岩、花岗岩、灰岩的表层在受到物理和化学的侵蚀作用，发生风化形成颗粒土，经过漫长时间作用后，逐渐变成棕红色或黄褐色的黏土，加之气候环境的影响，该类土塑性较高，被称为高液限红黏土。因此，高液限红黏土是由母岩经过漫长的物理和化学的作用而产生的，且大多存在于基岩之上。

上述物理和化学的作用是一个漫长的过程，先期作用以物理风化为主，后期以化学风

化为主，两者相辅相成。可以理解为，母岩先由物理作用崩解为小石屑，由于石屑的颗粒较小，增大了岩体的表面积，使得其与孔隙水分或其他化学物质接触面增多，这无疑促进了化学作用的产生，导致化学风化作用逐渐占据主导，其化学阶段可分为以下几个阶段。

（1）重碳酸盐生成阶段

母岩中的氯化物和硫酸盐在长期的雨水或地下水浸渗作用下，发生溶解，Cl^- 和 SO_4^{2-} 大量析出。此外，空气和水中的 CO_2 大部分为游离态，导致水分显弱酸性，当母岩长期处在这种环境下，即可发生碳酸化反应，生成重碳酸盐。

（2）黏土矿物形成阶段

经过重碳酸盐生成阶段，母岩表层内包含的盐基被逐渐侵蚀溶解了，此时，母岩所处的环境也从碱性条件转换为酸性条件。在这种条件下，母岩中的黏土矿物容易遭到破坏，特别是伊利石和蒙脱石，这两种矿物在酸性条件下极不稳定，会重新生成新的黏土矿物，即高岭石，这种新的矿物在侵蚀作用下，已不包含 K、Na、Ca、Mg 等盐基。

（3）红黏土的形成阶段

上述过程析出的铝硅酸盐逐渐被分解，产生了大量 Fe_2O_3 和 Al_2O_3，这两种物质在长期地质作用下与其他矿物组合形成了红色的疏松土壤，因此，也将此过程称为红土化。

根据高液限红黏土形成的三个阶段风化特征，对土体的孔隙度、强度在三个阶段的变化趋势进行分析，得到图 2-1 所示的变化曲线。可知，随风化阶段的变化，高液限红黏土的孔隙比和强度均呈波浪形变化，其中，孔隙比在第一阶段逐渐增大，第二阶段突然降低，直至第三阶段完成；强度则在第一阶段先下降，在第二阶段转变为上升，并直到第三阶段完成。

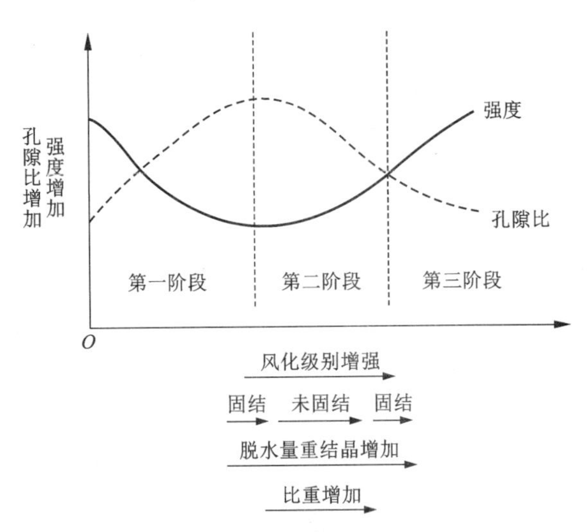

图 2-1　不同阶段孔隙比和强度的变化规律

其原因为：母岩的矿物成分经过上述作用发生迁移、组合、沉淀等多个过程，最终在不同的物理和化学作用下形成高液限红黏土，具体形成过程可以总结为最初风化、次生风化或高液限红黏土化、固化三个阶段。其中，第一个阶段，矿物成分发生风化，导致岩体崩解，孔隙率增大，强度减小，逐渐成土状；第二个阶段，在长期的外界环境作用下，母岩矿物成分发生复杂的化学或物理反应，重新组合或者排列；第三个阶段，在长期沉积的作用下，母岩的矿物成分全部水合胶结，颗粒间孔隙被压缩，土体的强度得到提高。

2.2　高液限红黏土分布特征

高液限红黏土形成的必备条件为：

①形成地区具有大量的碳酸盐岩、花岗岩、灰岩，作为形成高液限红黏土的母岩。

②形成地区具有快速的干湿循环，且降雨量充足，使得母岩长期受到温度和湿度交替变化的物理风化和水溶解的化学风化作用。

纵观我国地质分布，碳酸盐岩、花岗岩、灰岩主要集中分布于南方地区，如广西、鄂西、粤北、浙南、湖南、皖南、浙西等地区，且上述地区气候多表现为湿热多雨，昼夜温差较大，因此极易形成高液限红黏土。

据统计，高液限红黏土在我国分布面积约 100 万 km^2，受降雨侵蚀作用，红黏土分布地区大多呈现低洼、岩溶谷地、峰林谷地、丘陵洼地等地貌。

此外，第四纪高液限红黏土成因也有很多类型，如残积、冲积和冲洪积等，但这些过程都是经历了土风化、淋蚀和黏土化作用才完成的。

2.3　高液限红黏土成分分析

受母岩本身矿物含量及所处地区气候环境的不同，所形成的高液限红黏土的组成成分也不相同，本书主要取广西柳州和湖南长沙地区高速公路边坡高液限红黏土进行分析对比，分别如图 2-2 和图 2-3 所示，分析结果如下。

图 2-2　广西高液限红黏土边坡取样

图 2-3　湖南高液限红黏土边坡取样

(1)粒度

通过土工试验测得，广西柳州和湖南长沙地区的高液限红黏土中以小于 5 μm 的黏粒为主，其占比分别为 76%、82%；其中小于 2 μm 的颗粒占比分别为 53%、50%，小于 1 μm 的颗粒占比分别为 93%、90%。可以看出，细颗粒在高液限红黏土中占绝对优势，同时具有很高的分散性。这是由于细颗粒的占比过大，导致其工程特性较差。

(2)化学成分

从表 2-1 可以看出，广西柳州和湖南长沙地区的高液限红黏土的化学成分主要有 SiO_2、Al_2O_3、Fe_2O_3、RO、R_2O_2，其中含量从高到低依次为 Fe_2O_3、SiO_2、Al_2O_3、RO 或 R_2O_2。这表明高液限红黏土的化学成分中铁氧化物的含量决定了其大部分性质，如其颜色红棕色就是由铁氧化物的颜色决定的。此外，研究表明，高液限红黏土的颜色越深，代表其工程性质越好。可以看出湖南长沙地区高液限红黏土三个试样的 Fe_2O_3 含量分别为 68.9%、56.9%、69.7%，广西柳州地区高液限红黏土三个试样的 Fe_2O_3 含量分别为 57.9%、68.3%、56.7%，因此，湖南长沙地区高液限红黏土 Fe_2O_3 平均含量大于广西柳州地区，其工程性质总体上优于广西柳州地区。

表 2-1　南方地区高液限红黏土主要化学成分含量(质量分数)　　单位：%

取样地点	试样编号	化学成分				
		SiO_2	Al_2O_3	Fe_2O_3	RO	R_2O_2
广西柳州	1	15.9	3.6	57.9	0.9	0.6
	2	12.8	5.9	68.3	1.0	0.9
	3	16.2	4.6	56.7	0.3	0.6
湖南长沙	1	11.4	6.6	68.9	0.8	0.6
	2	13.9	3.8	56.9	1.1	0.8
	3	16.1	9.1	69.7	0.2	0.1

(3) 高液限红黏土的矿物成分

从表 2-2 可以看出，高岭石、绿泥石、伊利石等矿物成分在广西柳州和湖南长沙地区的高液限红黏土中占有重要分量，蛭石、蒙脱石则含量相对较小。其中，高岭石含量最大，这表明高液限红黏土的化学成分中高岭石的含量决定了其大部分性质，其中湖南长沙地区高液限红黏土三个试样的高岭石含量分别为 57.9%、49.0%、56.9%，广西柳州地区高液限红黏土三个试样的高岭石含量分别为 57.8%、63.6%、67.0%。由工程经验可知，高岭石和绿泥石都具有水稳定性较好的特点，先对伊利石、蛭石进行水稳定试验，而蒙脱石水稳定性最差。因此，就水稳定性而言，湖南长沙地区高液限红黏土劣于广西柳州地区。

表 2-2　南方地区高液限红黏土主要矿物成分含量(质量分数)　　单位：%

取样地点	试样编号	矿物成分				
		高岭石	绿泥石	蛭石	伊利石	蒙脱石
广西柳州	1	57.8	7.9	3.9	23.6	1.6
	2	63.6	8.3	3.0	25.9	1.9
	3	67.0	6.7	3.3	24.6	2.6
湖南长沙	1	57.9	8.9	3.8	26.6	1.6
	2	49.0	6.9	4.1	23.8	1.8
	3	56.9	9.7	3.2	29.1	1.1

2.4　南方地区高液限红黏土的形成对其工程特性的影响

在高液限红黏土整个形成过程中，化学风化作用起主导作用，而物理风化作用为辅助作用。其中，倍半氧化物的存在及红土化作用是十分重要的。因此，为探究倍半氧化物及红土化作用对南方地区高液限红黏土工程特性的影响，分别在高液限红黏土分布集中的广西壮族自治区柳州市及湖南省长沙市进行调研并取得现场高液限红黏土试样进行分析。试样均取自高速公路路堑高液限红黏土边坡，坡顶、坡腰及坡脚分别取 1 组试样，总共 3 组，取样点均位于边坡表层以下 1 m。

2.4.1　倍半氧化物对高液限红黏土性质的影响

通过上述分析可知，在高液限红黏土中存在大量的硅、铁、铝、锰等氧化物，这些氧化物在黏土颗粒之间集聚，形成不同的组成形式，如将颗粒团团包裹，或只存在于颗粒表面，最终使得颗粒与颗粒相连接。在化学界将这些成分称之为倍半氧化物。由此可见，倍半氧化物在高液限红黏土中的存在形式多样，导致其化学作用也十分活泼。当外界环境发生改变，使得黏土体颗粒与水分接触的面积或方式发生改变，其发生氧化还原的化学条件也随之改变，倍半氧化物立即发生十分复杂的化学反应，使得高液限红黏土的工程特性发生改变。

有研究认为[10-15]，当黏土试样中的倍半氧化物含量超过5%的时候，改变了黏土内部矿物的组成，导致黏土试样的力学性能发生变化。由于倍半氧化物的增多及其自身特性，它们常常在颗粒表面包裹一层胶液，倍半氧化物带的正电荷与胶粒之间的负电荷相互吸引，使得黏土颗粒黏结成团。这种成分的土集聚可用如下结构模型表示。

①原始岩石结构。原始矿物结晶后的倍半氧化物骨架节理。

②风化岩石结构。原始矿物结构受到不同环境的侵蚀风化，导致成分发生改变，空间孔隙变大，不再与原始岩石结构有连续。

③黏土集聚体结构。主要由黏土颗粒团聚体组成，其空间结构紧密。

④散体结构。黏土颗粒分散，以豆状颗粒形式存在。严格意义来讲，此类土无法用结构来分类。

为了验证倍半氧化物对高液限红黏土工程性质的影响，本书以广西和湖南地区高液限红黏土为研究对象，对其pH、离子交换容量(q)、交换阳离子成分(S)、交换盐基总量(Q)进行测试，结果如表2-3所示。可以看出，pH的取值范围为5.8~7.9，离子交换量在26.7~36.9浮动，Na^+和K^+离子交换量较小，均为0.2 meq/100 g土左右；而Ca^{2+}和Mg^{2+}离子交换量相对较大，最大可达20.6 meq/100 g，交换盐基总量变化较大，在11.6~30.8 meq/100 g之间浮动。

从pH来看广西柳州地区高液限红黏土偏酸性，这主要是由于其亚热带气候明显，长期受雨水淋滤作用，导致土质偏酸。同时总的离子交换量和交换盐基总量均与pH呈正相关关系，说明pH或者土壤受雨水淋滤和风化程度对离子交换量和交换盐基总量有直接的影响作用。从离子交换成分来看，以Ca^{2+}和Mg^{2+}离子的交换为主。因此，倍半氧化物的复杂化学反应，使得高液限红黏土的工程特性发生改变。

表2-3　南方地区高液限红黏土物理-化学性质

取样地点	试样编号	pH	q /(meq·100 g^{-1} 土)	S/(meq·100 g^{-1} 土)				Q /(meq·100 g^{-1} 土)	饱和度
				Na^+	K^+	Ca^{2+}	Mg^{2+}		
广西柳州	1	5.9	27.9	0.25	0.27	15.7	8.9	11.6	50.9
	2	5.8	28.3	0.26	0.15	14.9	3.1	12.9	65.0
	3	6.2	26.7	0.23	0.21	20.6	2.9	11.6	49.0
湖南长沙	1	7.4	28.9	0.17	0.24	10.9	14.8	26.6	90.8
	2	7.9	36.9	0.22	0.18	11.5	9.7	30.8	94.1
	3	7.1	29.7	0.28	0.20	18.1	10.9	29.1	60.0

2.4.2　红土化过程对高液限红黏土性质的影响

母岩经过物理化学作用逐渐形成高液限红黏土经历了不同阶段，其中红土化过程发生在最后一个阶段，它同样是一个物理化学的改变。通过对广西柳州高液限红黏土边坡进行调研，发现其演化过程十分明显，如图 2-4 所示，下部未风化的母岩保存较为完整，在母岩上部则是完全风化的黏土或部分风化的岩块，坡顶方向则是风化的黏土经过红土化过程形成的高液限红黏土。因此，可以看出母岩演化成黏土在空间上是一个由表及里的过程，从坡顶逐渐向坡脚风化演变，这种风化和演变的程度也受不同因素影响，如当地气候、边坡植物等。

图 2-4　广西柳州某开挖的高液限红黏土边坡

为进一步了解广西和湖南两地高液限红黏土红土化过程的演变及红土化过程对高液限红黏土工程特性的影响，对两地的红土化的高液限红黏土样品进行化学分析，样品的取样方式及地点与 2.4.1 节一致，结果如表 2-4 所示。

表 2-4　南方地区高液限红黏土颗粒化学分析结果(质量分数)　单位：%

取样地区	试样土号	Fe_2O_3	Al_2O_3	SiO_2	CaO	MgO	Na_2O	K_2O	TiO_2	加热损失
广西柳州	1	57.9	3.6	15.9	0.78	0.98	0.16	2.56	0.98	12.05
	2	68.3	5.9	12.8	12.90	1.09	0.21	2.90	0.98	13.09
	3	56.7	4.6	16.2	0.09	1.02	0.16	1.21	0.95	10.75
湖南长沙	1	68.9	6.6	11.4	1.89	1.89	0.18	0.15	1.23	11.04
	2	56.9	3.8	13.9	2.98	3.45	0.17	0.98	2.98	9.78
	3	69.7	9.1	16.1	1.23	6.98	0.17	0.12	2.90	2.09

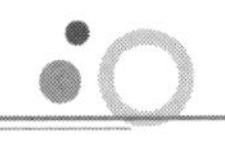

一般认为 Fe_2O_3 成分的含量大小可以判定该土样红土化程度的高低，Fe_2O_3 的含量越高，土样的红土化程度越高，土样的颜色也就越接近红棕色。由表 2-4 可知，湖南长沙地区的 2 号和 3 号样品 Fe_2O_3 的含量明显高于广西柳州地区土样的含量，说明这两个地方的黏土红土化程度较高。同时，可以看出 6 组试样 Fe_2O_3 的含量变化差异也较大，说明不同地区红土化程度也各有差异。这主要是由于不同地区的气候特点、母岩矿物成分、地质成因等因素不尽相同，红土化过程受到的外界环境和自身因素影响条件不同，从而红土化后生成的黏土工程特性也不同。

参考文献[16-19]，根据表 2-4 的结果，绘制出黏土风化程度与各化学成分之间的关系曲线，如图 2-5 所示。

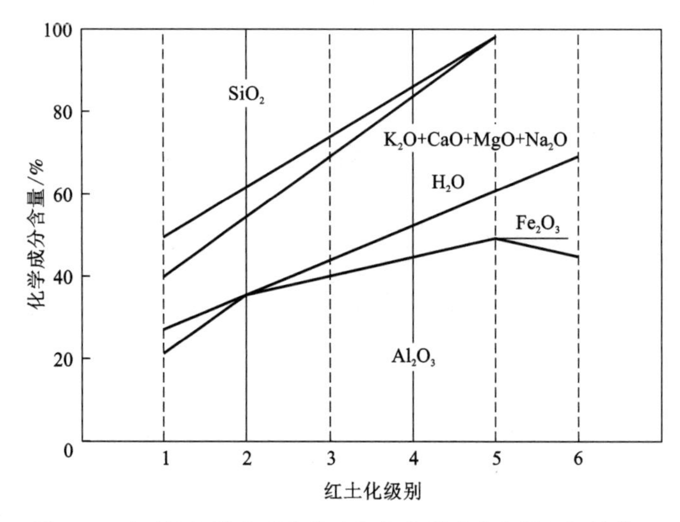

图 2-5　高液限红黏土风化程度与各化学成分含量之间的关系

可知，Fe_2O_3、SiO_2、MgO、TiO_2 等成分的含量均与红土化程度具有正相关关系，Al_2O_3 和加热损失均与红土化程度具有负相关关系，而其他成分随红土化程度变化不大。

参考文献

[1] 张敏，袁奇，秦龙. 扶壁式挡墙在贵州高速公路建设中适宜性研究[J]. 交通科技，2018(3)：21-24.

[2] 应杰. 悬臂式护坡挡墙双向预应力锚杆加固技术研究[J]. 山东交通科技，2014(3)：56-58.

[3] 李艳，马尾亭. 江防洪防潮工程悬臂式挡墙土压力数值模拟分析[J]. 水利科学与寒区工程，2019，2(5)：111-114.

[4] 薛海斌，党发宁，尹小涛，等. 非稳定渗流条件下非饱和土质边坡稳定性的矢量和分析法研究[J]. 岩土力学，2016，37(S1)：49-56.

[5] 王瑞钢，闫澍旺，邓卫东. 降雨作用下高填土质路堤边坡的渗流稳定分析[J]. 中国公路学报，2004，17(4)：25-30.

[6] 田东方，刘德富，王世梅，等. 土质边坡非饱和渗流场与应力场耦合数值分析[J]. 岩土力学，

2009, 30(3): 810-814.

[7] 胡天明. 敦化市江源镇草炭土剪切特性及本构模型研究[D]. 长春: 吉林大学, 2020.

[8] 何巾. 季冻区加筋粘土结构力学特性试验研究及数值分析[D]. 沈阳: 沈阳农业大学, 2020.

[9] 字晓雷. 昆明呈贡地区饱和红黏土的静动力学特性试验研究[D]. 昆明: 云南大学, 2019.

[10] 王康康. 重塑洞庭湖软土力学特性试验研究[D]. 湘潭: 湖南科技大学, 2019.

[11] 胡节. 干湿交替对鄂南崩壁不同岩土层抗侵蚀特性的影响[D]. 武汉: 华中农业大学, 2019.

[12] 安然, 孔令伟, 张先伟. 残积土孔内剪切试验的强度特性及广义邓肯-张模型研究[J]. 岩土工程学报, 2020, 42(9): 1723-1732.

[13] 杨爱武, 杨少坤, 张振东. 基于不同卸荷速率与路径影响下吹填土力学特性研究[J]. 岩土力学, 2020, 41(9): 2891-2900, 2912.

[14] 王云飞, 闫芙蓉, 焦华喆, 等. 重塑黏土真三轴试验强度特性及本构模型研究[J]. 地下空间与工程学报, 2019, 15(6): 1674-1679, 1698.

[15] 涂义亮, 刘新荣, 钟祖良, 等. 干湿循环下粉质黏土强度及变形特性试验研究[J]. 岩土力学, 2017, 38(12): 3581-3589.

[16] 刘文化, 杨庆, 唐小微, 等. 干湿循环条件下不同初始干密度土体的力学特性[J]. 水利学报, 2014, 45(3): 261-268.

[17] Bishop A W. The use of the slip circle in the stability analysis of slopes[J]. Géotechnique, 1955, 5(1): 7-17.

[18] Janbu N. Soil stability computations [M]. Hirschfeid R C, Poulos S J. Embankment Dam Engineering. New York: John Wiley and Sons, 1973.

[19] Sarma S K. Stability analysis of embankments and slopes [J]. Journal of the Geotechnical Engineering Division, 1979, 105(12): 1511-1524.

第3章

高液限红黏土工程特性研究

高液限红黏土作为特殊性黏土，其含水量、液塑限均大于普通黏土，但同时具有较低的压缩性能以及较高的强度性能，在干湿交替的大气环境中，其各项物理指标变化空间很大。因此，有必要对高液限红黏土开展物理力学特性、渗流特性、抗剪强度特性等研究，分析降雨条件下高液限红黏土边坡的稳定性。鉴于此，本书采用广西柳州某高速路堤边坡的高液限红黏土进行工程特性研究，为后续利用数值模拟计算探究降雨入渗条件下高液限红黏土边坡暂态饱和区形成机理提供相关数据。本书对高液限红黏土进行工程特性研究，主要内容如下：

①通过天然含水量试验和液塑限试验，分析高液限红黏土的天然持水性及其液塑限指标，从而进一步精析高液限红黏土的基本物理力学特性。

②通过渗透试验和土水特征试验，得到高液限红黏土的渗透系数随深度变化的规律，建立高液限红黏土的土水特征曲线模型，探究高液限红黏土的渗流特性。

③通过直接剪切试验，研究高液限红黏土的抗剪强度指标，分别建立其抗剪强度与含水量、饱和抗剪强度与入土深度之间的关系，考察高液限红黏土抗剪强度特性。

3.1 高液限红黏土物理力学特性

3.1.1 天然含水量试验

天然含水量为土体中水分与干土质量的比值，是土体工程特性研究的基本参数。对高液限红黏土进行天然含水量测试，以便更好地掌握高液限红黏土的状态与天然持水性，为后续数值模拟计算提供基础参数[1-5]。

根据试验标准，高液限红黏土质量含水量通过恒温烘箱、电子天平和铝盘进行测定，如图3-1、图3-2所示。取天然状态下的高液限红黏土若干，置于质量为 m_0 的铝盒中，并贴好标签，设置 4 组平行试验，称量每一组铝盒和湿土的总质量 m_1，并做好记录，将 4 组称好质量的铝盒放入铝盘中，并一同置于恒温烘箱中烘干。由于大多数高液限红黏土颗粒较细、含水量较高，故选择烘干时间为 24 h。由于高液限红黏土成土作用微弱，有机质含量较低，一般少于 5%，故恒温烘箱的温度选为 105～110℃。24 h 后取出铝盘和试样，在干燥器内进行降温，降温至 25℃左右后，记录质量 m_2。高液限红黏土天然含水量试验所测结果如表 3-1 所示。

图 3-1　电子天平

图 3-2　恒温烘箱

表 3-1　高液限红黏土天然含水量试验成果表

测试项目	铝盒编号				平均值
	A	B	C	D	
铝盒质量/g	12. 62	11. 34	18. 61	19. 25	
铝盒+湿土质量/g	28. 34	34. 95	44. 69	55. 63	
铝盒+干土质量/g	25. 61	30. 94	40. 27	49. 45	
土粒质量/g	12. 99	19. 60	21. 66	30. 20	
土中水质量/g	2. 73	4. 01	4. 42	6. 18	
土的含水量/%	21. 02	20. 46	20. 41	20. 46	20. 59

根据《公路土工试验规程》(JTG E40—2020)中规定所测含水量允许的平行差值为 1%，可得高液限红黏土的天然含水量为 20. 59%。

3.1.2 液塑限试验

土的液限和塑限两个界限含水量是决定土的工程特性的重要指标，同时，也是土的工程分类的重要指标之一。液塑限和塑性指数可采用联合测定法得出，并运用于多个领域。

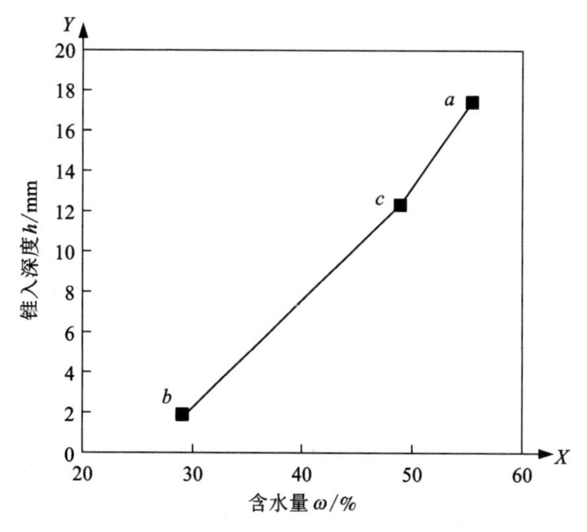

图 3-3　高液限红黏土锥入深度与含水量关系曲线

本节采用联合测定法测定土体的液塑限，本试验总共得到三个锥入深度和三个含水量。数据如表3-2所示，横轴 X 表示含水量 ω，纵轴 Y 表示锥入深度 h，绘制 $h-\omega$ 曲线关系图，如图3-3所示，a、b、c 三点采用直线相连。本试验测得高液限红黏土的液限为54.9%，塑限为29.7%，塑性指数为27.2%。

表 3-2　高液限红黏土液塑限试验成果表

<table>
<tr><th colspan="2" rowspan="2">参数</th><th colspan="6">试验次数</th></tr>
<tr><th colspan="2">1</th><th colspan="2">2</th><th colspan="2">3</th></tr>
<tr><td rowspan="3">锥入深度/mm</td><td>h_1</td><td colspan="2">1.9</td><td colspan="2">12.4</td><td colspan="2">17.2</td></tr>
<tr><td>h_2</td><td colspan="2">1.5</td><td colspan="2">12.2</td><td colspan="2">17.5</td></tr>
<tr><td>$(h_1+h_2)/2$</td><td colspan="2">1.7</td><td colspan="2">12.3</td><td colspan="2">17.4</td></tr>
<tr><td rowspan="9">测试项目</td><td rowspan="2"></td><td colspan="6">盒号</td></tr>
<tr><td>A</td><td>B</td><td>C</td><td>D</td><td>E</td><td>F</td></tr>
<tr><td>铝盒质量/g</td><td>6.037</td><td>6.011</td><td>6.011</td><td>5.998</td><td>5.937</td><td>6.019</td></tr>
<tr><td>盒+湿土质量/g</td><td>28.946</td><td>30.148</td><td>26.124</td><td>24.249</td><td>16.834</td><td>19.432</td></tr>
<tr><td>盒+干土质量/g</td><td>23.786</td><td>24.693</td><td>19.526</td><td>18.245</td><td>12.948</td><td>14.636</td></tr>
<tr><td>水分质量/g</td><td>5.160</td><td>5.455</td><td>6.598</td><td>6.004</td><td>3.886</td><td>4.796</td></tr>
<tr><td>干土质量/g</td><td>17.749</td><td>18.682</td><td>13.515</td><td>12.247</td><td>7.011</td><td>8.617</td></tr>
<tr><td>含水量</td><td>0.291</td><td>0.292</td><td>0.488</td><td>0.490</td><td>0.554</td><td>0.557</td></tr>
<tr><td>平均含水量</td><td>0.291</td><td>0.489</td><td>0.555</td><td>—</td><td>—</td><td>—</td></tr>
<tr><td rowspan="3">液塑限/%</td><td>液限</td><td colspan="6">54.9</td></tr>
<tr><td>塑限</td><td colspan="6">29.7</td></tr>
<tr><td>塑性指数</td><td colspan="6">27.2</td></tr>
</table>

3.2　高液限红黏土渗流特性及其分布模型

3.2.1　渗透试验

土体渗透能力由渗透系数反映。土体在自然环境中经受降雨入渗以及干湿循环等一系列变化过程，土体力学性质发生不同程度的损伤与劣化，使得边坡稳定性受到严峻的考验。为了探究降雨入渗对高液限红黏土边坡暂态饱和区的演化规律，很有必要对高液限红黏土进行渗透试验，全方位了解其渗透性能。

由于高液限红黏土颗粒较细，属于细粒土，本书采用改变水头的方法来研究其渗透性能。本试验包括变水头试验装置和渗透环刀。根据规范要求，试验前，水要进行煮沸脱气处理，水温较室温高 3~4℃。根据试验所需含水量和压实度将高液限红黏土制成土样，盛入渗透专用环刀，旋紧螺母达到密闭状态，用套环连通变水头管与进水口，打开进水阀门，使水流向进水管，满水后渗入仪器内，打开排气阀门，排走仪器底部空气至溢出水流中无气泡产生，即可关闭阀门，截断水流，然后将仪器水平放置，关闭进水阀门。向进水头管注入试验用水至预定高度，本试验水流高度 1.52 m。当水位达到 1.52 m 后关阀门。打开进水管阀门，在水头的作用下，水从顶部渗向试样底部。当仪器出水口有水流出时，记录好起始水头高度与时间，用温度计测量出水口水流的温度，精确至 0.2℃。调整变水头管中水头位置，使每次试验处于不同的水位高度，重复上述试验步骤 5~6 次，直至各个水头高度下的渗透系数都在试验误差范围内，结束试验。

变水头渗透系数按公式(3-1)进行计算：

$$k_t = 2.3\frac{sL}{S(t_2 - t_1)}\lg\frac{h_1}{h_2} \tag{3-1}$$

式中：k_t 为水流温度为 t 下试样的渗透系数，m/s；s 为变水头管截面积，cm^2；L 为试样高度；t_1 和 t_2 分别为水头的起、止时间，s；h_1 和 h_2 分别为起、止水头高度，cm；S 为过水流横断面积，cm^2。

上述公式得到的结果为水温 t 时的渗透系数，应当换算为标准温度下的渗透系数，换算公式如公式(3-2)所示：

$$k_{20} = k_t\frac{\eta_t}{\eta_{20}} \tag{3-2}$$

式中：k_{20} 为水流温度为 20℃时试样的渗透系数，m/s；η_t 为温度 t 时水流的动态黏滞系数，kPa · s；$\frac{\eta_t}{\eta_{20}}$为黏滞系数比。

本试验对深度为 0 m、5 m、10 m、15 m、20 m 的高液限红黏土进行渗透试验，由于篇幅有限，只列举深度为 10 m 的高液限红黏土渗透试验数据，如表 3-3 所示。

根据试验数据，可得到距坡面 0 m、5 m、10 m、15 m、20 m 不同深度处高液限红黏土的渗透系数，其大小分别为 6.94×10^{-7} cm/s、5.41×10^{-7} cm/s、4.43×10^{-7} cm/s、3.92×10^{-7} cm/s、3.13×10^{-7} cm/s。从上述数据中，不难发现取土位置距坡面越深，高液限红黏土的渗透系数越小。

表 3-3　深度为 10 m 的高液限红黏土渗透试验数据

试样号	耗时/s	开始水头 h_1/cm	结束水头 h_2/cm	$2.3sL/S_t$/(cm·s^{-1})	$\lg\frac{h_1}{h_2}$	平均水温/℃	渗透系数 k/(m·s^{-1})	校正系数 η_t/η_{20}	k_{20}/(m·s^{-1})	平均渗透系数 $\bar{k}_{20}$/(m·s^{-1})
1	60	156	144	1.004×10^{-3}	0.0347	14	3.48×10^{-7}	1.168	4.06×10^{-7}	4.43×10^{-7}
2	60	156	142	1.004×10^{-3}	0.0408	14	4.10×10^{-7}	1.168	4.79×10^{-7}	
3	60	156	143	1.004×10^{-3}	0.0378	14	3.79×10^{-7}	1.168	4.43×10^{-7}	
4	60	156	144	1.004×10^{-3}	0.0347	14	3.48×10^{-7}	1.168	4.06×10^{-7}	
5	60	156	143	1.004×10^{-3}	0.0378	14	3.79×10^{-7}	1.168	4.43×10^{-7}	
6	60	156	142	1.004×10^{-3}	0.0408	14	4.10×10^{-7}	1.168	4.79×10^{-7}	

3.2.2　土水特征试验

土水特征曲线表明土体的颗粒成分和孔隙形式等性状在吸力作用下对持水能力的影响。可以用非饱和土吸力和含水量两个重要参数来表达该土体的土水特征曲线。在干燥与湿润相交换的复杂自然环境中，边坡土体呈现出疏松软弱、裂隙小而密集等状况。地下水在基质吸力的作用下通过毛细作用缓慢渗入边坡底部，从而使边坡土体发生软化，对边坡稳定性产生极大的安全隐患。因此，对高液限红黏土开展土水特征试验，建立土水特征模型很有必要。

本试验采用的试验设备主要有体积压力板仪(图 3-4)、陶土板等，采用静压法制环刀样。在距高液限红黏土边坡底部不同高度处取土，按照制样要求制成试验所需要的试件，将制作完成的试件放在饱和器中，如图 3-5 所示。将饱和器进行真空饱和处理，24 h 后取出试样，除去环刀表面水分，保持环刀周围干燥，用精度为 0.001 g 的高精度天平称量试件的总质量，从而计算出试件的饱和质量含水量，随后采用体积压力板仪进行基质吸力测量。测量前，先在饱和器中对陶土板进行饱和处理，再将饱和土样置于陶土板上，盖板密封，拧紧螺丝，将气压调节至 5 kPa；当体积压力板仪无水后，将气压调节至 0 kPa，然后将试件取出称量并记录。

重复上述步骤，依次测定气压为 0 kPa、5 kPa、10 kPa、25 kPa、50 kPa、99 kPa、197 kPa、301 kPa、498 kPa、999 kPa 时试件的质量。试验结束后，根据试验所得数据，分析得到距离边坡底部 0 m、5 m、10 m、15 m、20 m 不同深度处试件基质吸力与体积含水量之间的对应关系，如表 3-4 所示。

图 3-4 体积压力板仪

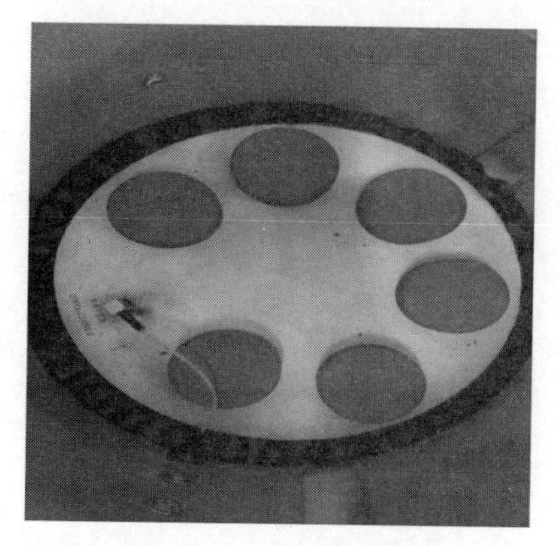

图 3-5 土水特征试样

表 3-4 距坡面不同深度处高液限红黏土基质吸力与体积含水量之间的对应关系

基质吸力/kPa	体积含水量/($m^3 \cdot m^{-3}$) 深度/m				
	0	5	10	15	20
0	0. 5304	0. 5163	0. 5043	0. 4942	0. 4862
5	0. 4280	0. 5314	0. 4683	0. 4372	0. 4987
10	0. 4043	0. 4709	0. 4513	0. 4081	0. 4246
25	0. 3205	0. 2588	0. 2955	0. 3655	0. 3976
50	0. 1960	0. 2075	0. 2421	0. 3268	0. 3192
99	0. 1334	0. 1684	0. 2009	0. 2113	0. 2412
197	0. 1013	0. 1249	0. 1510	0. 1609	0. 1641
301	0. 0761	0. 0900	0. 1177	0. 1383	0. 1248
498	0. 0674	0. 0809	0. 0915	0. 1051	0. 0998
999	0. 0469	0. 0597	0. 0746	0. 0910	0. 0679

以基质吸力为横坐标，体积含水量为纵坐标，绘制不同高度处高液限红黏土体积含水量与基质吸力的关系曲线，如图 3-6 所示，根据表 3-4 以及图 3-6 可以看出在同一深度处，高液限红黏土的体积含水量随着其基质吸力的增加而逐渐减少；在基质吸力为 0 kPa 下，体积含水量随着深度的增加而缓慢减少，在基质吸力为 50 kPa、99 kPa、197 kPa、301 kPa 下，体积含水量随着深度的增加而缓慢增加。

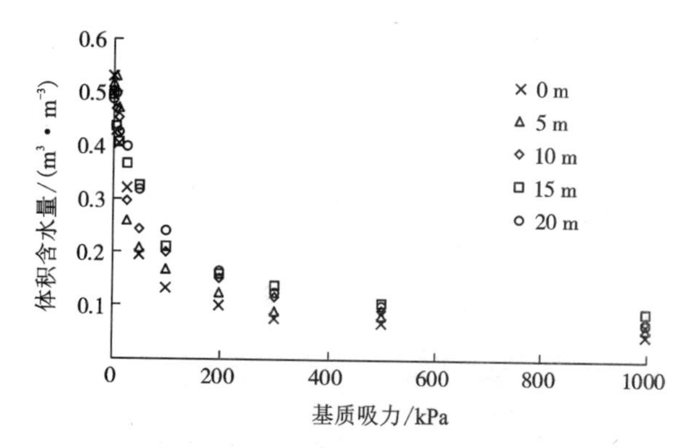

图 3-6 距坡面不同深度处高液限红黏土体积含水量与基质吸力的关系曲线

现有水土特征曲线资料表明，直接法存在一定的无效性，学者们正尝试采用间接法，即参数估计法来确定土水特征曲线。其中 van Genuchten[6-7]模型(以下简称 VG 模型)是目前岩土工程实践中最常见的模型之一。VG 模型与常用的数学模型相比能对各种土体进行较好的模拟，模拟误差较小，贴合实际，其模型表达式为：

$$\theta=\frac{\theta_s-\theta_r}{\left[1+|\alpha\varphi|^n\right]^m}+\theta_r \quad \left(m=1-\frac{1}{n},\ 0<m<1\right) \tag{3-3}$$

$$k(\theta)=k_s\left(\frac{\theta-\theta_r}{\theta_s-\theta_r}\right)^{\frac{1}{2}}\left\{1-\left[1-\left(\frac{\theta-\theta_r}{\theta_s-\theta_r}\right)^{\frac{1}{m}}\right]^m\right\}^2 \tag{3-4}$$

式中：θ 为体积含水量；θ_r 为残余体积含水量；θ_s 为饱和体积含水量，cm^3/cm^3；$\varphi=u_a-u_w$，为基质吸力，u_a 为孔隙气压力，u_w 为孔隙水压力，本书中 $u_a=0$；k_s 为饱和渗透系数，m/s；α、m 和 n 为式(3-3)、式(3-4)拟合的土水特征曲线形状参数。

距坡面不同深度处高液限红黏土土水特征曲线 VG 模型相关参数如表 3-5 所示。为了便于分析不同深度处高液限红黏土土水特征曲线 VG 模型的拟合效果，分别根据深度为 0 m、5 m、10 m、15 m、20 m 处的高液限红黏土土水特征试验数据绘制不同深度处高液限红黏土的土水特征曲线和渗透曲线，如图 3-7～图 3-11 所示。由表 3-5、图 3-7～图 3-11 可知，高液限红黏土干密度与深度呈正相关，参数 α 与深度呈现近似负相关；在深度为 0～15 m 时，参数 m、n 随着深度增加呈负相关关系；在相同深度处，当基质吸力为 0～200 kPa 时，随基质吸力增大土体渗透系数降低，当基质吸力大于 200 kPa 时，高液限红黏土渗透系数与横轴保持相重合，基本不变化。

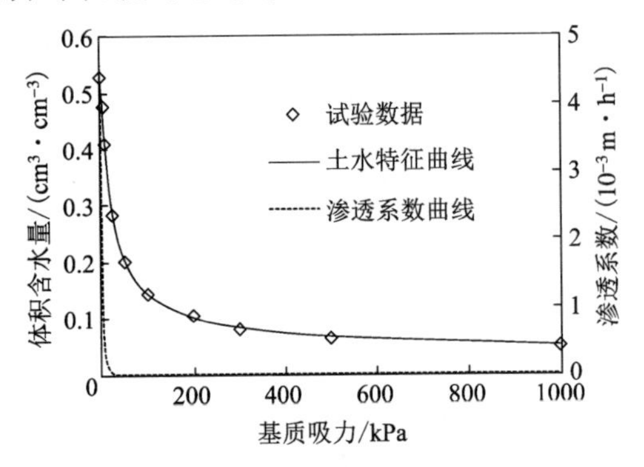

图 3-7 距坡面深度为 0 m 处高液限红黏土土水特征与渗透曲线

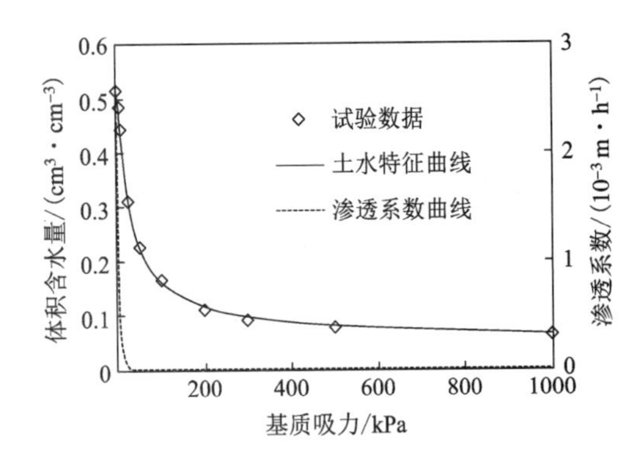

图 3-8 距坡面深度为 5 m 处高液限红黏土土水特征与渗透曲线

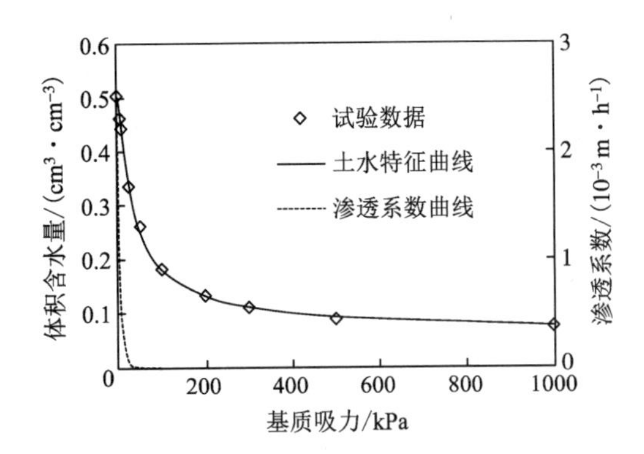

图 3-9 距坡面深度为 10 m 处高液限红黏土土水特征与渗透曲线

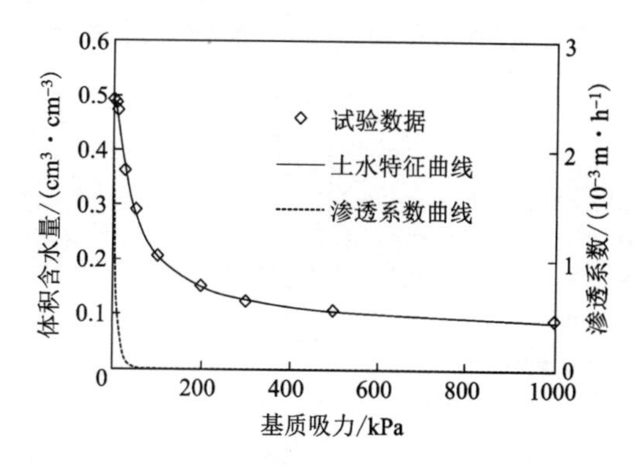

图3-10　距坡面深度为15 m处高液限红黏土土水特征与渗透曲线

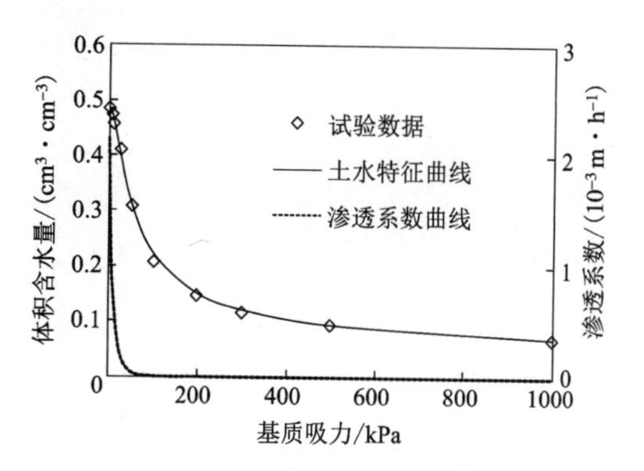

图3-11　距坡面深度为20 m处高液限红黏土土水特征与渗透曲线

表3-5　距坡面不同深度处高液限红黏土土水特征曲线模型相关参数表

深度/m	体积含水量/(cm³·cm⁻³)		m	n	α	干密度
	饱和	残余				
0	0.5304	0.0215	0.3797	1.6121	0.1031	1.740
5	0.5163	0.0363	0.3755	1.6013	0.0836	1.767
10	0.5043	0.0489	0.3420	1.5198	0.0857	1.788
15	0.4942	0.0595	0.3400	1.5152	0.0648	1.801
20	0.4862	0.0342	0.3758	1.6021	0.0481	1.813

3.2.3　渗透系数随深度的变化

根据高液限红黏土变水头渗透试验数据可得到饱和渗透系数随深度的变化规律，其试验数据如表3-6所示，以饱和渗透系数k_s为横轴、距坡面深度h为纵轴，绘制h-k_s关系曲线，并对原始数据进行拟合，如图3-12所示，其拟合方程为：

$$k_s=k_{0sat}[1-h/(a+bh)] \tag{3-5}$$

式中：k_s为高液限红黏土饱和渗透系数，m/h；k_{0sat}为高液限红黏土初始饱和渗透系数，m/h；h为高液限红黏土边坡深度，m；a、b分别为拟合系数，其中a为3.24，b为1.62。R^2=0.96，接近1，其拟合效果良好。

由表3-6、图3-12可知，饱和渗透系数与距坡面深度整体呈负相关，距坡面越深，饱和渗透系数越小。在距坡面0~5 m深度范围内，饱和渗透系数下降幅度较大，在距坡面其他深度范围内，饱和渗透系数下降幅度较为缓慢，是因为距坡面越浅的高液限红黏土在自然风化作用下，土体孔隙多，土骨架排列稀疏，水分易渗入土体，致使其渗透系数偏大；而距坡面越深的高液限红黏土，在沉积和应力历史作用下，土体孔隙减小，骨架紧密，水分难以入渗。

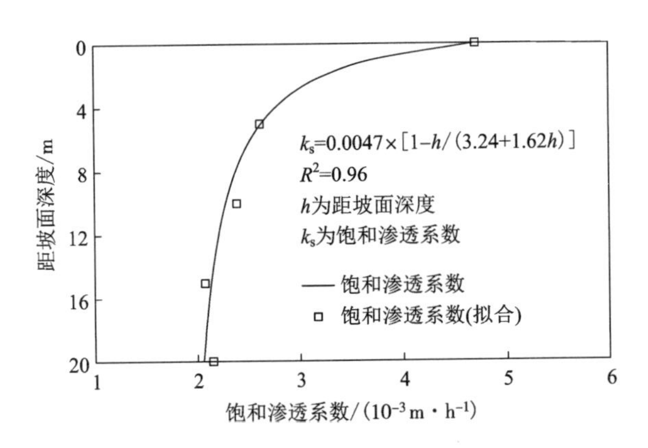

图 3-12　高液限红黏土距坡面不同深度与饱和渗透系数关系曲线

表 3-6　高液限红黏土距坡面不同深度处饱和渗透系数

距坡面深度/m	饱和渗透系数/(10^{-3} m·h^{-1})
0	4.71
5	2.61
10	2.38
15	2.08
20	2.15

3.3　高液限红黏土抗剪强度特性及其分布模型

3.3.1　抗剪强度与含水量的关系

剪切破坏是土体破坏的重要形式。为了探讨高液限红黏土抗剪强度特性，通过直接剪切试验来得到距坡面不同深度处高液限红黏土的抗剪强度指标大小，从而探究高液限红黏土抗剪强度与含水量、深度之间的关系及其分布模型。

为了研究高液限红黏土抗剪强度与含水量之间的规律，采用应变控制式直剪仪进行直剪试验。在制样时，控制初始质量含水量分别为 5.08%、10.19%、15.28%、19.97%、25.58%、30.82%，在试验变量中，正应力为 100 kPa、200 kPa、300 kPa、400 kPa，共计 24 组试验，根据规范，按静压法制成试验所需的高液限红黏土试样，真空饱和后，采用 0.02 mm/min 的剪切速率进行直剪试验，并记录好位移量测系统的读数和时间。利用 Origin 2017 画图软件整理试验数据可得不同初始质量含水量、不同正应力下高液限红黏土剪切应力-位移曲线，如图 3-13、图 3-15、图 3-17、图 3-19、图 3-21、图 3-23 所示，可得到高液限红黏土质量含水量 ω 与黏聚力 c、内摩擦角 φ 之间的变化关系，如表 3-7 所示。通过土体抗剪强度计算公式，可以得到正应力对应的抗剪强度，以正应力为横轴，以抗剪强度为纵轴，绘制不同质量含水量高液限红黏土剪切应力-正应力关系图，如图 3-14、图 3-16、图 3-18、图 3-20、图 3-22、图 3-24 所示，并对其进行拟合，拟合公式如表 3-7 所示。

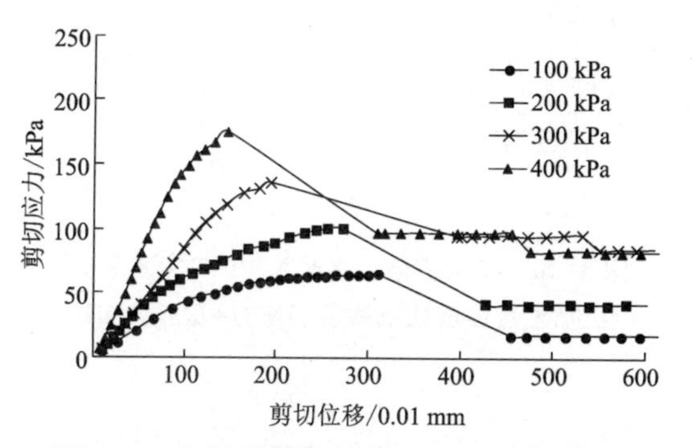

图 3-13　初始质量含水量为 5.08%时高液限红黏土直接剪切试验剪切应力-位移曲线

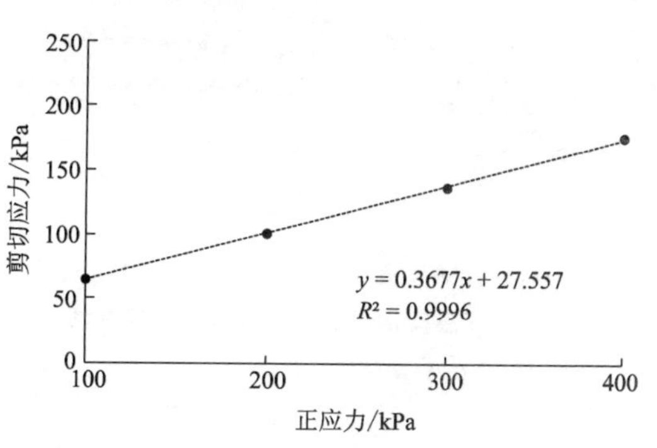

图 3-14　初始质量含水量为 5.08%时高液限红黏土直接剪切试验剪切应力-正应力曲线

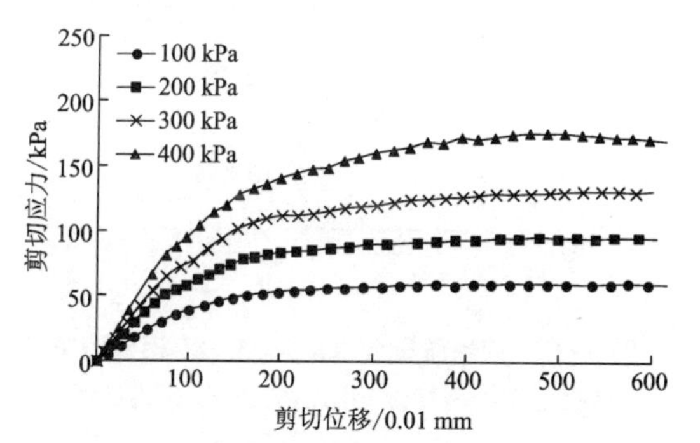

图 3-15　初始质量含水量为 10.19%时高液限红黏土直接剪切试验剪切应力-位移曲线

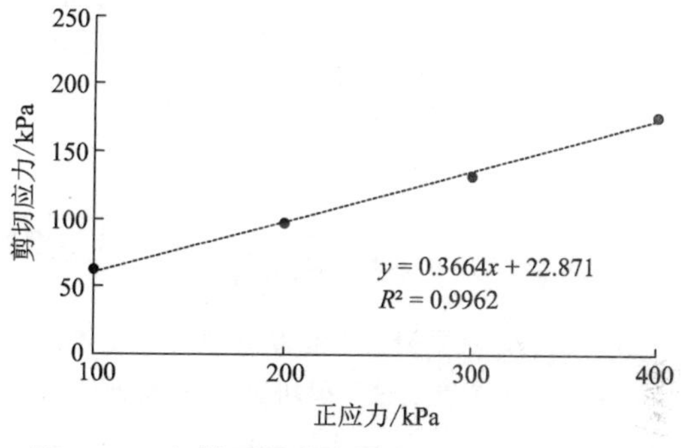

图 3-16　初始质量含水量为 10.19%时高液限红黏土直接剪切试验剪切应力-正应力曲线

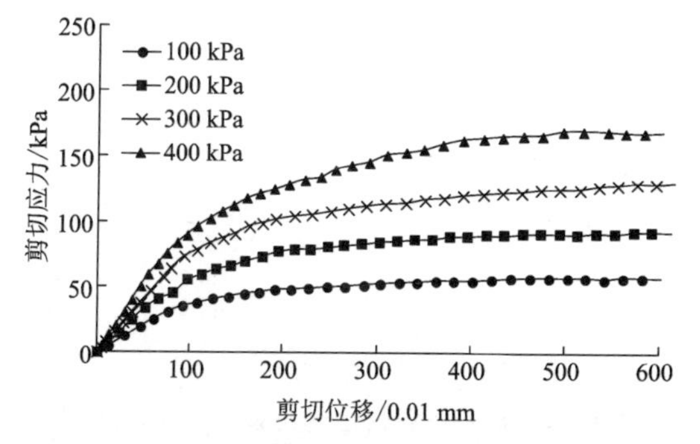

图 3-17　初始质量含水量为 15.28%时高液限红黏土直接剪切试验剪切应力-位移曲线

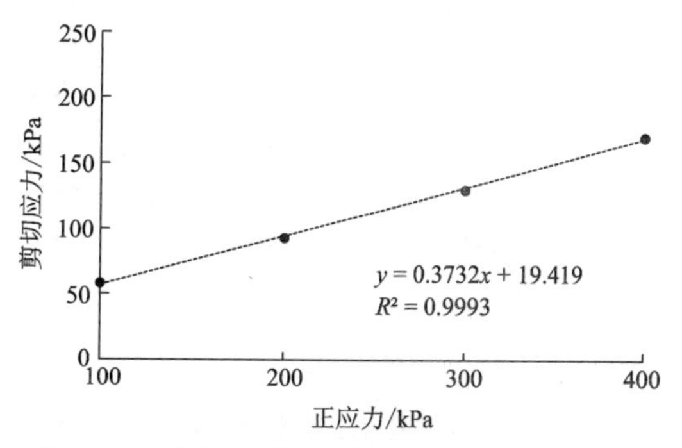

图 3-18　初始质量含水量为 15.28%时高液限红黏土直接剪切试验剪切应力-正应力曲线

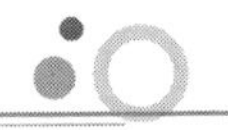

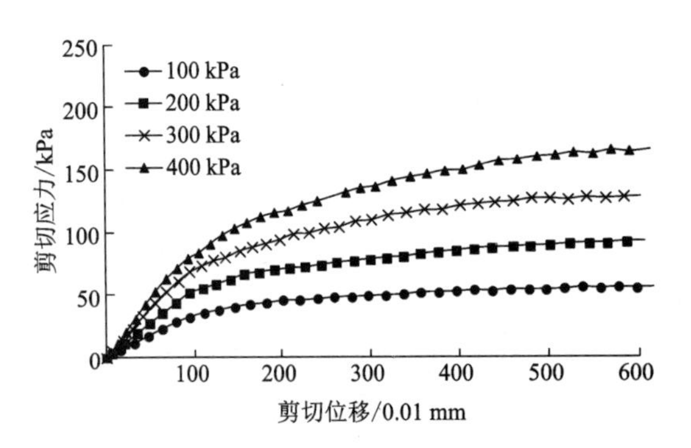

图 3-19　初始质量含水量为 19.97%时高液限红黏土直接剪切试验剪切应力-位移曲线

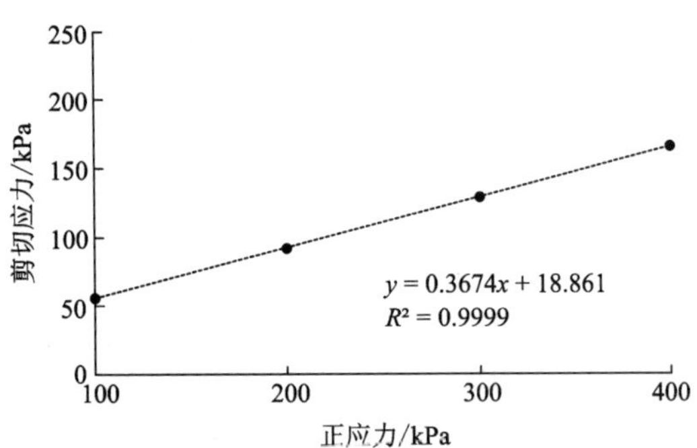

图 3-20　初始质量含水量为 19.97%时高液限红黏土直接剪切试验剪切应力-正应力曲线

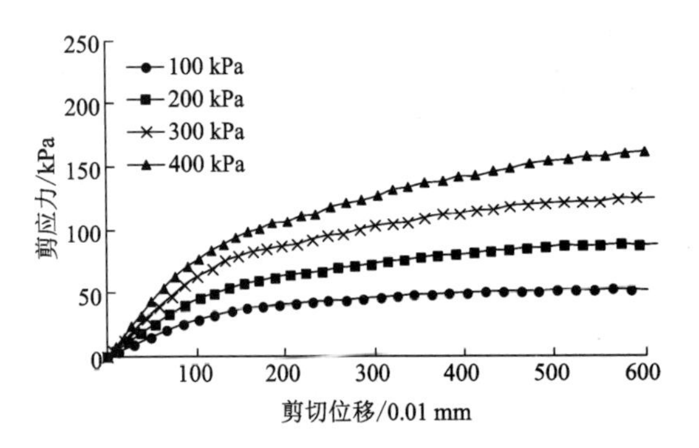

图 3-21　初始质量含水量为 25.58%时高液限红黏土直接剪切试验剪切应力-位移曲线

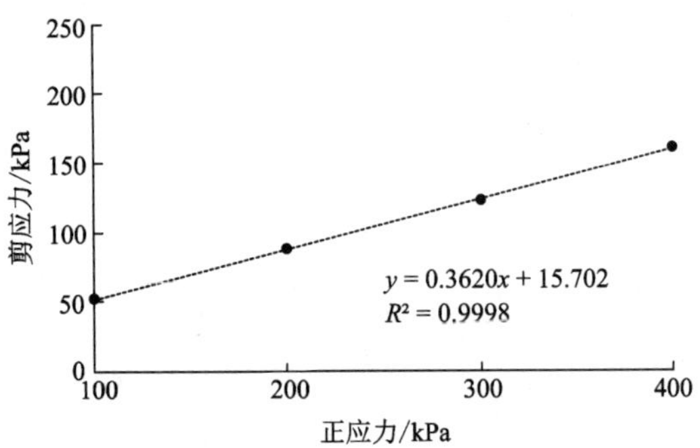

图 3-22　初始质量含水量为 25.58%时高液限红黏土直接剪切试验剪切应力-正应力曲线

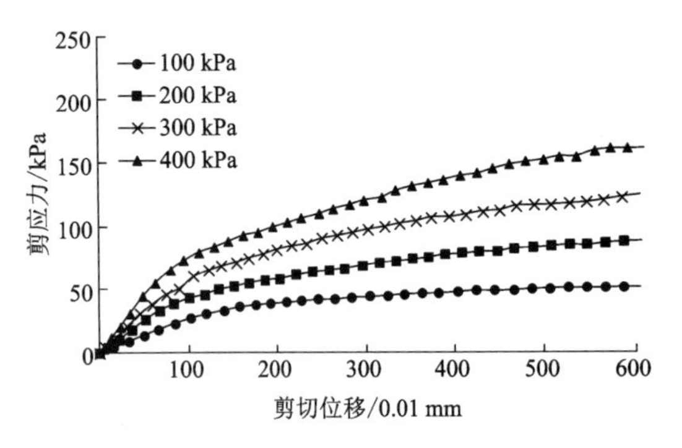

图 3-23　初始质量含水量为 30.82%时高液限红黏土直接剪切试验剪切应力-位移曲线

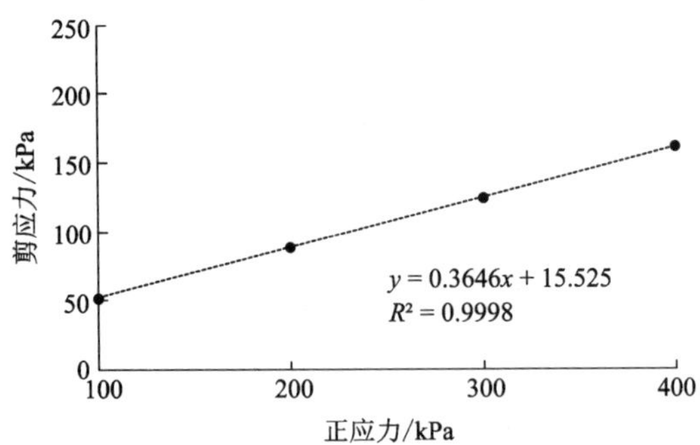

图 3-24　初始质量含水量为 30.82%时高液限红黏土直接剪切试验剪切应力-正应力曲线

表 3-7　高液限红黏土质量含水量 ω 与黏聚力 c、内摩擦角 φ 之间的变化关系

初始质量含水量/%	内摩擦角/(°)	黏聚力/kPa	拟合公式	拟合优度
5.04	20.19	27.557	$y=0.3677x+27.557$	$R^2=0.9996$
10.19	20.63	22.871	$y=0.3664x+22.871$	$R^2=0.9962$
15.28	20.47	19.419	$y=0.3732x+19.419$	$R^2=0.9993$
19.97	20.17	18.861	$y=0.3674x+18.861$	$R^2=0.9999$
25.58	19.90	15.702	$y=0.3620x+15.702$	$R^2=0.9998$
30.82	20.03	15.525	$y=0.3646x+15.525$	$R^2=0.9998$

由图 3-13～图 3-24、表 3-7 可以看出，无论高液限红黏土处于何种初始质量含水量状态，其剪应力与正应力呈正相关关系。伴随着初始质量含水量逐渐增加，其抗剪强度曲线的集中度缓慢增强，黏聚力减小，内摩擦角基本无变化，由此可见，初始质量含水量对高液限红黏土黏聚力指标影响较为敏感。在初始质量含水量为 5.08%时，高液限红黏土抗剪强度特性呈现出应变软化现象，原因是试样达到峰值强度后，高液限红黏土突然剪断，导致试样剪切位移快速增大，其剪切强度也迅速降低至残余剪切强度。在其余初始质量含水量状态下，高液限红黏土抗剪强度特性呈现出应变硬化现象，其正应力增加越多，所产生的峰值强度随之增加。

由于高液限红黏土初始质量含水量对黏聚力指标影响较为敏感，通过对其原始数值进行拟合，并分析其相对误差，得到表 3-8。以质量含水量为横坐标，黏聚力为纵坐标，绘制高液限红黏土质量含水量与黏聚力、黏聚力拟合值变化关系图，如图 3-25 所示。由表 3-8、图 3-25 可知，在质量含水量为 25.58%时，黏聚力实际值偏离拟合值，测量可信度较低，但在其余各含水量作用下，黏聚力偏离拟合值较小，其相对误差较小，试验实际值可靠。

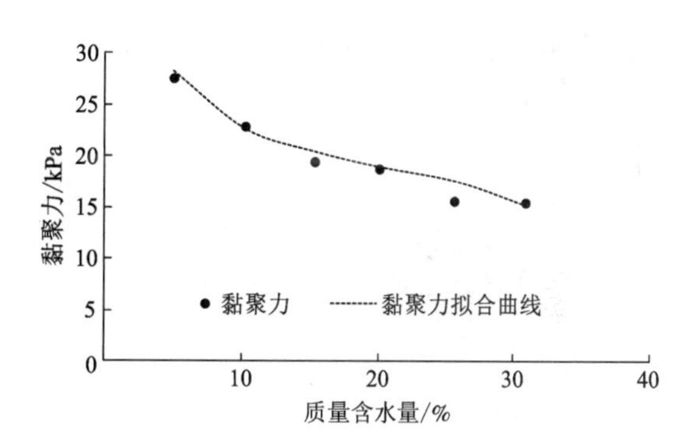

图 3-25　c-ω 变化关系图

表 3-8　不同初始质量含水量高液限红黏土黏聚力指标与其拟合值相对误差分析

初始质量含水量/%	黏聚力/kPa	黏聚力拟合值/kPa	相对误差/%
5.04	27.557	28.286	-2.645
10.19	22.871	22.946	-0.328
15.28	19.419	20.762	-6.916
19.97	18.861	19.243	-2.025
25.58	15.702	17.818	-13.476
30.82	15.525	15.283	1.559

3.3.2 饱和抗剪强度与深度的关系

为了研究高液限红黏土抗剪强度与其深度之间的规律，分别于距坡面 0 m、5 m、10 m、15 m、20 m 处取土，根据规范，采用静压法制样，真空饱和后，采用 0.02 mm/min 的剪切速率进行直剪试验，正应力为 100 kPa、200 kPa、300 kPa、400 kPa，共计 20 组试验，并记录好位移量测系统的读数和时间。整理试验数据可得不同正应力、不同深度处高液限红黏土剪切应力-位移关系图，如图 3-26、图 3-28、图 3-30、图 3-32 所示，同时，可得到高液限红黏土不同深度与黏聚力 c、内摩擦角 φ 之间的变化关系，如表 3-9 所示；通过土体抗剪强度计算公式，计算正应力对应的抗剪强度，以正应力为横坐标，抗剪强度为纵坐标，可得不同深度下高液限红黏土剪切应力—正应力关系图，如图 3-27、图 3-29、图 3-31、图 3-33 所示，并对其进行拟合，拟合公式如表 3-9 所示。

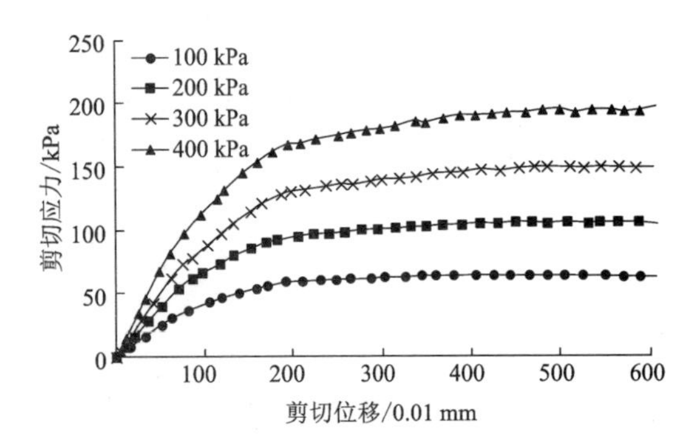

图 3-26 距坡面深度 5 m 处高液限红黏土直接剪切试验剪切应力-位移曲线

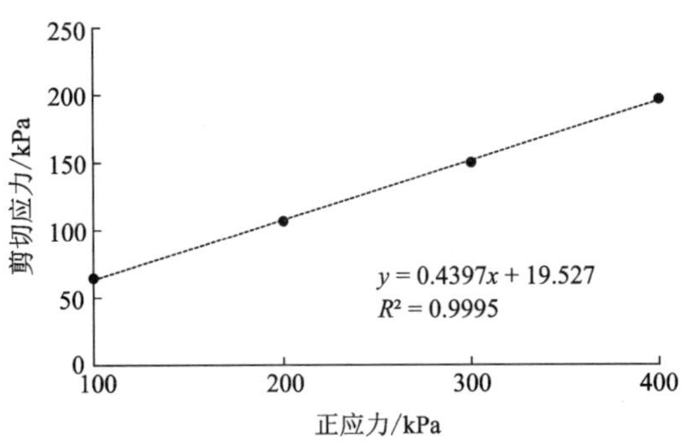

图 3-27 距坡面深度 5 m 处高液限红黏土直接剪切试验剪切应力-正应力曲线

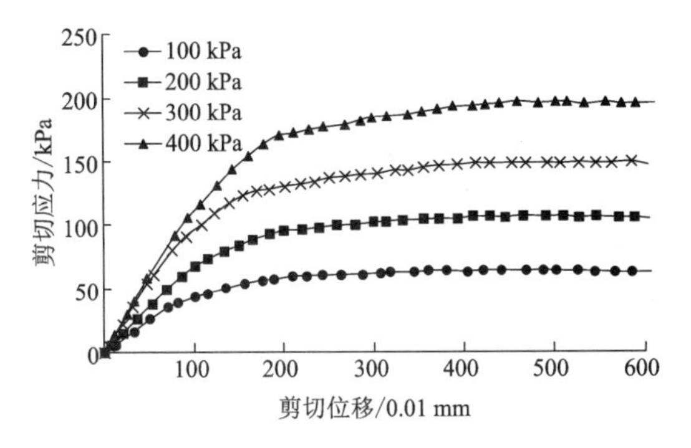

图 3-28 距坡面深度 10 m 处高液限红黏土直接剪切试验剪切应力-位移曲线

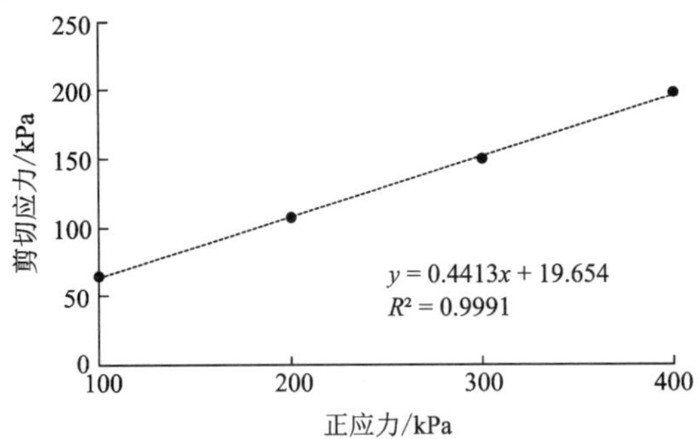

图 3-29 距坡面深度 10 m 处高液限红黏土直接剪切试验剪切应力-正应力曲线

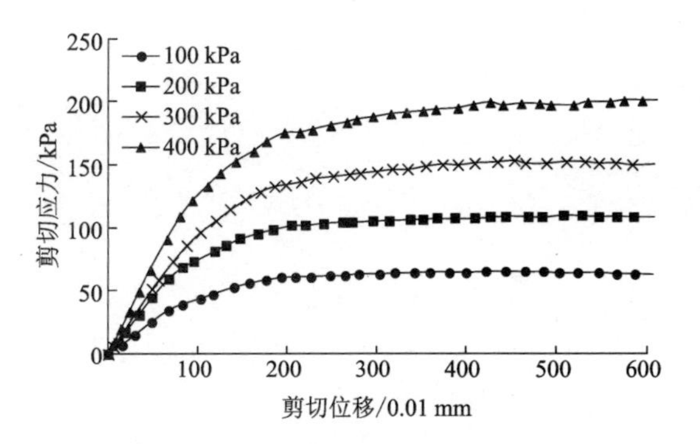

图 3-30　距坡面深度 15 m 处高液限红黏土直接剪切试验剪切应力-位移曲线

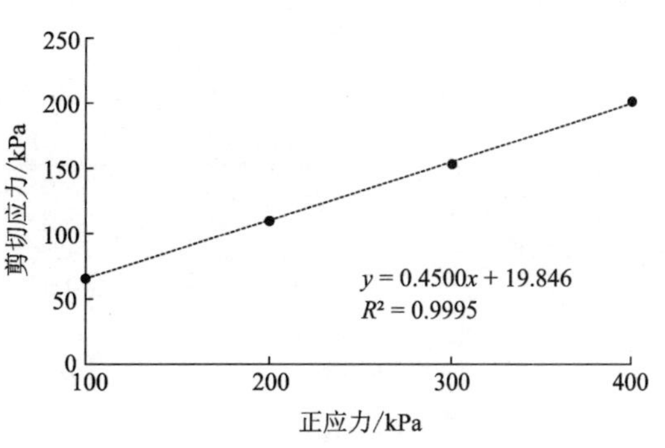

图 3-31　距坡面深度 15 m 处高液限红黏土直接剪切试验剪切应力-正应力曲线

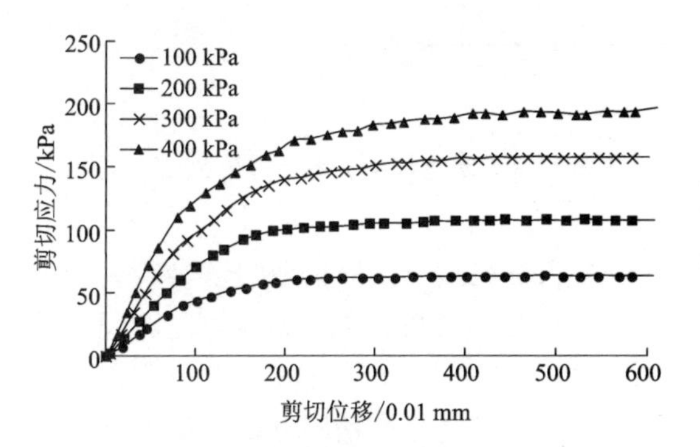

图 3-32　距坡面深度 20 m 处高液限红黏土直接剪切试验剪切应力-位移曲线

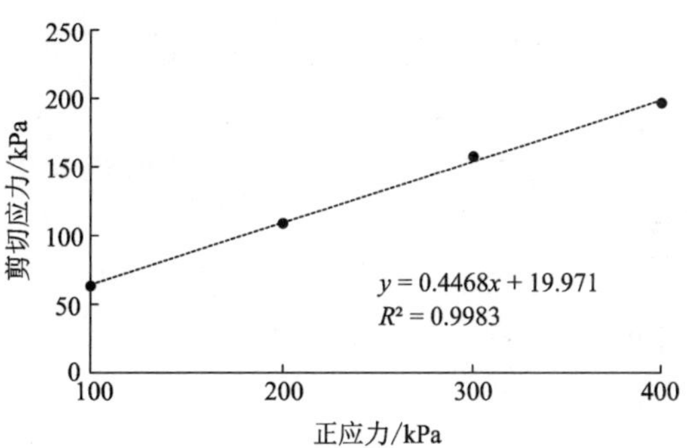

图 3-33　距坡面深度 20 m 处高液限红黏土直接剪切试验剪切应力-正应力曲线

表 3-9　距坡面不同深度处高液限红黏土抗剪强度指标及相关参数

距坡面深度/m	内摩擦角/(°)	黏聚力/kPa	拟合公式	拟合优度
0	20.23	15.53	$y=0.4383x+19.334$	$R^2=0.9993$
5	23.74	19.53	$y=0.4397x+19.527$	$R^2=0.9995$
10	23.81	19.65	$y=0.4413x+19.654$	$R^2=0.9991$
15	24.03	19.85	$y=0.4500x+19.846$	$R^2=0.9995$
20	24.08	19.97	$y=0.4468x+19.971$	$R^2=0.9983$

通过分析表 3-9、图 3-26～图 3-33，不难发现在距坡面不同深度处，高液限红黏土抗剪强度特性呈现出应变硬化现象。随着位移的增加，剪应力先增加后保持稳定，与横坐标轴保持平行，其峰值强度随着正应力增加而逐渐增大，峰值强度大小近似为正应力大小的 0.5 倍。随着距离坡面的深度逐渐增加，其抗剪强度曲线的集中度缓慢增强，拟合效果良好，其黏聚力和内摩擦角参数在逐渐增大，在距坡面 0～5 m 范围内，c、φ 的涨幅较大，但在距坡面 5～20 m 范围内，c、φ 受影响较小，如图 3-34 所示。

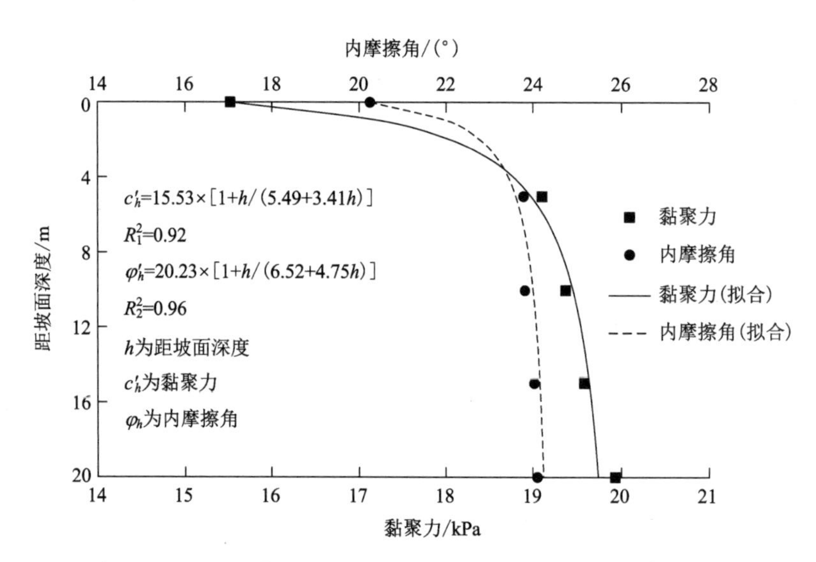

图 3-34　高液限红黏土内摩擦角、黏聚力分别与距坡面深度之间的关系及拟合曲线

在试样饱和过程中，通过直接剪切试验，发现高液限红黏土试样抗剪强度参数大小会发生衰减，试验数据如表 3-10 所示。根据表 3-10 绘制抗剪强度参数衰减幅度随时间关系曲线图，如图 3-35 所示。从表 3-10、图 3-35 中，可以得到饱和时间越长，高液限红黏土抗剪强度参数衰减幅度逐渐增大，抗剪强度也逐渐下降。伴随着高液限红黏土试样饱和时间过长，土颗粒之间接触表面越光滑，其摩擦力越小，胶结作用效果低，所以 c、φ 均减小，在饱和时间 0～120 h 范围内，黏聚力和内摩擦角衰减幅度增长较快，在饱和时间 120～420 h 范围内，黏聚力和内摩擦角衰减幅度增长缓慢。

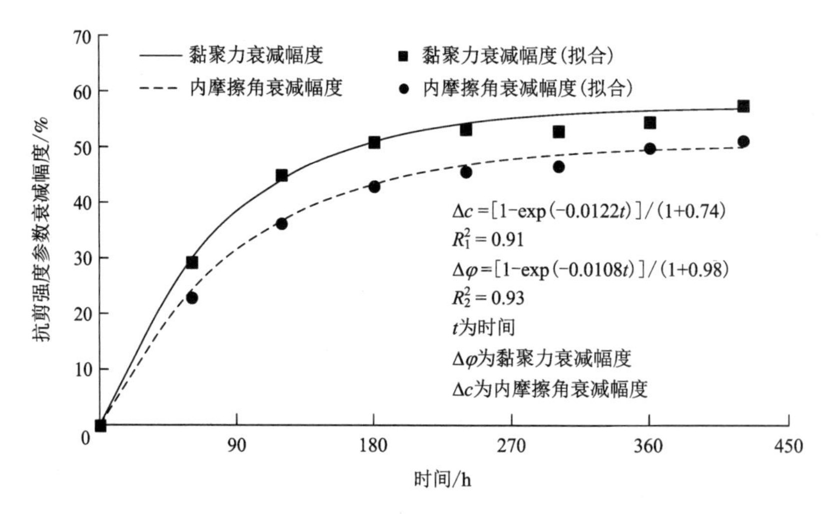

图 3-35　高液限红黏土抗剪强度参数衰减幅度与饱和时间关系及拟合曲线

表3-10 不同饱和时间下高液限红黏土抗剪强度参数衰减幅度

饱和时间/h	c/kPa	c减幅/%	φ/(°)	φ减幅/%
0	15.52	0	20.23	0
60	11.14	28.22	11.91	41.13
120	8.49	45.30	9.93	50.91
180	7.84	49.48	8.78	56.6
240	7.93	48.90	8.22	59.37
300	7.30	52.96	8.15	59.71
360	7.01	54.83	7.58	62.53
420	6.53	57.93	7.35	63.67

参考文献

[1] Griffiths D V, Lane P A. Slope stability analysis by finite elements[J]. Géotechnique, 1999, 49(3): 387-403.

[2] 杨志刚, 刘建刚, 杜明亮. 边坡稳定性分析方法综述[J]. 西部探矿工程, 2007, 19(2): 14-18.

[3] Fellentus W. 土体稳定性的静力计算[M]. 陈越炯, 译. 北京: 水利出版社, 1957.

[4] 褚卫军. 干湿循环作用下红黏土胀缩变形特性及裂缝扩展规律研究[D]. 贵阳: 贵州大学, 2015.

[5] 张红. 大理东环海公路边坡生态防护技术研究[D]. 重庆: 重庆交通大学, 2011.

[6] 范秋雁, 刘金泉, 杨典森, 等. 不同降雨模式下膨胀岩边坡模型试验研究[J]. 岩土力学, 2016, 37(12): 3401-3409.

[7] 金克盛. 昆明红土的固化特性及微观结构图像特征参数研究[D]. 昆明: 昆明理工大学, 2005.

第4章

降雨条件下高液限红黏土边坡暂态饱和区形成机理

目前，针对降雨过程中仅考虑边坡内部一定渗流特征参数条件下的降雨渗流特性的研究，有学者对此进行了一维和二维渗流数值模拟，认为在降雨条件下坡面处于暂态饱和区条件下，不需要满足降雨强度大于岩土体饱和渗透系数的要求，只需满足降雨强度大于一定的阈值。为进一步明确阈值，利用反证法进行分析，假设降雨强度小于土体饱和度达到某一定值时(暂态饱和区的判定条件)所对应的非饱和渗透系数，坡面出现了暂态饱和区。很明显，暂态饱和区岩土体在非饱和渗透系数(进出量)大于降雨强度(进入量)的情况下，暂态饱和区岩土体体积含水量将继续降低，直到一个非饱和渗透系数(进出量)等于降雨强度(进入量)时，边坡岩土体能达到的最大体积含水量应等于与降雨强度相等的非饱和渗透系数所对应的体积含水量，这个临界值应为岩土体饱和度达到某一值(瞬变饱和带的判定条件)对应的非饱和渗透系数[1]。综上所述，现有科学研究成果大多认为暂态饱和区的孔隙水压力为负值，即暂态饱和区未达到饱和状态，据此对边坡的判断条件和形成条件的认识不够准确。在降雨条件下，目前大量的现场监测、数值模拟计算结果表明，边坡暂态饱和区会产生正孔隙水压力[2]，然而现场监测费用高、周期长。因此，利用数值模拟方法来研究降雨条件下边坡暂态饱和区的形成条件和演化特征具有十分重要的意义。

鉴于此，本章拟对饱和区、非饱和区、暂态饱和区、毛细吸力饱和区、悬式型暂态饱和区进行探讨，在定义的基础上，提出了一种新的求解方法，即在不同边坡降雨入渗条件下对边坡降雨入渗情况进行数值模拟分析，分析降雨条件下边坡暂态饱和区形成条件，探究降雨强度、饱和渗透系数、边坡等因素对边坡降雨入渗区、暂态饱和区演化特征的影响，为降雨条件下暂态饱和区边坡稳定性分析和安全防护提供良好的理论基础。

4.1　与饱和区有关的几种定义的讨论

在实际工程中，岩土体通常由固相(土颗粒)、液相(孔隙水)、气相(孔隙气)和液气交界界面(液气结合面)等多个相组成。

4.1.1　饱和区

根据饱和岩土体中孔隙的充填形式，饱和岩土体可分为两类[3]：一是饱和岩土体的孔隙全部被水充填，称为两相饱和岩土体[图 4-1(a)]；二是饱和区内的岩土体孔隙全部被水、以闭合气泡形式存在的孔隙气和水-气结合面所充填，称为四相饱和岩土体[图 4-1(b)]。其中气泡有两种类型：第一种是气泡与土颗粒；第二种是气泡与孔隙水。在岩土工程中计算岩土体抗剪强度时，第一，要同时考虑基质吸力(孔隙空气压力与孔隙水压力之差，两者之差一般较小)与有效应力(由于孔隙空气压力和孔隙水压力差较小，所以可以认为孔隙空气压力等于孔隙水压力，即有效应力等于总应力与孔隙水压力之差)；第二，只考虑有效应力的影响。

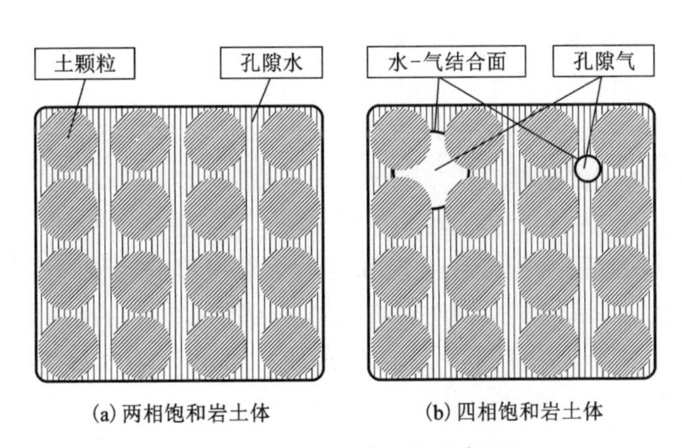

图 4-1　饱和区岩土体示意图

4.1.2　非饱和区

在岩土工程领域中，根据非饱和区孔隙的充填形式，非饱和区的岩土体可分为两类[4]：一类是非饱和带岩土体孔隙被水和孔隙气充填，称为三相非饱和带岩土体，如图 4-2(a)所示；另一类是非饱和带的岩土体孔隙被水、孔隙气和水-气结合面充填，称为四相非饱和带岩土体，如图 4-2(b)所示。在计算岩土体抗剪强度时，应同时考虑总应力和基质吸力的影响。

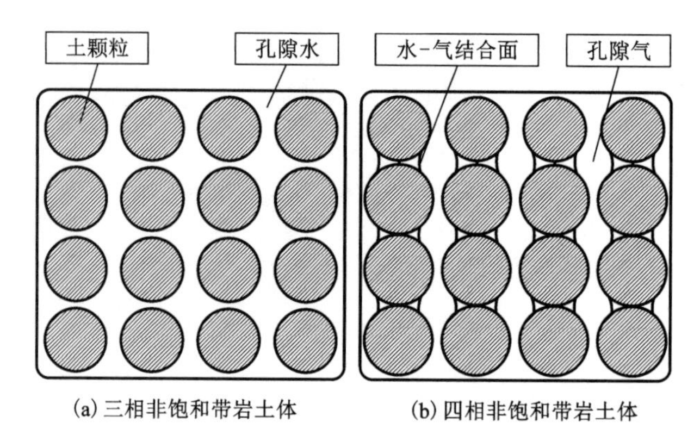

图 4-2　非饱和区岩土体示意图

4.1.3　暂态饱和区

暂态饱和区是指在降雨或排水雨雾的作用下，边坡浅层出现饱和区。在进行边坡稳定性分析时，应当考虑暂态水压力，且在其合适范围内应降低暂态水压力。尽管《水利水电工程边坡设计规范》(SL 386—2007)没有明确规定瞬态饱和区属于两相饱和区还是四相饱和区，但是从该规范对暂态水压力的降低不难看出，可通过减小暂态水压力来抵消基质吸力对岩土体抗剪强度的影响。在降雨或排水雨雾的作用下，坡面表层暂态饱和区应为暂态四相饱和带，且四相饱和带岩体中存在第一种气泡分布形式。

4.1.4　毛细吸力饱和区

毛细吸力饱和区为地下水位线以上饱和度大于某一值的区域[5]。有文献[6]提出毛细吸力饱和区为饱和度大于85%，且同时存在基质吸力的区域。由此可知，地下水位线附近毛细吸力饱和区应为暂态四相饱和区，且存在四相饱和区岩土体中的第一种气泡分布形式。

4.1.5　悬挂型暂态饱和区

悬挂型暂态饱和区是指在降雨或排水雨雾作用下，孔隙水压力在边坡表面一定深度范围内沿深度呈三角形分布(先增大后减小)，孔隙水压力大于0的区域[7]。有文献[8]中对悬挂暂态饱和区孔隙水压力的分布形式进行了描述，但未明确指出悬挂型暂态饱和区属于两相饱和区还是四相饱和区。

4.1.6　讨论

随着非饱和土力学的发展，关于饱和区和非饱和区的定义以及非饱和抗剪强度理论已达成共识。现有的关于降雨条件下边坡的暂态饱和区、孔隙水压力分布的观点基本上有以下两种。第一种是，孔隙水压力沿边坡高程的分布按图 4-3(初始孔隙水压力)所示的直线分布形式变化，即图 4-3 孔隙水压力(某一段时刻)中的线条 2 所示，并且将图 4-3 中线条 2 降雨入渗区域(孔隙水压力增加区)内岩土体饱和度大于某一值(孔隙水压力大于某一特定值)的区域作为暂态饱和区，由于瞬态饱和区产生负孔隙水压力，从而该暂态饱和区处于不饱和状态。第二种是，降雨引发边坡孔隙水压力沿高程的分布呈图 4-3 中线条 5 至线条 1 所示的趋势变化，暂态饱和区内水压力沿深度方向先按静水压力线性增大后逐渐线性减小，将图 4-3 线条 5 所示孔隙水压力大于 0 的降雨入渗区定义为暂态饱和区。在均质土边坡中，暂态水压增加区和暂态水压减小区饱和渗透系数相等、暂态水压增加区水头梯度为零，暂态水压力下降区水头梯度大于 1，在暂态水压上升区与暂态水压下降区的分界处会发生渗流不连续性情况。因此，在均质土坡中，暂态水压沿高度随静态水压力呈线性增长，然后呈线性下降趋势是不可能发生的。该文通过研究得到，在均质土坡内部，当岩土体饱和渗透系数大于降雨强度时，边坡内孔隙水压力在降雨条件下的分布图，如图 4-3 线条 2 所示。由于线条 2 孔隙水压力小于 0，因此，在此强度条件下的降雨不会导致该边坡内出现暂态饱和区。当边坡岩土体饱和渗透系数小于降雨强度时，降雨入渗将会依次经历两个阶段，分别为降雨强度控制入渗阶段、非饱和土控制入渗阶段，进入饱和土壤入渗控制阶段后，降雨条件下边坡内孔隙水压力分布形式如图 4-3 中线条 3 所示，降雨会引起在边坡一定深度范围内出现孔隙水压力为 0 的暂态饱和区域。非均匀土坡的饱和渗透系数会随着高度的衰减而减小，所以当该边坡岩土体最小饱和渗透系数大于降雨强度时，边坡内部孔隙水压力分布规律与均质土坡相似，降雨不会导致边坡内部出现暂态饱和区。当边坡岩土体中最大饱和渗透系数小于或等于降雨强度时，边坡内孔隙水压力分布态势如图 4-3 中线条 4 所示，降雨会导致边坡一定高度范围内出现孔隙水压力大于或等于 0 的暂态饱和区(此暂态饱和区孔隙水压力远小于沿高度按静水压力计算得出的孔隙水压力)，在降雨条件下，均匀边坡、非均质边坡暂态饱和区的形成条件、分布形式和演化特征尚需进一步研究。

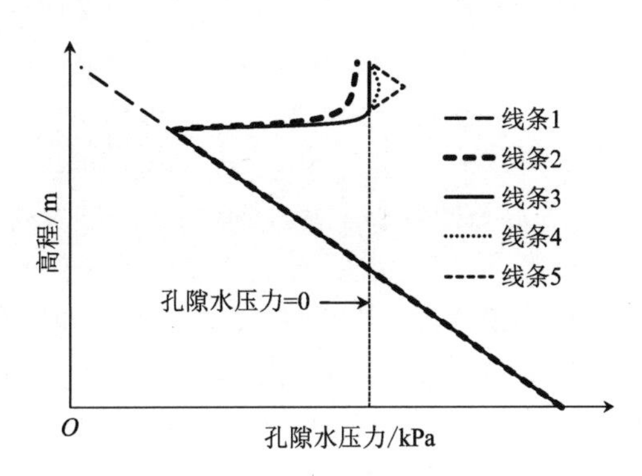

图 4-3　降雨条件下边坡内部孔隙水压力沿高程的分布

4.2　饱和-非饱和渗流基本理论

降雨条件下，边坡浅层非饱和区高液限红黏土内降雨入渗和起始饱和区高液限红黏土内部水分迁移问题，可以进一步归结为某一边坡断面上的二维饱和-非饱和渗流问题，边坡高液限红黏土饱和-非饱和渗流速度和渗流系数计算公式服从达西渗流数学模型及其连续性偏微分方程[9]，如式(4-1)、式(4-2)所示：

$$v=-k(\theta')\nabla h \tag{4-1}$$

$$\frac{\partial}{\partial x}\left[k(\theta')\frac{\partial h}{\partial x}\right]+\frac{\partial}{\partial y}\left[k(\theta')\frac{\partial h}{\partial y}\right]+\omega=C(h)\frac{\partial h}{\partial t} \tag{4-2}$$

式中：v 为高液限红黏土渗流速度；$k(\theta')$ 为高液限红黏土渗透系数，$\theta'=\theta_w+\theta_q$，为高液限红黏土体积含水量(水以闭合气泡形式存在的气体与水-气相吻合面的体积占边坡高液限红黏土总体积的百分率)，θ_w 为高液限红黏土体积含水量，θ_q 为高液限红黏土体积含气量(以闭合气泡形式存在的气体与水-气相吻合面的体积占边坡高液限红黏土总体积的百分率)；$h=h_w+y$，为总水头，$h_w=u_w/\gamma_w$，为压力水头，u_w 为孔隙水压力，γ_w 为水的容重；y 为位置水头；ω 为源汇项；$C(h)$ 为容水度，且 $C(h)=\partial\theta'/\partial h$；$t$ 为时间。

降雨入渗边界条件[10]如式(4-3)所示：

$$q_n(x,\ y,\ t)\mid_{\Gamma}=k(\theta')\frac{\partial h}{\partial x}\boldsymbol{n}_x+k(\theta')\frac{\partial h}{\partial y}\boldsymbol{n}_y;\ (x,\ y)\in\Gamma \tag{4-3}$$

式中：q_n 为法向渗流量；Γ 为降雨入渗范围边界；$\boldsymbol{n}$ 为单位法向量；$\boldsymbol{n}_x$ 为单位法向量向 x 轴投影的分量；$\boldsymbol{n}_y$ 为单位法向量向 y 轴投影的分量。

在饱和-非饱和渗流计算流程中，一般引用 van Genuchten 模型可以对岩土体渗透系数、基质吸力与体积含水量之间的关系进行拟合[11]：

$$\psi=\psi'+\frac{1}{\alpha}\left\{\left[\frac{(\theta_s'-\theta_r')}{(\theta'-\theta_r')}\right]^{\frac{1}{m}}-1\right\}^{\frac{1}{n}} \tag{4-4}$$

$$k(\theta')=k(\theta_s')\left[\frac{(\theta'-\theta_r')}{(\theta_s'-\theta_r')}\right]^{\frac{1}{2}}\left\{1-\left\{1-\left[\frac{(\theta'-\theta_r')}{(\theta_s'-\theta_r')}\right]^{\frac{1}{m}}\right\}^{m}\right\}^{2} \tag{4-5}$$

式中：θ_s'为高液限红黏土饱和体积含水量；θ_r'为高液限红黏土剩余体积含水量；ψ'为高液限红黏土达到四相饱和状态时的基质吸力(当 $\psi'\geqslant 0$，该值可以利用体积压力板进行试验测量得到)；$\psi=u_a-u_w$，为基质吸力，u_a 为孔隙气压力。

如果 $\theta'<\theta_s'$，则高液限红黏土中的孔隙气压力与大气压力相等，即 $u_a=0$；如果 $\theta'=\theta_s'$，高液限红黏土处于四相饱和状态，即 $u_w\geqslant 0$，$\psi=\psi'$，且 $u_a=\psi'+u_w$；m、n、α 为模型拟合系数，且 $m=1-1/n$；$k(\theta_s')$为高液限红黏土处于四相饱和状态时相对应的饱和渗透系数。

4.3 数值模型与计算参数

岩土体边坡内部的水分迁移是造成边坡失稳的重要原因之一，总体而言，降雨强度、岩土体饱和渗透系数、坡度等都是岩土体内部水分迁移的重要影响因素。为了研究边坡在不同降雨条件下的渗流特征，本书在进行降雨入渗分析模拟时首先采用坡面为水平的边坡模型，在不同降雨强度下，对边坡内部暂态饱和区的形成条件和分布规律进行模拟，然后建立 15°、30°、45°、60°的不同坡度边坡降雨入渗模型，计算不同岩土体饱和渗透系数和坡度条件下，边坡内部暂态饱和区的时空演化特征。

4.3.1　数值模型

边坡降雨入渗模型如图 4-4 所示，模型宽 10 m、高 50 m，模型共划分为 500 个单元、561 个节点。此外，为了方便分析计算结果，在模型中设置了 1 个特征截面、5 个特征点，特征点 1、2、3、4、5 分别位于坡面以下 0 m、2 m、4 m、6 m、8 m 处。

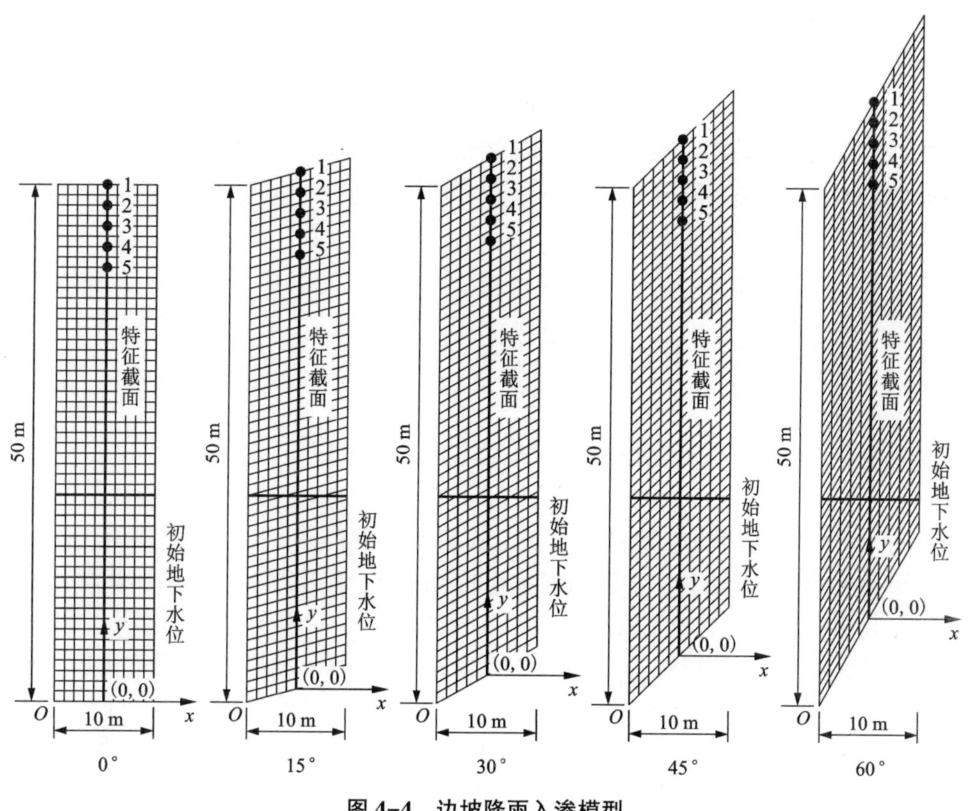

图 4-4　边坡降雨入渗模型

4.3.2　初始条件与边界条件

地下初始水位线如图 4-4 所示，位于坡脚以下 30 m 处，将单位流量边界界定在模型顶面，其余边界均为不透水边界。

4.3.3　计算参数

根据本书第 2 章的计算结果可得，边坡表层高液限红黏土饱和渗透系数为 0.0471 m/h，坡面以下高液限红黏土饱和渗透系数逐渐衰减，为了方便分析高液限红黏土边坡的暂态饱和区形成机理，假设坡面以下土体的饱和渗透系数随深度线性衰减。此外，在渗透试验试

样中埋入了微型孔隙水压力计，可以得到试样中的孔隙水压力和水头高度值，测试结果显示两者基本一致。取变水头渗透试验后的边坡表层高液限红黏土试样分别进行含水量试验、饱水试验和体积压力板试验，测得变水头渗透试验后试样的体积含水量为34.26%，饱和体积含水量为37.19%，四相饱和状态下的基质吸力为2.7 kPa。

4.3.4 分析方案

方案一：降雨强度分别为0.1884 m/h、0.0942 m/h、0.0471 m/h、0.02355 m/h、0.011775 m/h，表层岩土体饱和渗透系数为0.0471 m/h，Δ_{kz} 为0.0%，坡度为0°。方案二：降雨强度为0.0471 m/h，表层岩土体饱和渗透系数为0.0471 m/h，Δ_{kz} 分别为0.0%、0.5%、1.0%、1.5%、2.0%，坡度为0°。方案三：降雨强度为0.0471 m/h，表层岩土体饱和渗透系数为0.0471 m/h，Δ_{kz} 为2.0%，坡度分别为0°、15°、30°、45°、60°。降雨持续时间108 h，降雨停止后持续时间60 h。

4.4 暂态饱和区形成条件

不同降雨入渗强度下，坡体内部特征点1~5处孔隙水压力、体积含水量随时间变化的规律如图4-5~图4-14所示。由图4-5~图4-14可知，降雨持续期内，特征点1~5处孔隙水压力和体积含水量的响应时间与特征点的深度呈正相关，其原因是降雨入渗持续期内，雨水沿孔隙向下逐渐入渗，导致深度越小的特征点，其孔隙水压力和体积含水量的敏感度更高，其相应需要的响应时间更短。

在降雨入渗强度为0.1884 m/h、0.0942 m/h、0.0471 m/h下，降雨停止后，特征点1~3处的孔隙水压力和体积含水量持续降低，特征点4~5处的孔隙水压力和体积含水量先快速降低，后缓慢升高。因为降雨入渗强度大于饱和渗透系数，原降雨入渗区(孔隙水压力和体积含水量升高区)内雨水继续入渗，所以降雨停止后第一阶段，特征点1~5处孔隙水压力和体积含水量都快速降低；当降雨入渗区逐渐扩展并与初始饱和区连通后，地下水位线快速升高，导致降雨停止后第二阶段，地下水位线上的特征点1~3处的孔隙水压力和体积含水量持续降低，特征点4~5处孔隙水压力和体积含水量缓慢升高。在降雨入渗强度为0.02355 m/h、0.011775 m/h下，降雨停止后，特征点1~4处的孔隙水压力和体积含水量持续降低，特征点5处孔隙水压力和体积含水量缓慢升高。因为原降雨入渗区(孔隙水压力和体积含水量升高区)内雨水继续入渗，所以降雨停止后第一阶段，特征点1~4处孔隙水压力和体积含水量都快速降低，降雨入渗强度小于饱和渗透系数，其降雨入渗区逐渐扩展速度较为缓慢，在较短的时间内未与初始饱和区连通；随着时间的推移，其降雨入渗区与初始饱和区连通，地下水位缓慢上升，导致降雨停止后第二阶段，特征点5处孔隙水压力和体积含水量缓慢升高。

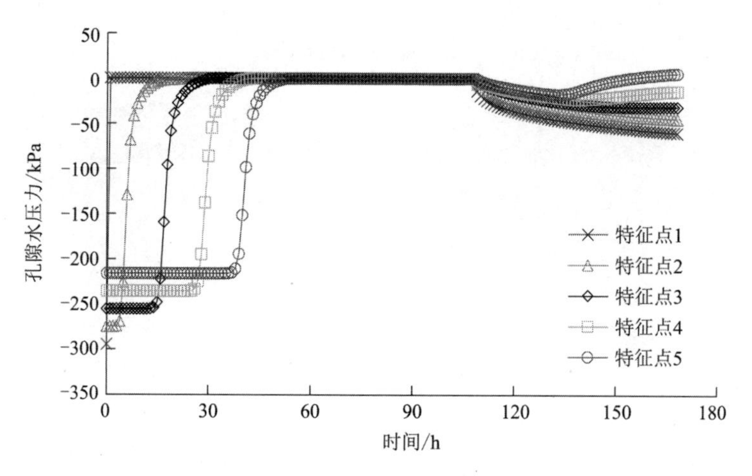

图 4-5　降雨入渗强度为 0.1884 m/h 时孔隙水压力与时间的关系

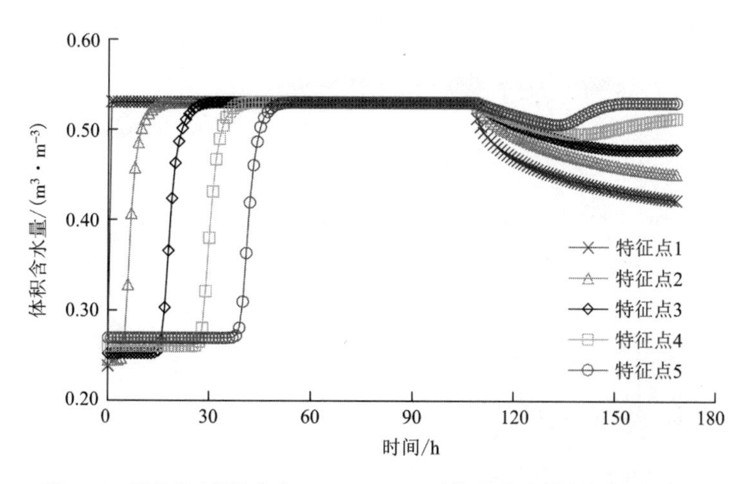

图 4-6　降雨入渗强度为 0.1884 m/h 时体积含水量与时间的关系

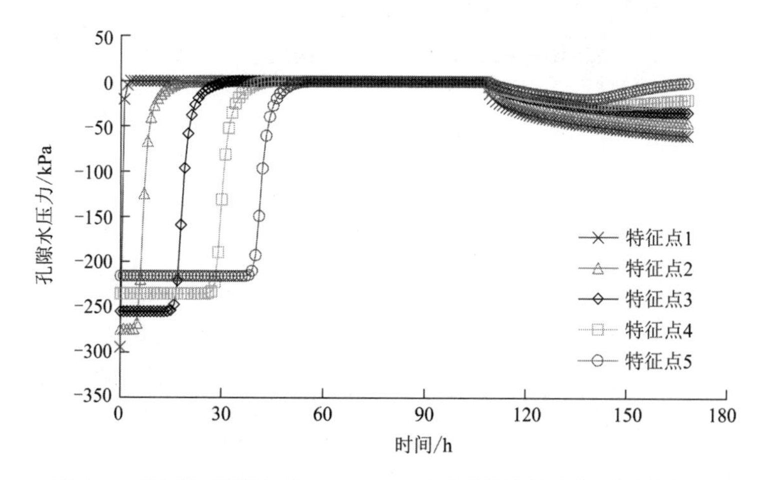

图 4-7　降雨入渗强度为 0.0942 m/h 时孔隙水压力与时间的关系

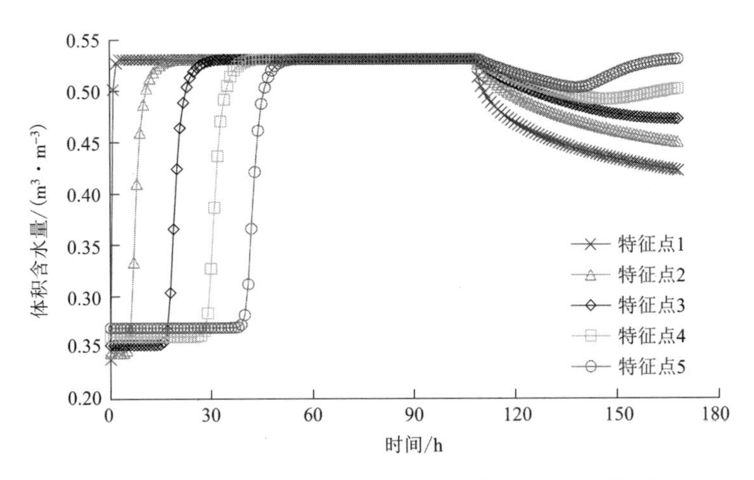

图 4-8　降雨入渗强度为 0.0942 m/h 时体积含水量与时间的关系

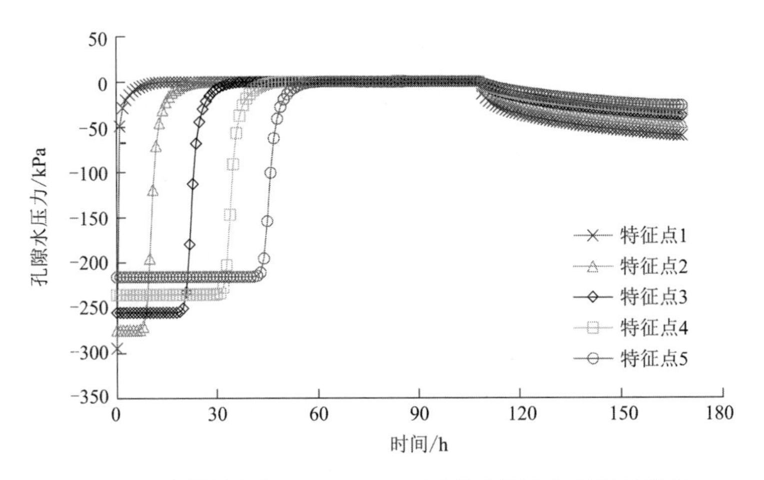

图 4-9　降雨强度为 0.0471 m/h 时孔隙水压力与时间的关系

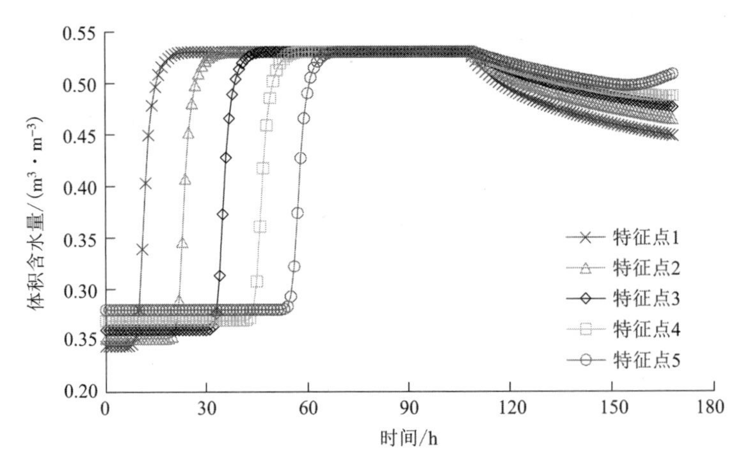

图 4-10　降雨强度为 0.0471 m/h 时体积含水量与时间的关系

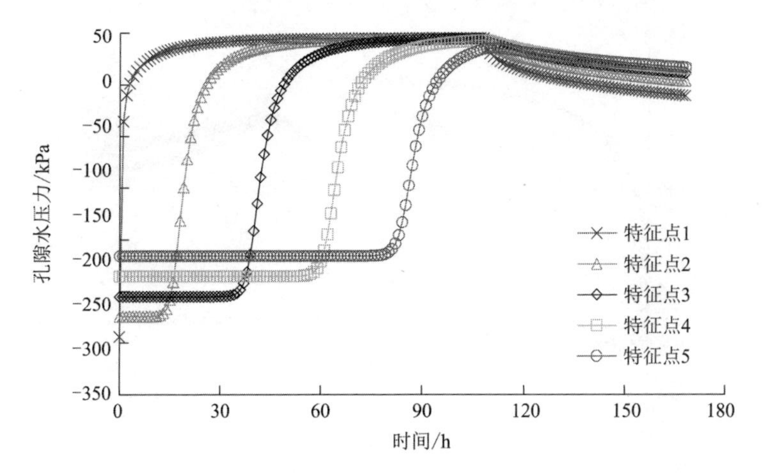

图 4-11　降雨强度为 0.02355 m/h 时孔隙水压力与时间的关系

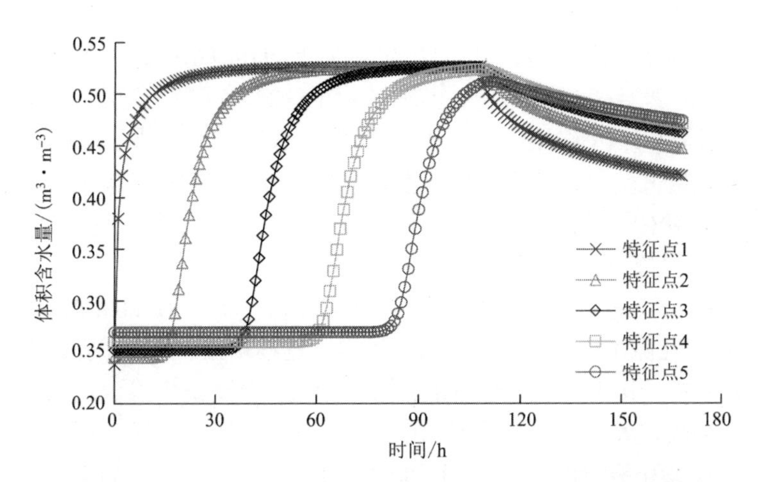

图 4-12　降雨强度为 0.02355 m/h 时体积含水量与时间的关系

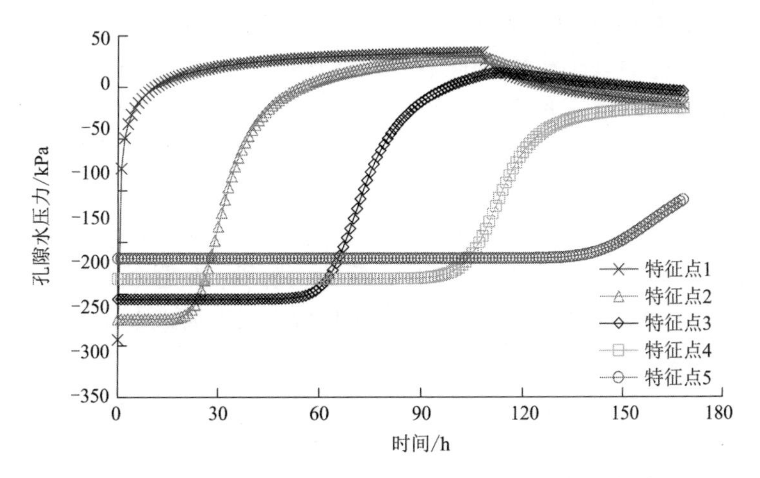

图 4-13　降雨强度为 0.011775 m/h 时孔隙水压力与时间的关系

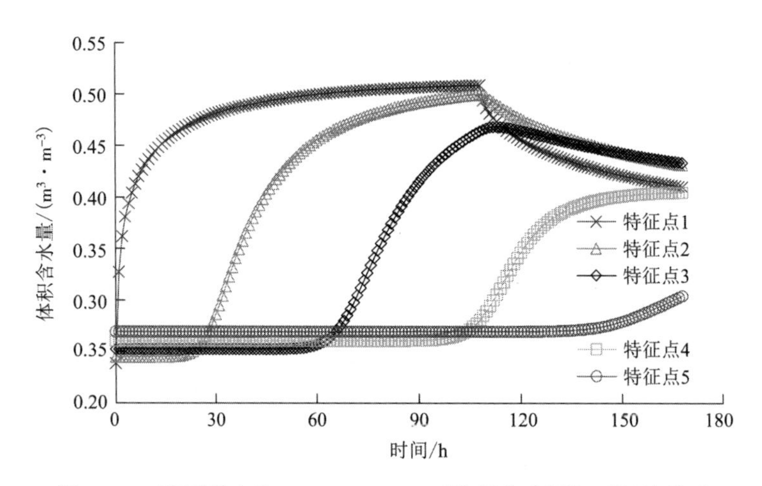

图 4-14　降雨强度为 0.011775 m/h 时体积含水量与时间的关系

不同降雨入渗强度条件下，坡体内部特征截面上的孔隙水压力和体积含水量随高程的分布规律如图 4-15～图 4-24 所示。从图 4-15～图 4-24 中可得，降雨持续期间，边坡内部降雨入渗区、暂态饱和区(四相饱和状态区，其孔隙水压力大于等于 0)都持续向下扩展，且其扩展速度渐渐增大。分析其原因为：降雨入渗区和暂态饱和区深度越大，降雨入渗区和暂态饱和区以下高液限红黏土体积含水量越高，其渗透系数越大，高液限红黏土越容易达到四相饱和状态(达到该状态所需的雨水量减少)。

在降雨入渗强度分别为 0.1884 m/h、0.0942 m/h、0.0471 m/h 时，在 132～168 h、40 m 深度处出现正孔隙水压力，随着降雨入渗强度逐渐增强，出现正孔隙水压力区域逐渐增大，往下逐渐扩展。其原因是降雨停止后第一阶段，原降雨入渗区内雨水继续下渗，降雨入渗区的面积继续扩大直至与初始饱和区连通，导致地下水位线迅速升高。降雨停止后第二阶段，在重力作用下，地下水位线上的非饱和区内孔隙水继续向下入渗，导致非饱和区内的孔隙水压力和体积含水量持续降低，地下水位线缓慢升高。在降雨强度为 0.02355 m/h、0.011775 m/h 时，在 132～168 h、40 m 深度处未出现正孔隙水压力，随着降雨入渗强度逐渐增强，出现正孔隙水压力区域逐渐增大，往下逐渐扩展。降雨入渗强度小于饱和渗透系数，降雨入渗区和暂态饱和区深度越浅，降雨入渗区和暂态饱和区以下高液限红黏土体积含水量越小，其渗透系数越小，高液限红黏土越难以达到四相饱和状态(达到该状态的所需雨水量增加)。降雨停止后第一阶段，原降雨入渗区内雨水继续下渗，降雨入渗区的面积继续缓慢扩大，在短时间内未形成饱和区，随着时间的推移，降雨入渗区转变为暂态饱和区，但其深度较浅。降雨停止后第二阶段，在重力作用下，地下水位线上的非饱和区内孔隙水继续向下入渗，导致地下水位线缓慢升高，从而非饱和区内的孔隙水压力和体积含水量线性增加。

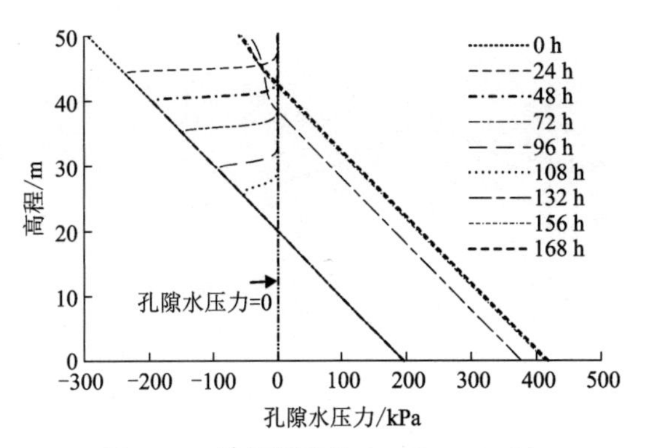

图 4-15　降雨强度为 0.1884 m/h 时孔隙水压力与高程的关系

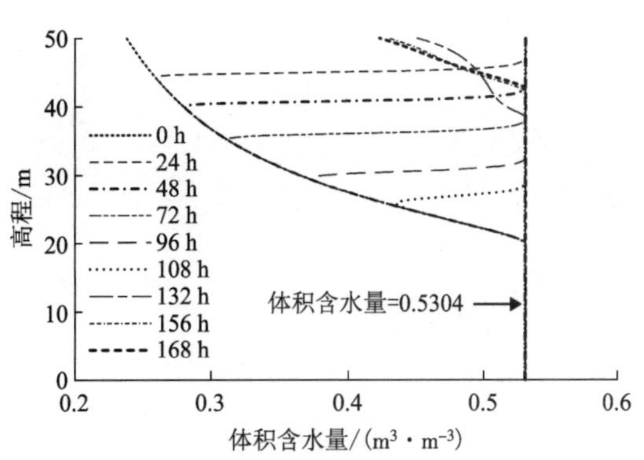

图 4-16　降雨强度为 0.1884 m/h 时体积含水量与高程的关系

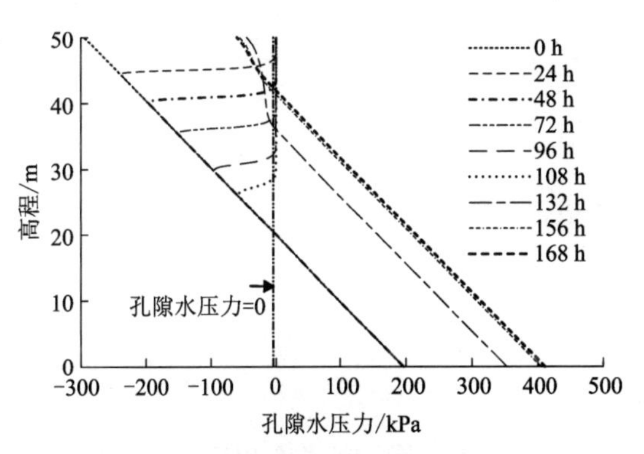

图 4-17　降雨强度为 0.0942 m/h 时孔隙水压力与高程的关系

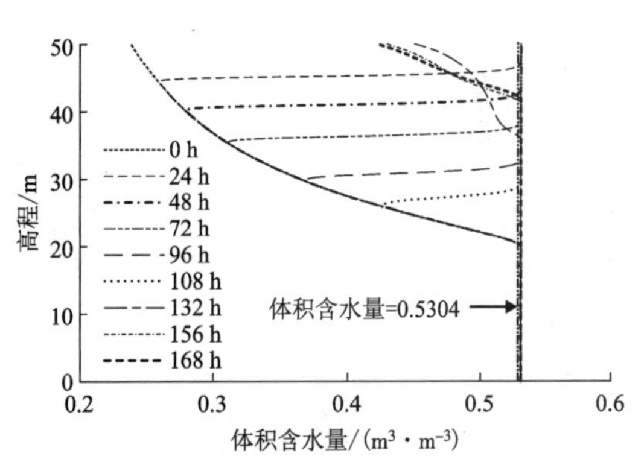

图 4-18　降雨强度为 0.0942 m/h 时体积含水量与高程的关系

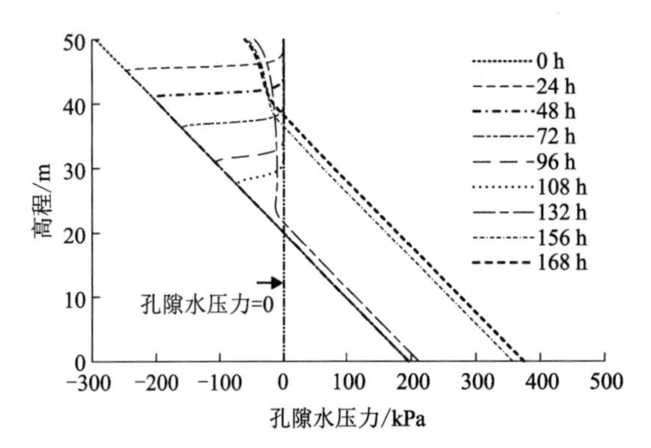

图 4-19　降雨强度为 0.0471 m/h 时孔隙水压力与高程的关系

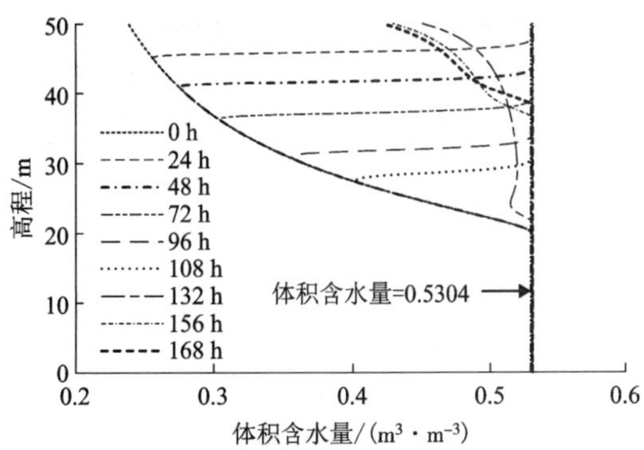

图 4-20　降雨强度为 0.0471 m/h 时体积含水量与高程的关系

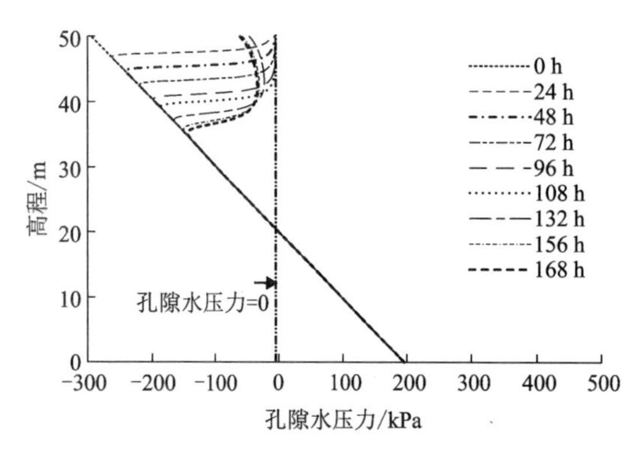

图 4-21 降雨强度为 0.02355 m/h 时孔隙水压力与高程的关系

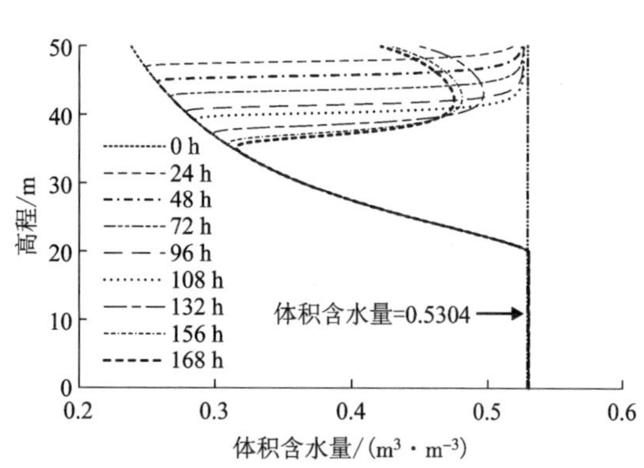

图 4-22 降雨强度为 0.02355 m/h 时体积含水量与高程的关系

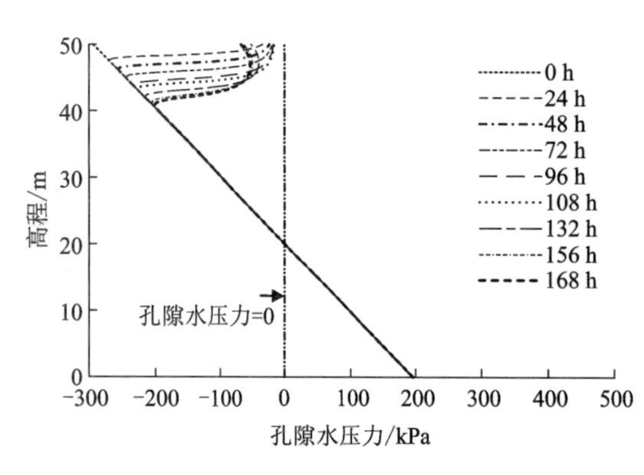

图 4-23 降雨强度为 0.011775 m/h 时孔隙水压力与高程的关系

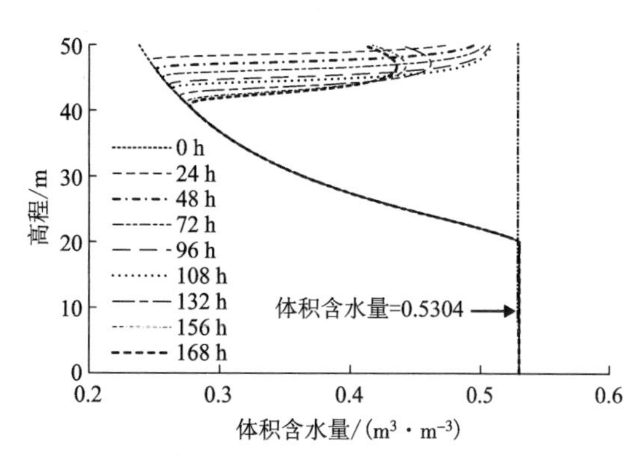

图 4-24 降雨强度为 0.011775 m/h 时体积含水量与高程的关系

不同降雨入渗强度下，降雨 108 h(降雨停止时刻)和降雨停止后 60 h 特征截面上的孔隙水压力与高程的变化关系如图 4-25、图 4-26 所示，孔隙水压力峰值与降雨入渗时间的变化关系如图 4-27 所示。分析图 4-25～图 4-27 可知，①随着降雨入渗强度的增大，在降雨停止时，坡体内部降雨入渗区深度也逐渐增大；当降雨入渗强度大于或等于 0.0471 m/h 时，降雨入渗区和暂态饱和区的扩展速度随降雨入渗强度的增大而增大，但其涨幅逐渐减小。②当降雨入渗强度小于 0.0471 m/h 时，降雨入渗期内，坡体内部无暂态饱和区；当降雨入渗强度大于或等于 0.0471 m/h 时，降雨入渗期内，坡体内部开始出现暂态饱和区。

造成该现象的原因：①同一时刻内，渗入边坡内部的雨水随降雨入渗强度的增大而增多。降雨入渗过程包括三个阶段，第一阶段为降雨入渗强度影响入渗阶段，第二阶段为非饱和土影响入渗阶段，第三阶段为饱和土影响入渗阶段；当降雨强度大于或等于 0.0471 m/h 时，红黏土进入饱和土影响入渗阶段的时间随降雨入渗强度的增大而提前，降雨入渗强度的大小，仅能影响红黏土进入降雨入渗第三阶段的时间。②对于均质黏土边坡，当降雨入渗强度小于 0.0471 m/h 时，降雨入渗区内高液限红黏土能达到的渗透系数最大值与降雨入渗强度一致，且其体积含水量最大值<饱和体积含水量，孔隙水压力峰值小于 0；当降雨强度大于或等于 0.0471 m/h 时，降雨入渗区内高液限红黏土渗透系数最大值为饱和渗透系数，且其最大体积含水量=饱和体积含水量，降雨入渗区内孔隙水压力峰值等于 0。

如图 4-27、图 4-28 所示，降雨停止后，当降雨入渗强度大于或等于 0.0471 m/h 时，土体坡内部降雨入渗区深度、孔隙水压力的峰值和地下水位线的高度随降雨入渗强度的增大而增大；当降雨入渗强度小于 0.0471 m/h 时，降雨入渗强度的增大会使土体坡内部降雨入渗区深度增大，使孔隙水压力的峰值和地下水位线的高度减小。究其原因是，当降雨入渗强度大于或等于 0.0471 m/h 时，降雨停止时刻，坡体内部的渗入雨水量和降雨入渗深度随降雨入渗强度的增大而增加，降雨停止后，在重力的影响下，孔隙水继续向下入渗至初始饱和区，地下水位线快速上升，导致孔隙水压力峰值增加。当降雨入渗强度小于 0.0471 m/h 时，降雨停止后，原降雨入渗区内雨水继续下渗，降雨入渗区的面积继续缓慢扩大，饱和区未在短时间内形成，随着时间的推移，降雨入渗区转变为暂态饱和区，但其深度较浅。在重力作用下，地下水位线上的非饱和区内孔隙水继续向下入渗，导致非饱和区内的孔隙水压力和体积含水量持续降低，地下水位线缓慢升高。

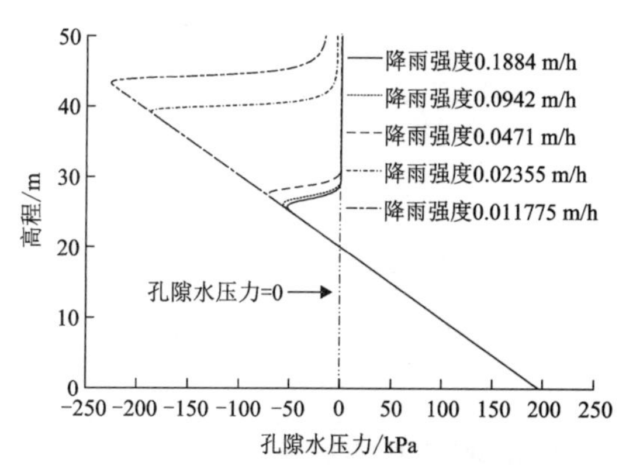

图 4-25　降雨 108 h 特征截面孔隙水压力与高程的关系

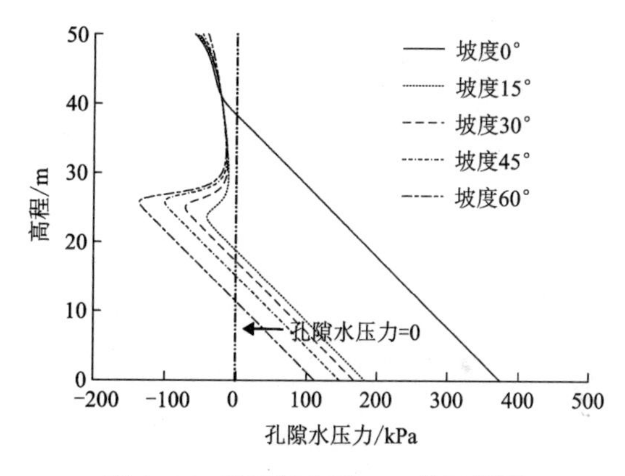

图 4-26　降雨停止后 60 h 特征截面孔隙水压力与高程的关系

不同降雨入渗强度条件下，边坡降雨入渗影响区深度和暂态饱和区深度随降雨入渗时间的变化关系如图 4-28、图 4-29 所示，当降雨入渗强度小于 0.0471 m/h 时，同一时刻内坡体内部渗入的雨水量和降雨入渗区扩展速度随降雨入渗强度的增大而增大；当降雨强度大于或等于 0.0471 m/h 时，降雨入渗区内红黏土的最大渗透系数为饱和渗透系数，降雨入渗强度的大小，仅能影响红黏土进入降雨入渗第三阶段的时间，降雨入渗区和暂态饱和区扩展速度随降雨入渗强度的增大而增大，但其涨幅减小。

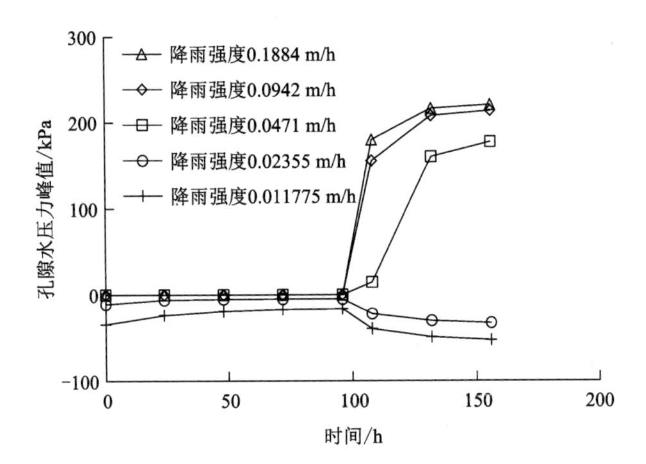

图 4-27　孔隙水压力峰值与时间的关系

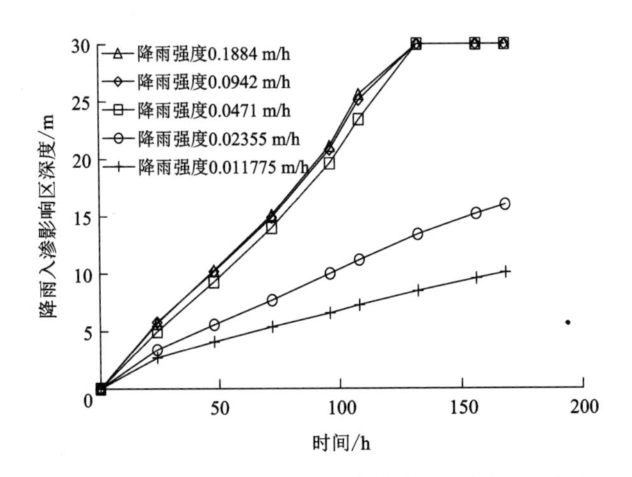

图 4-28　不同降雨强度下降雨入渗影响区深度与时间的关系

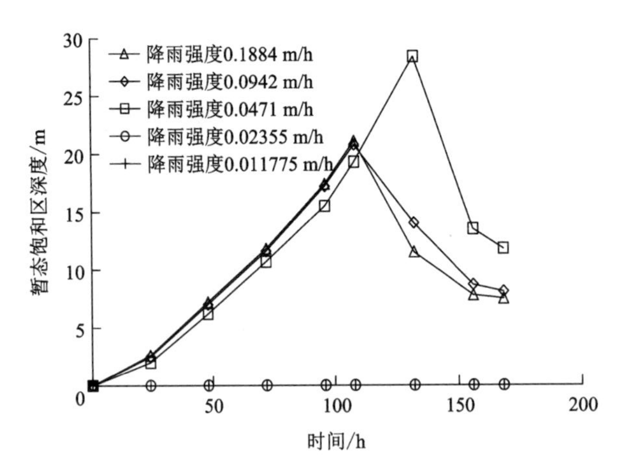

图 4-29　不同降雨强度下暂态饱和区深度与时间的关系

4.5　降雨因素对暂态饱和区的影响

4.5.1　饱和渗透系数衰减斜率对边坡暂态饱和区演化的影响

在不同饱和渗透系数衰减斜率 Δ_{kz} 下，坡体内部特征点 1~5 处孔隙水压力、体积含水量随时间变化的规律如图 4-30~图 4-39 所示。由图 4-30~图 4-39 可知，降雨持续期内，特征点 1~5 处孔隙水压力和体积含水量的响应时间与特征点的深度呈正相关，孔隙水压力随着时间的推移逐渐增大，最后处于零孔隙水压力状态，体积含水量也随着时间的推移逐渐增大。其原因是降雨入渗持续期内，雨水沿孔隙向下逐渐入渗，导致深度越小的特征点，其孔隙水压力和体积含水量变化的敏感度更高，其相应需要的响应时间更短。

降雨停止后，当饱和渗透系数衰减斜率为 0.0%、0.5%时，特征点 1~5 处的孔隙水压力持续降低，特征点 1~4 处的体积含水量持续降低，而特征点 5 处时的体积含水量先持续降低，后缓慢升高。由于饱和渗透系数衰减斜率较小，降雨停止后，原降雨入渗区(孔隙水压力和体积含水量升高区)内雨水继续入渗，所以降雨停止后第一阶段，特征点 1~5 处孔隙水压力和体积含水量都快速降低。当降雨入渗区逐渐扩展并与初始饱和区连通后，地下水位线缓慢升高，导致降雨停止后第二阶段，地上水位线上的特征点 1~4 处孔的体积含水量持续降低，而特征点 5 处孔的体积含水量先持续降低，后缓慢升高。当饱和渗透系数衰减斜率为 1.0%、1.5%、2.0%时，特征点 1~5 处的孔隙水压力和体积含水量持续降低。其原因是饱和渗透系数衰减斜率较大，饱和渗透系数快速降低，雨水更难以渗入，地下水位线上升幅度减小，降雨入渗区逐渐扩展并与初始饱和区连通后，地下水位线缓慢升高，导致降雨停止后第二阶段，特征点 1~5 处的孔隙水压力和体积含水量持续降低。由此可见，饱和渗透系数衰减斜率对高液限红黏土暂态饱和区形成机理具有显著影响。

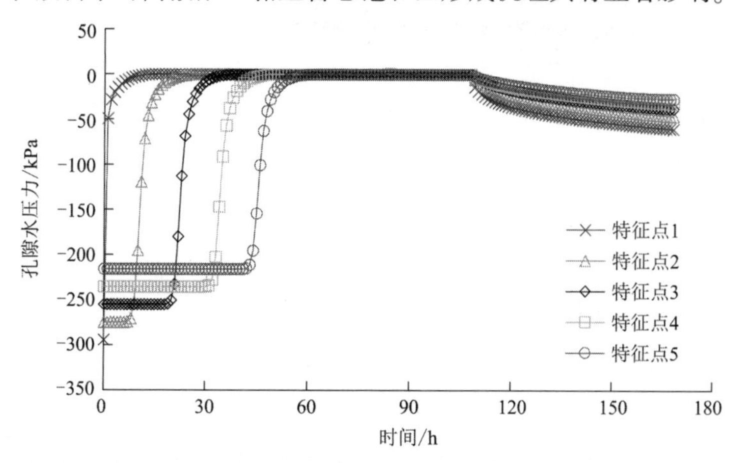

图 4-30　饱和渗透系数衰减斜率为 0.0%时孔隙水压力与时间的关系

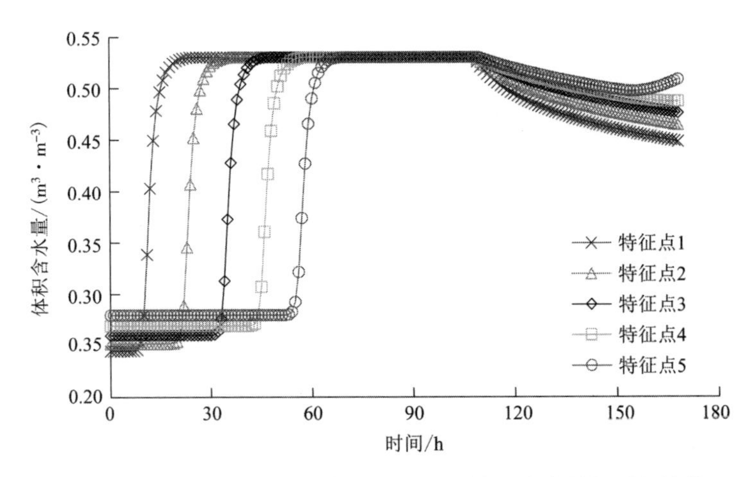

图 4-31　饱和渗透系数衰减斜率为 0.0%时体积含水量与时间的关系

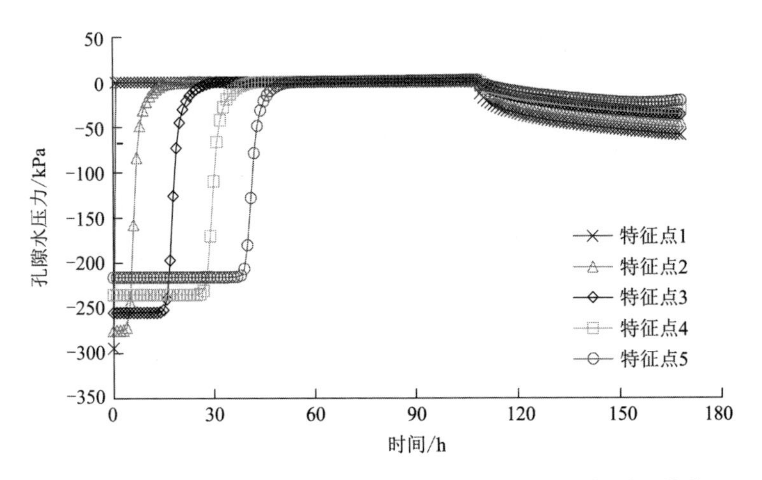

图 4-32　饱和渗透系数衰减斜率为 0.5%时孔隙水压力与时间的关系

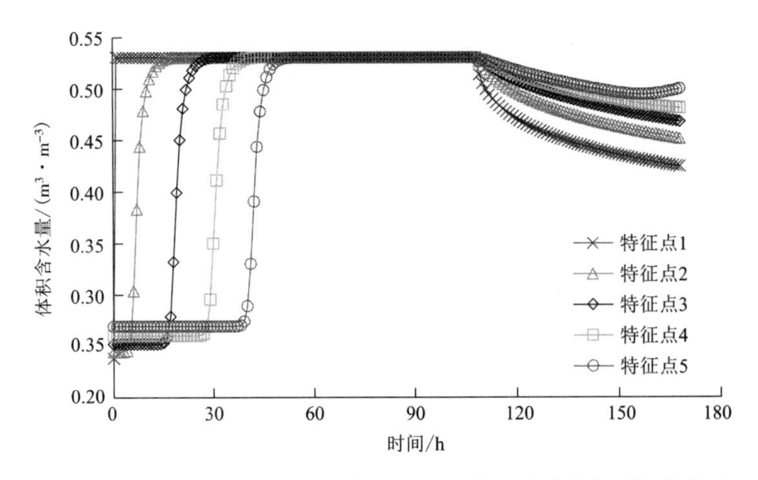

图 4-33　饱和渗透系数衰减斜率为 0.5%时体积含水量与时间的关系

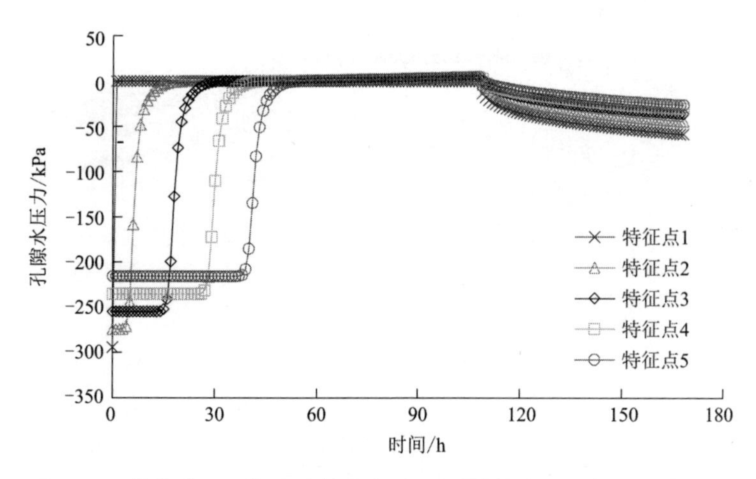

图 4-34　饱和渗透系数衰减斜率为 1.0%时孔隙水压力与时间的关系

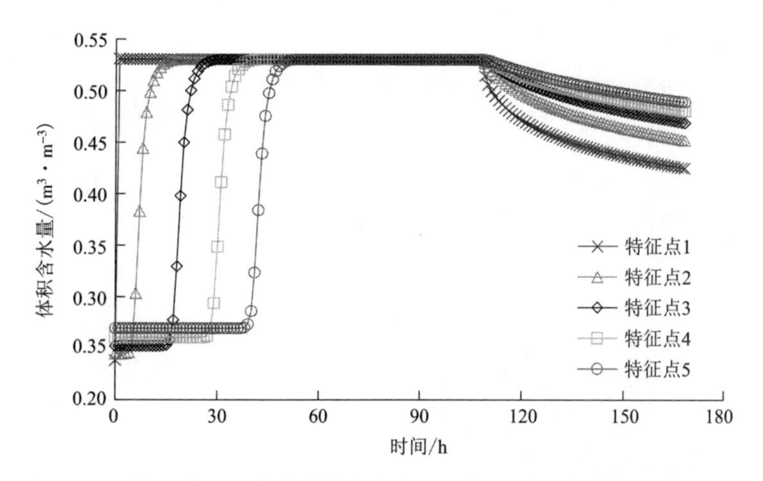

图 4-35　饱和渗透系数衰减斜率为 1.0%时体积含水量与时间的关系

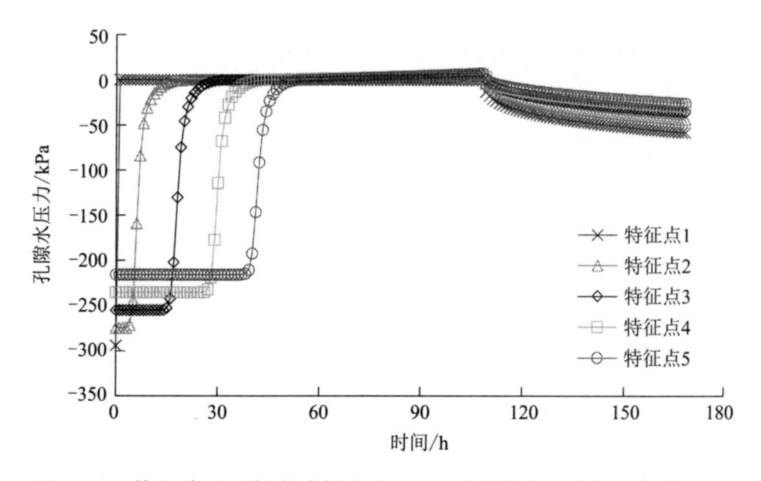

图 4-36　饱和渗透系数衰减斜率为 1.5%时孔隙水压力与时间的关系

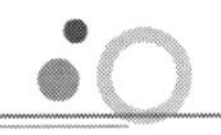

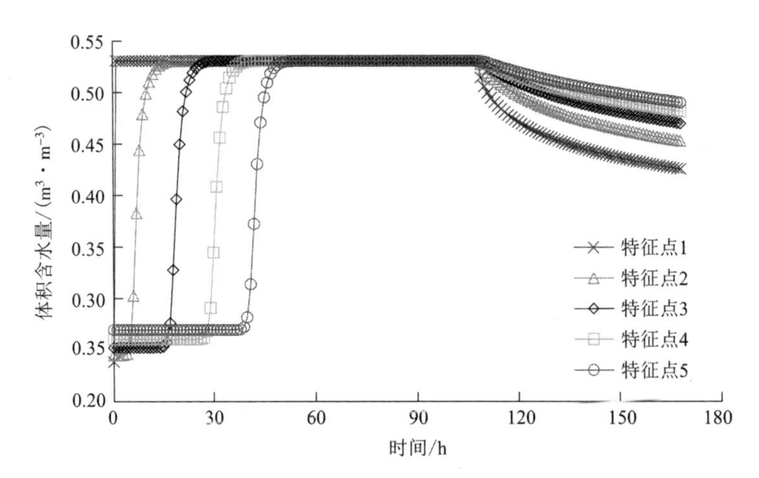

图 4-37　饱和渗透系数衰减斜率为 1.5%时体积含水量与时间的关系

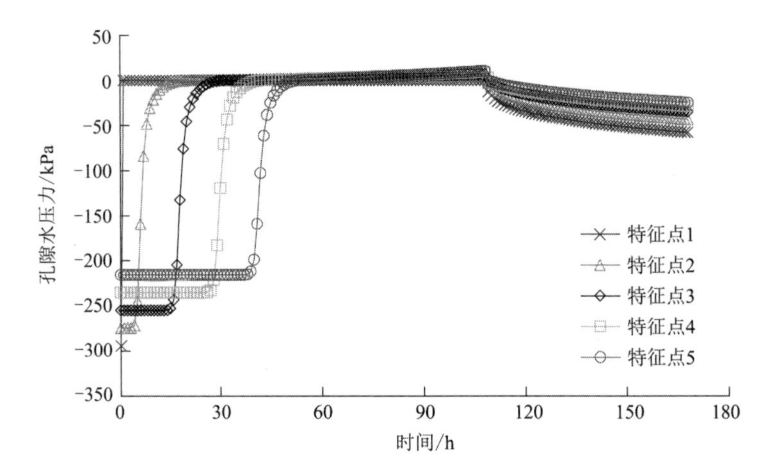

图 4-38　饱和渗透系数衰减斜率为 2.0%时孔隙水压力与时间的关系

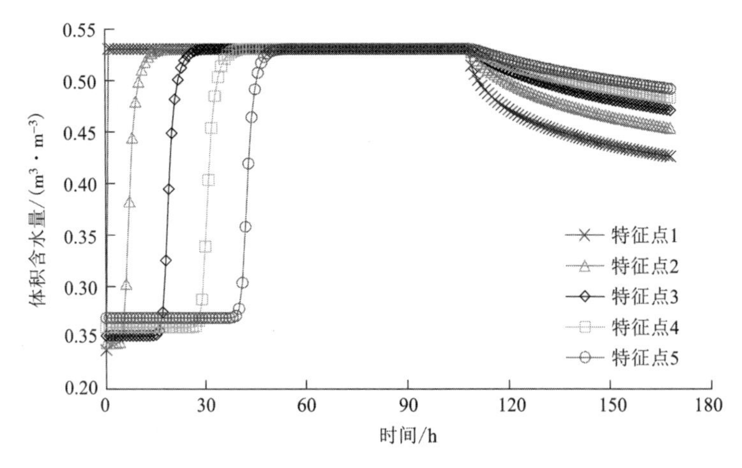

图 4-39　饱和渗透系数衰减斜率为 2.0%时体积含水量与时间的关系

不同饱和渗透系数衰减斜率 Δ_{kz} 下，不同时刻坡体内部特征截面上的孔隙水压力和体积含水量与高程的关系如图4-40～图4-49所示。从图4-40～图4-49中可得，降雨持续期间，边坡内部降雨入渗区、暂态饱和区(四相饱和状态区，其孔隙水压力大于等于0)都持续向下扩展，且其扩展速度渐渐增大。分析其原因为：降雨入渗区和暂态饱和区深度越大，降雨入渗区和暂态饱和区以下高液限红黏土体积含水量越高，其渗透系数越大，高液限红黏土越容易达到四相饱和状态(达到该状态的所需雨水量减少)。降雨停止后第一阶段，原降雨入渗区内雨水继续下渗，降雨入渗区的面积继续扩大直至与初始饱和区连通，导致地下水位线迅速升高，此时暂态饱和区的深度达到最大值。降雨停止后第二阶段，在重力作用下，地下水位线上的非饱和区内孔隙水继续向下入渗，导致非饱和区内的孔隙水压力和体积含水量持续降低，地下水位线缓慢升高。显而易见，不同饱和渗透系数衰减斜率对边坡体内特征截面孔隙水压力和体积含水量无显著影响。

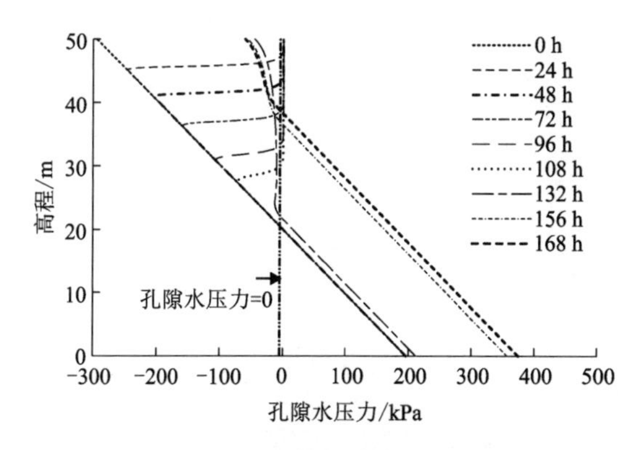

图4-40　饱和渗透系数衰减斜率为0.0%时孔隙水压力与高程的关系

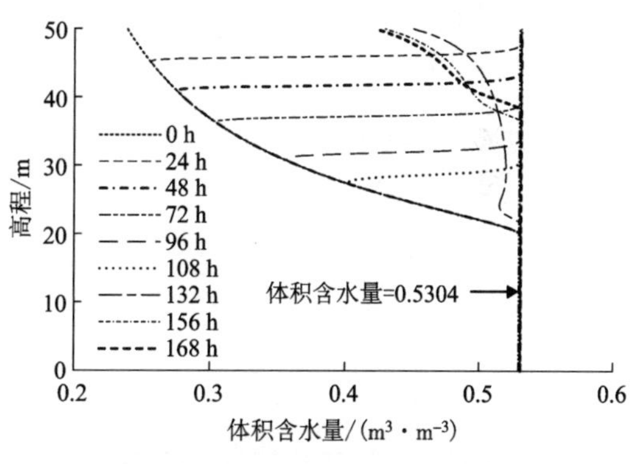

图4-41　饱和渗透系数衰减斜率为0.0%时体积含水量与高程的关系

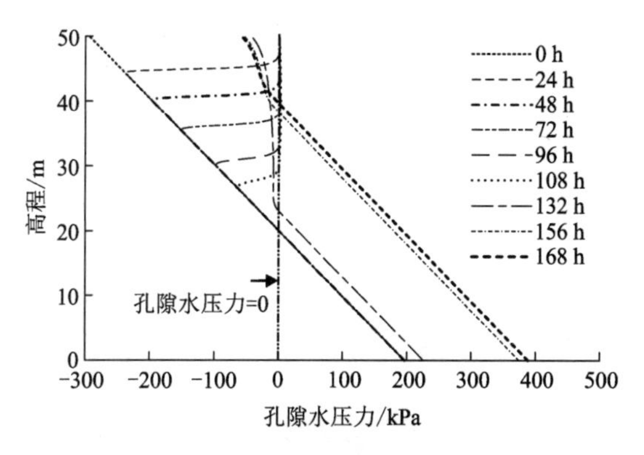

图4-42　饱和渗透系数衰减斜率为0.5%时孔隙水压力与高程的关系

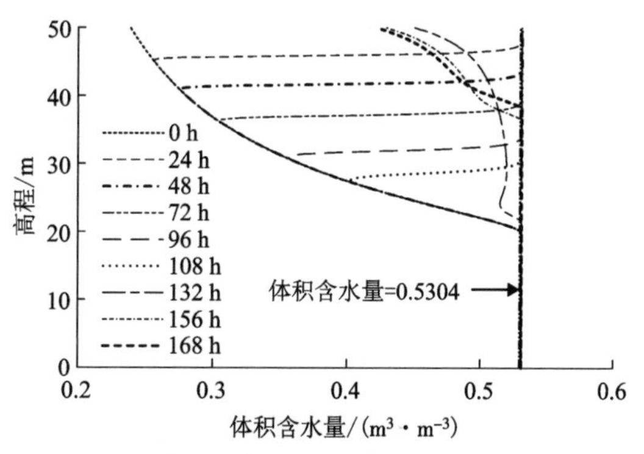

图4-43　饱和渗透系数衰减斜率为0.5%时体积含水量与高程的关系

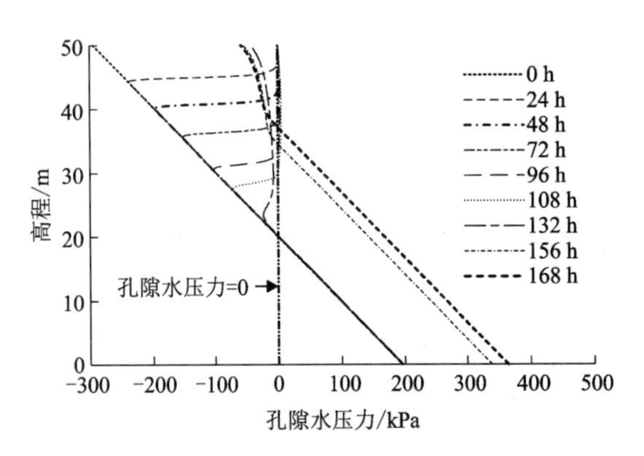

图 4-44　饱和渗透系数衰减斜率为 1.0%时孔隙水压力与高程的关系

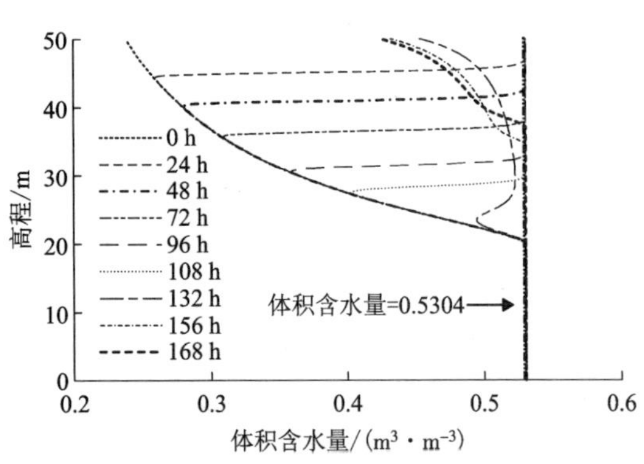

图 4-45　饱和渗透系数衰减斜率为 1.0%时体积含水量与高程的关系

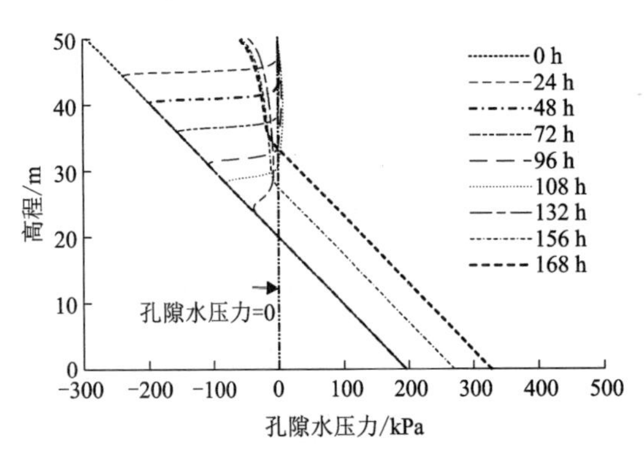

图 4-46　饱和渗透系数衰减斜率为 1.5%时孔隙水压力与高程的关系

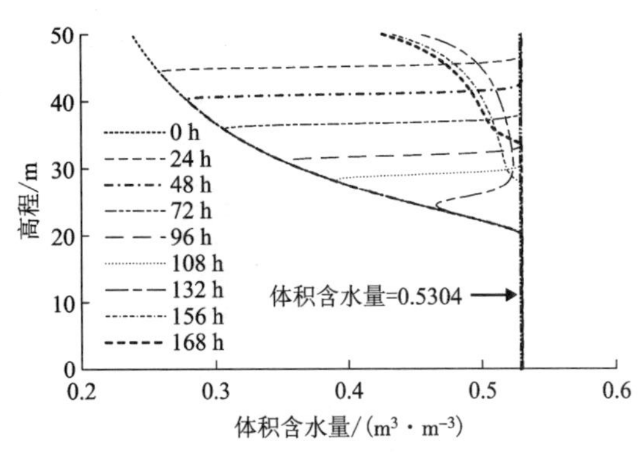

图 4-47　饱和渗透系数衰减斜率为 1.5%时体积含水量与高程的关系

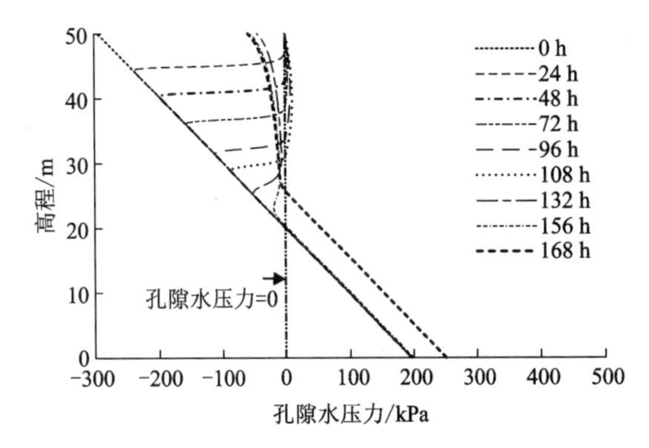

图 4-48　饱和渗透系数衰减斜率为 2.0%时孔隙水压力与高程的关系

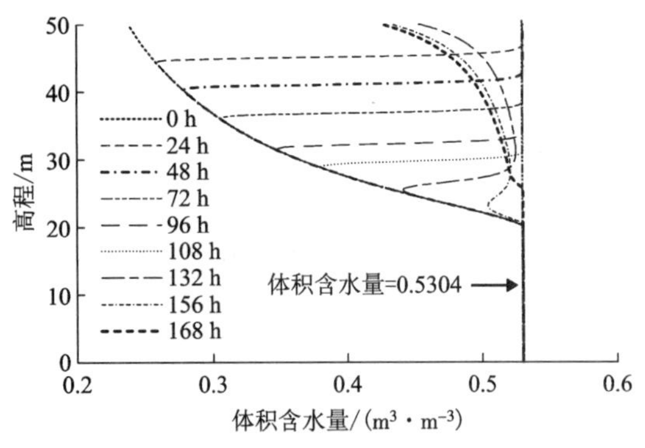

图 4-49　饱和渗透系数衰减斜率为 2.0%时体积含水量与高程的关系

在不同饱和渗透系数衰减斜率Δ_{kz}条件下，降雨108 h(降雨停止时刻)、降雨停止后60 h，特征截面上孔隙水压力与高程的变化关系如图4-50、图4-51所示，孔隙水压力的峰值与时间的变化关系如图4-52所示。分析可得，①坡体内部高液限红黏土饱和渗透系数的降幅随Δ_{kz}的减小而增大，降雨停止时刻，土体坡内部降雨入渗区随Δ_{kz}的减小先增大后趋于平稳，暂态饱和区的深度随Δ_{kz}的减小先增大后逐渐减小。

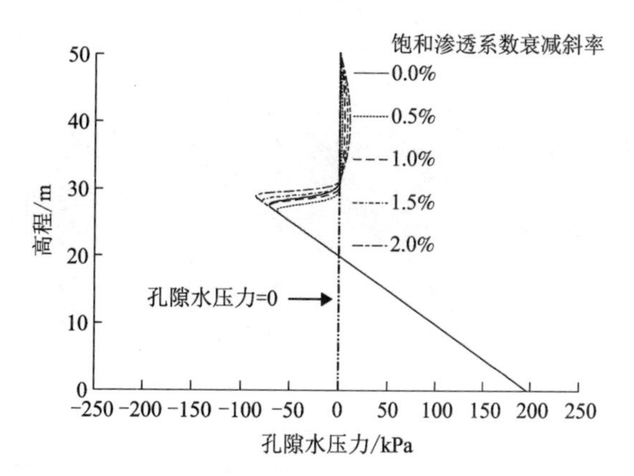

图4-50 降雨108 h特征截面孔隙水压力与高程的关系

②暂态饱和区内，在渗流量一致的前提下，Δ_{kz}越小，水头梯度和孔隙水压力的峰值随Δ_{kz}的减小而增大。如图4-50、图4-51所示，降雨停止时刻，坡体内部渗入雨水量随Δ_{kz}的减少而减少；坡体内部地下水位线和孔隙水压力峰值的涨幅，在降雨入渗区和初始饱和区连通后，逐渐减少。

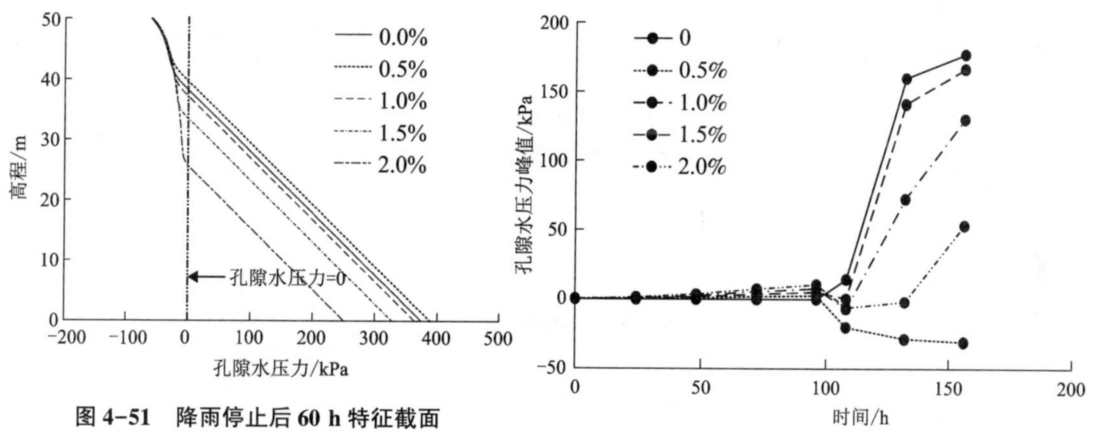

图4-51 降雨停止后60 h特征截面孔隙水压力与高程的关系

图4-52 孔隙水压力峰值与时间的关系

在不同饱和渗透系数衰减斜率Δ_{kz}条件下，降雨入渗影响区深度和暂态饱和区深度与时间的变化关系如图4-53、图4-54所示。从图中可得，在一定降雨入渗时间范围内，降雨入渗区深度与降雨入渗时间呈正相关、暂态饱和区深度与降雨入渗时间也呈正相关。降雨入渗期内，坡体内部同一深度处高液限红黏土饱和渗透系数随Δ_{kz}的减小而减小，同一时刻，坡体内部降雨入渗区和暂态饱和区的深度随坡体内部渗入水量的减小而减小。降雨停止后，在重力作用下原降雨入渗区内雨水向下迁移至初始饱和区，暂态饱和区深度随其先减小后增大。

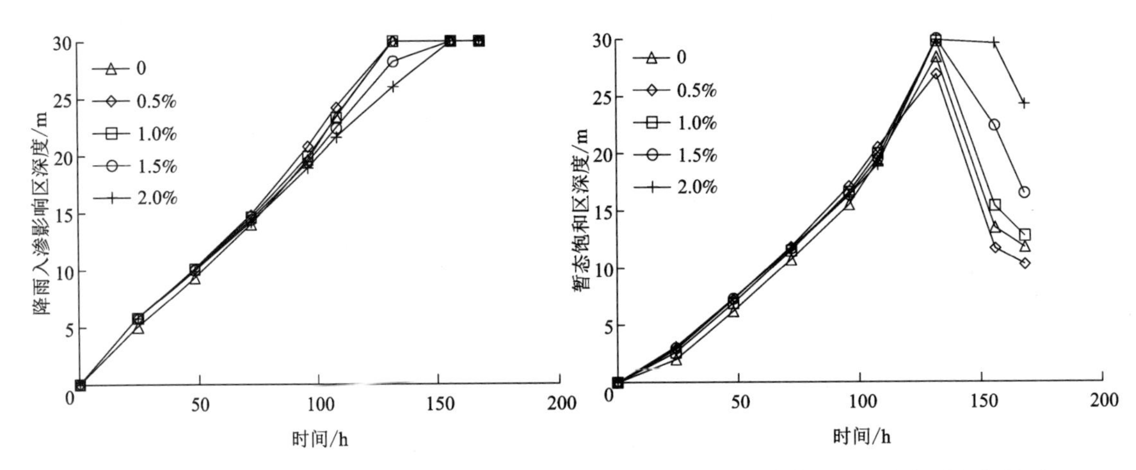

图 4-53　降雨入渗影响区深度与时间的关系　　图 4-54　暂态饱和区深度与时间的关系

4.5.2　坡度对边坡暂态饱和区演化的影响

不同坡度条件下，边坡内部特征点 1~5 处孔隙水压力和体积含水量随时间的变化规律如图 4-55~图 4-64 所示。由图 4-55~图 4-64 可知，降雨入渗期间，在同一坡度下，特征点 1~5 处孔隙水压力、体积含水量开始响应的时间与距坡面的距离呈正相关，边坡坡度越陡，特征点 1~5 处孔隙水压力、体积含水量开始响应的时间越短。其原因是降雨期间，雨水沿孔隙从上往下逐渐扩展，导致距坡面距离越近的特征点，其孔隙水压力、体积含水量开始响应的时间越早。

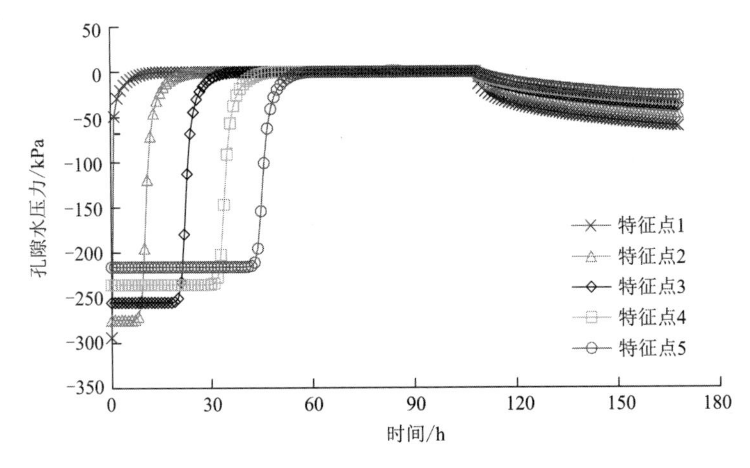

图 4-55　边坡坡度为 0°时孔隙水压力与时间的关系

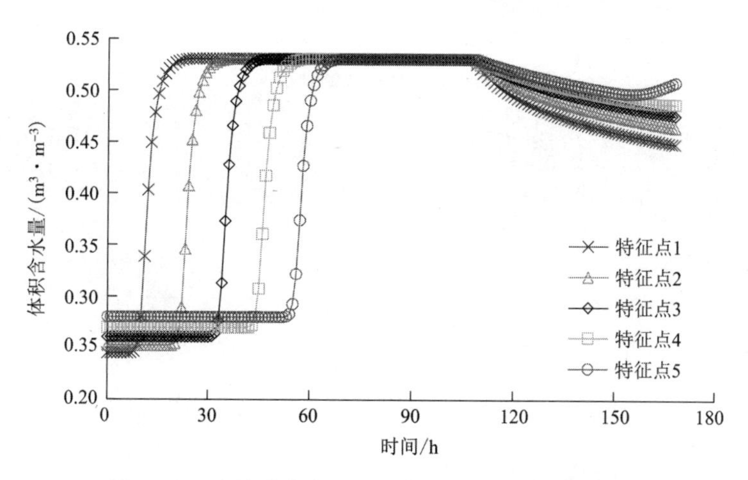

图 4-56　边坡坡度为 0°时体积含水量与时间的关系

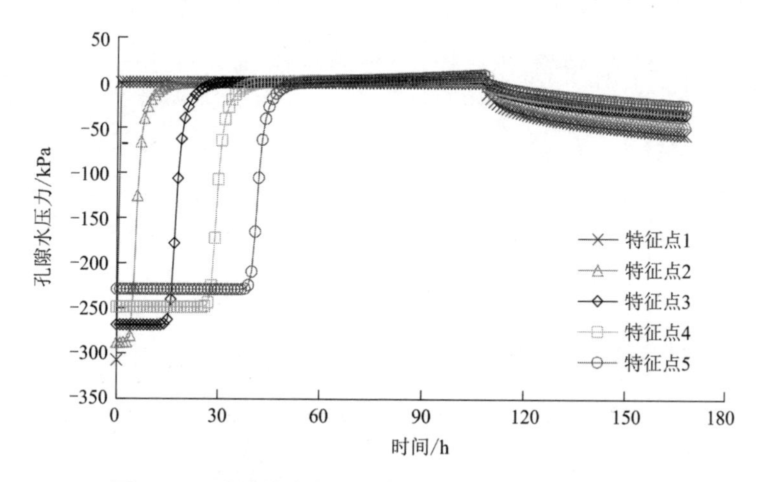

图 4-57　边坡坡度为 15°时孔隙水压力与时间的关系

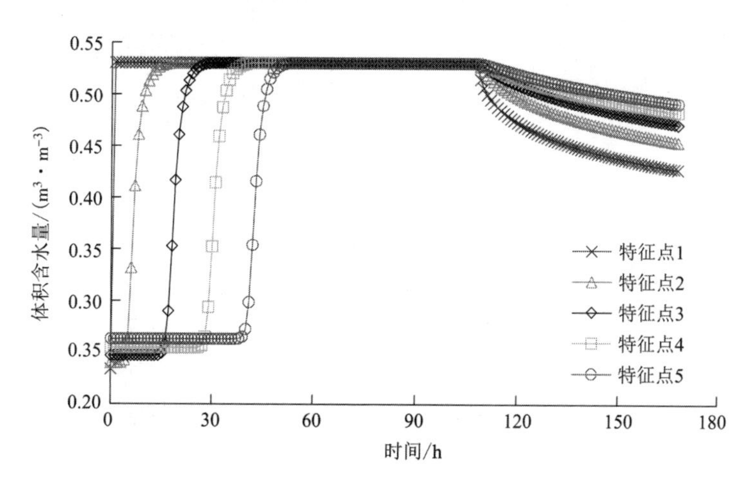

图 4-58　边坡坡度为 15°时体积含水量与时间的关系

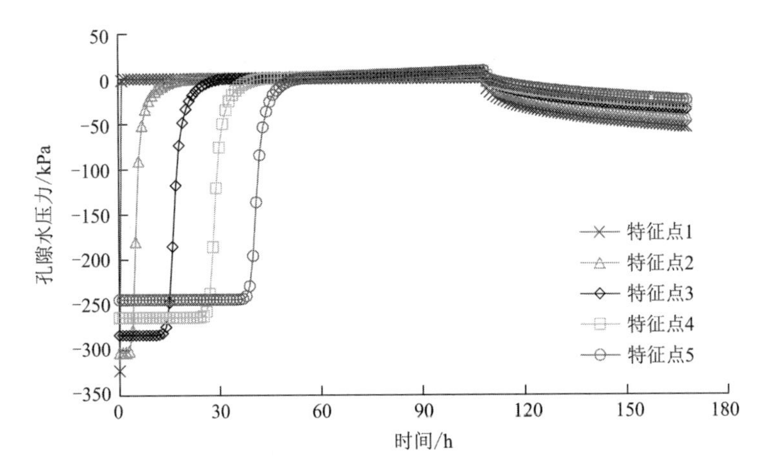

图 4-59　边坡坡度为 30°时孔隙水压力与时间的关系

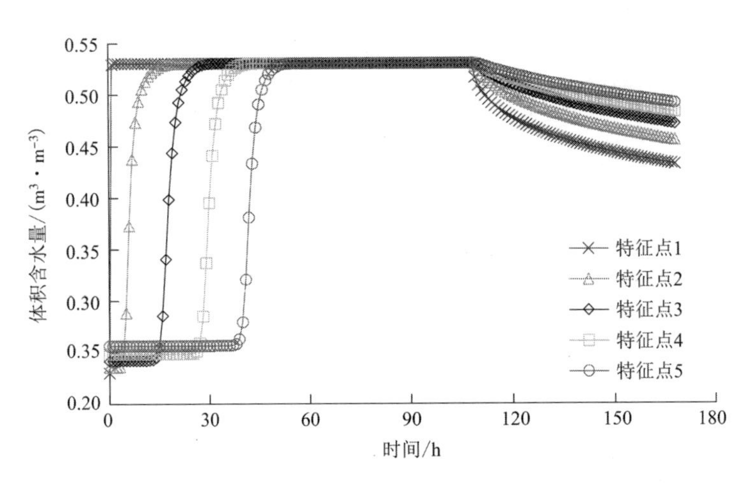

图 4-60　边坡坡度为 30°时体积含水量与时间的关系

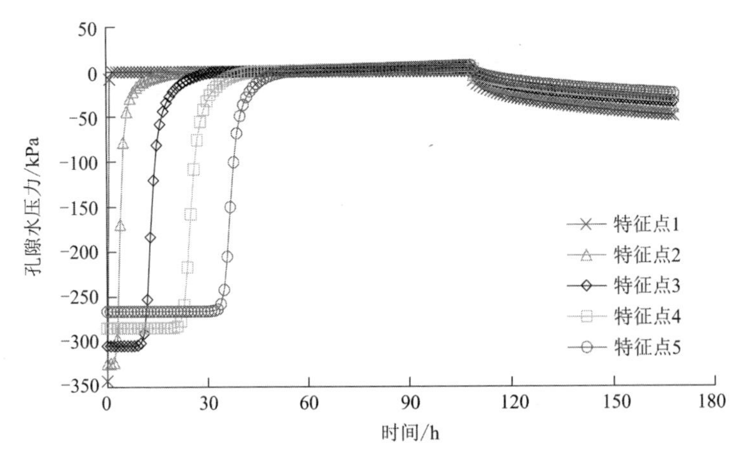

图 4-61　边坡坡度为 45°时孔隙水压力与时间的关系

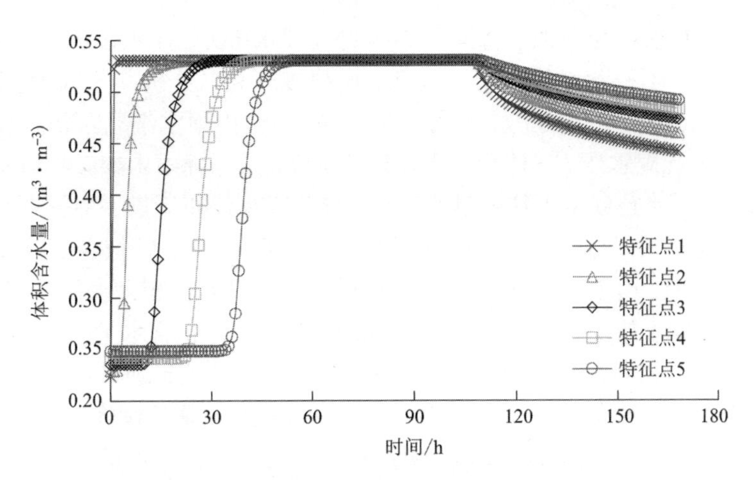

图 4-62　边坡坡度为 45°时体积含水量与时间的关系

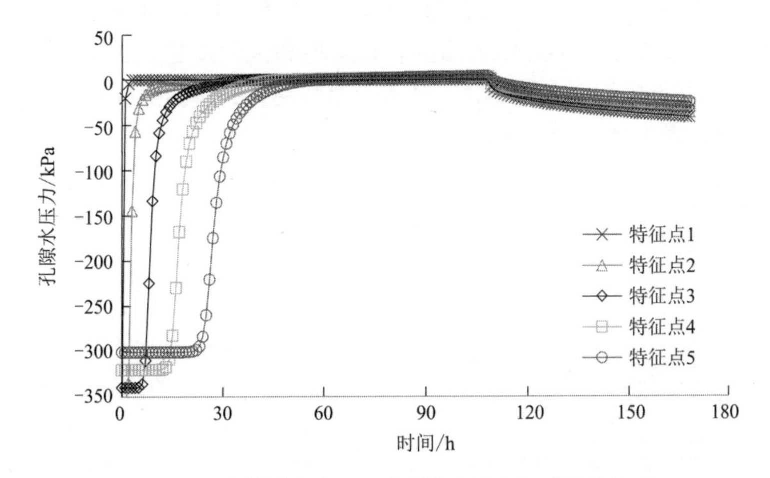

图 4-63　边坡坡度为 60°时孔隙水压力与时间的关系

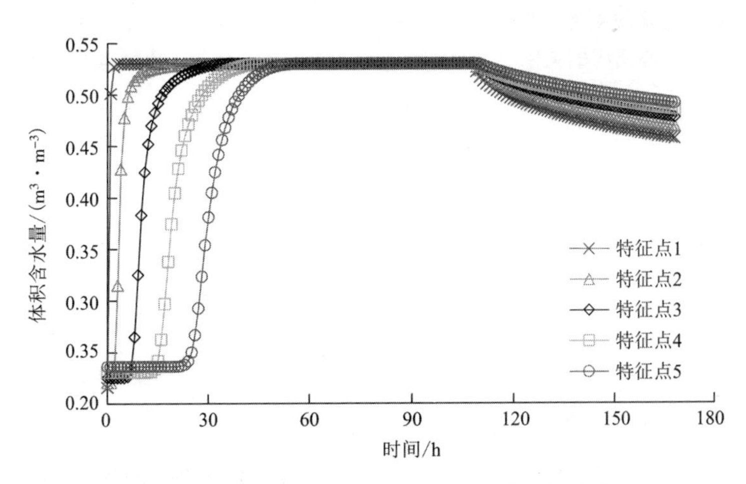

图 4-64　边坡坡度为 60°时体积含水量与时间的关系

降雨停止后，在坡度为0°时，特征点1~4处孔隙水压力、体积含水量持续降低，特征点5处孔隙水压力、体积含水量先持续降低，后缓慢升高。分析其原因为：降雨停止后，原降雨入渗影响区(孔隙水压力、体积含水量升高区域)内雨水继续下渗，故降雨停止初期，特征点1~4处孔隙水压力、体积含水量均持续降低，当降雨入渗影响区扩展至与初始饱和区连通后，地下水位线从下往上迅速升高，导致降雨停止后期，特征点5处孔隙水压力和体积含水量先持续降低，后缓慢升高。在其他坡度条件下，特征点1~5处孔隙水压力和体积含水量均降低，由于原降雨入渗影响区(孔隙水压力、体积含水量升高区域)内雨水继续下渗，故降雨停止初期，特征点1~5处孔隙水压力、体积含水量均迅速降低，当降雨入渗影响区扩展至与初始饱和区连通后，地下水位线从下往上迅速升高，导致降雨停止后期，地下水位线以上特征点1~5处的孔隙水压力和体积含水量持续降低。

不同坡度条件下，边坡内部特征截面处孔隙水压力和体积含水量随高程的变化规律如图4-65~图4-74所示。从图4-65~图4-74中可得，降雨持续期间，边坡内部降雨入渗区、暂态饱和区(四相饱和状态区，其孔隙水压力大于等于0)都持续向下扩展，且其扩展速度渐渐增大，分析其原因为：降雨入渗区和暂态饱和区深度越大，降雨入渗区和暂态饱和区以下高液限红黏土体积含水量越高，其渗透系数越大，高液限红黏土越容易达到四相饱和状态(达到该状态的所需雨水量减少)。

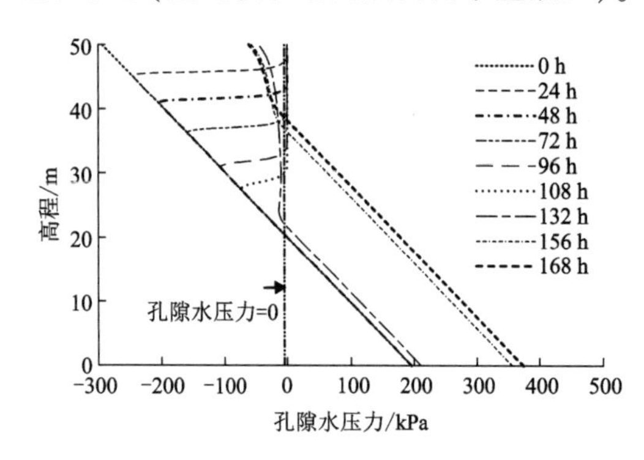

图4-65　边坡坡度为0°时孔隙水压力与高程的关系

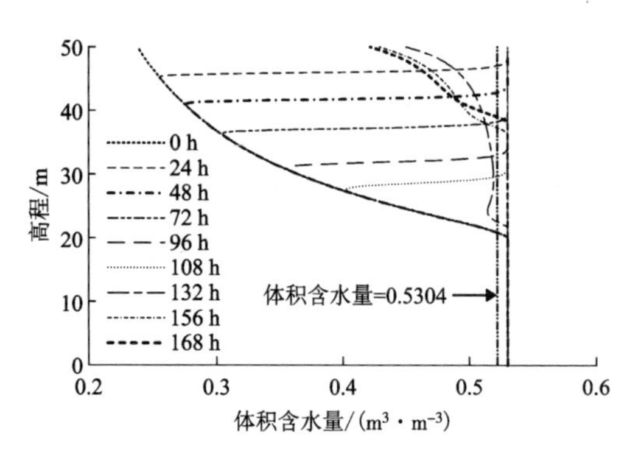

图4-66　边坡坡度为0°时体积含水量与高程的关系

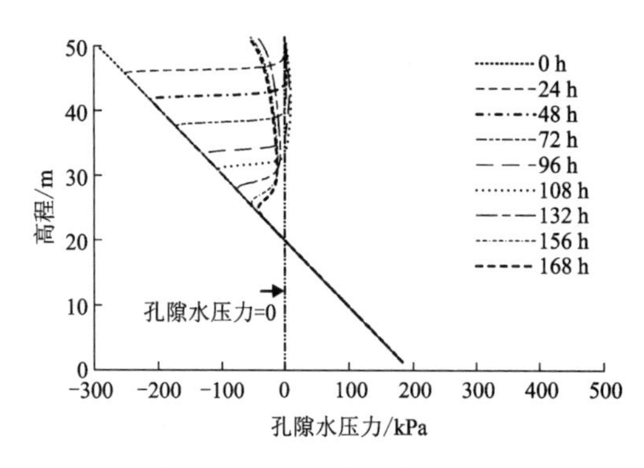

图4-67　边坡坡度为15°时孔隙水压力与高程的关系

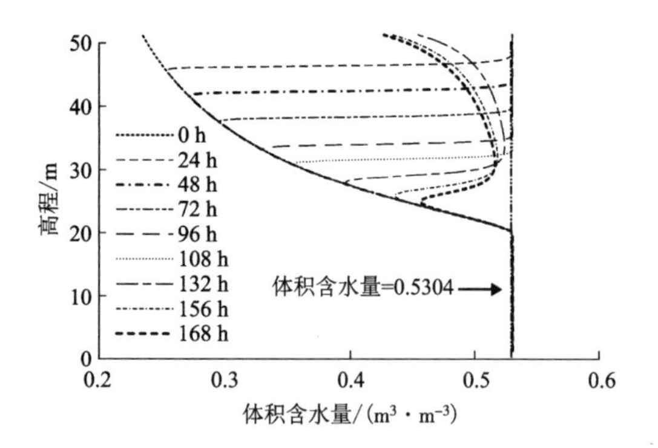

图4-68　边坡坡度为15°时体积含水量与高程的关系

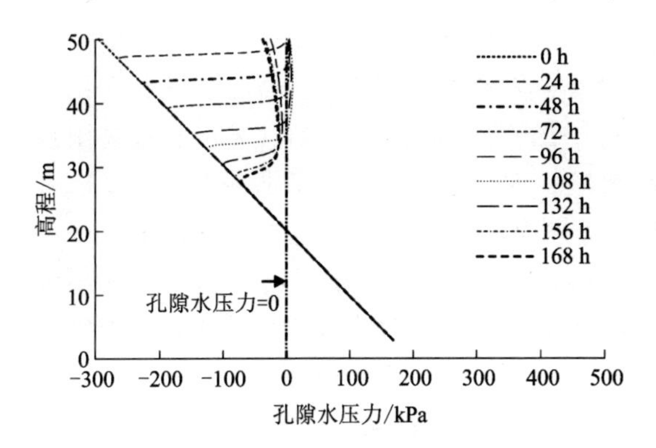

图 4-69　边坡坡度为 30°时孔隙水压力与高程的关系

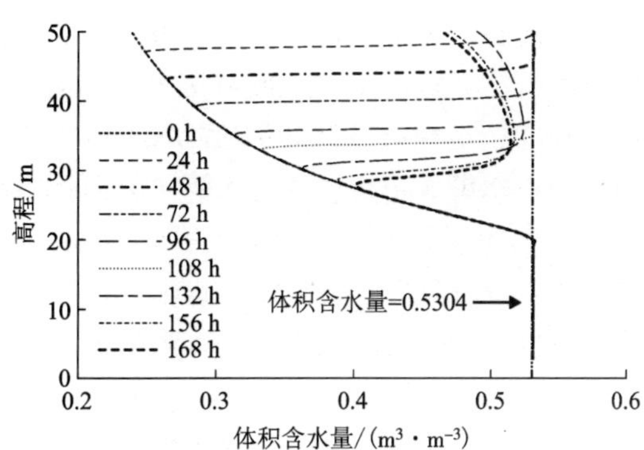

图 4-70　边坡坡度为 30°时体积含水量与高程的关系

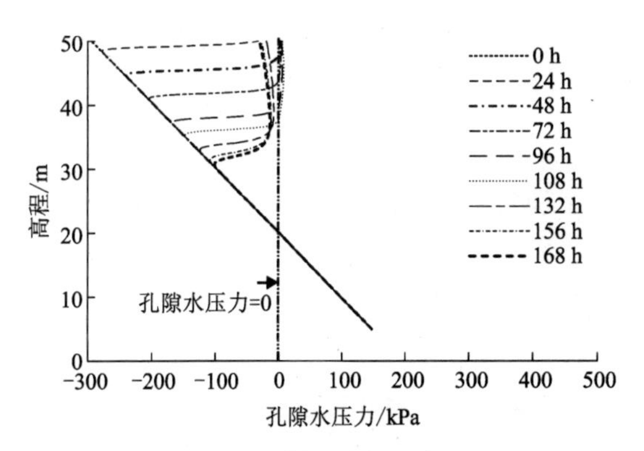

图 4-71　边坡坡度为 45°时孔隙水压力与高程的关系

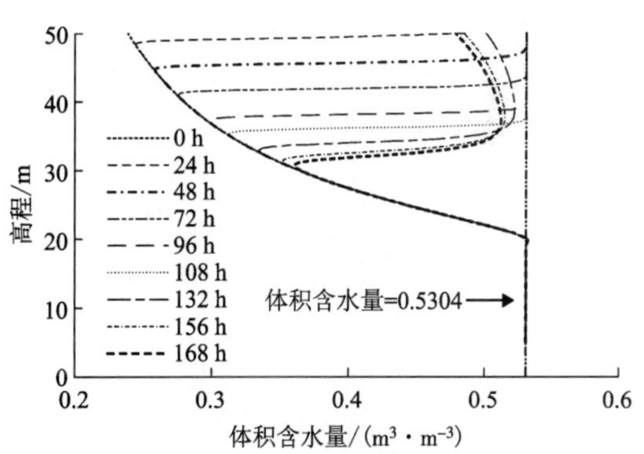

图 4-72　边坡坡度为 45°时体积含水量与高程的关系

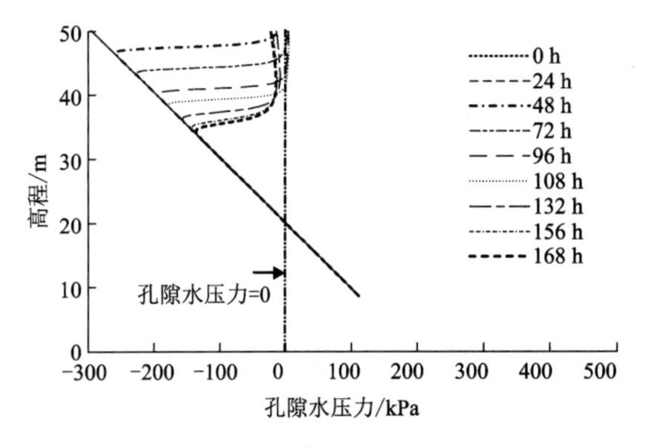

图 4-73　边坡坡度为 60°时孔隙水压力与高程的关系

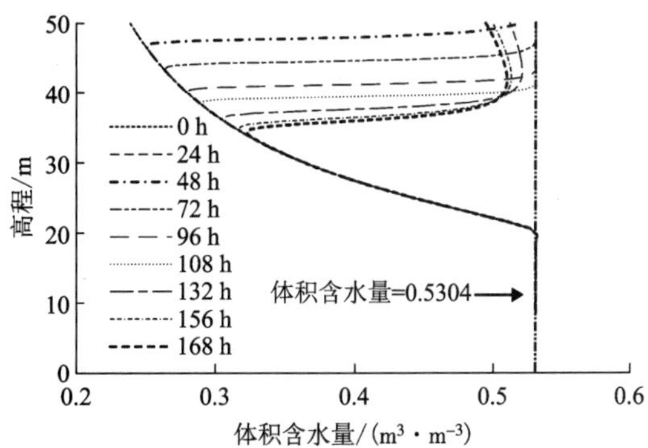

图 4-74　边坡坡度为 60°时体积含水量与高程的关系

在坡度为0°时，在156~168 h、40 m深度处出现正孔隙水压力，体积含水量、孔隙水压力随高程的逐渐增加而减小。其原因为：降雨入渗区和暂态饱和区深度越浅，降雨入渗区和暂态饱和区以下高液限红黏土体积含水量越小，其渗透系数越小，高液限红黏土越难以达到四相饱和状态(达到该状态的所需雨水量增加)。降雨停止后第一阶段，原降雨入渗区内雨水继续下渗，降雨入渗区的面积继续缓慢扩大，在短时间内未形成饱和区，随着时间的推移，降雨入渗区转变为暂态饱和区，但其深度较浅。在其他坡度条件下，在156~168 h、40 m深度处未出现正孔隙水压力，随着坡度逐渐增大，未出现正孔隙水压力，雨水流入速度加快，降雨强度控制入渗阶段和非饱和状态土控制入渗阶段时间越短，边坡内部的渗入雨水量越大；降雨停止后，边坡坡度越大，降雨入渗影响区内孔隙水在重力作用下沿坡面排出的水量越大，降雨入渗影响区与初始饱和区连通后，地下水位线快速升高。由此可见，坡度对高液限红黏土边坡特征截面的孔隙水压力和体积含水量有着显著影响。

不同坡度条件下，降雨108 h(降雨停止时刻)、降雨停止后60 h，特征截面孔压随高程的分布规律如图4-75、图4-76所示，孔隙水压力峰值随时间的变化规律如图4-77所示。分析图4-75、图4-76可知，坡度越小，边坡内部岩土体饱和渗透系数下降幅度越大，降雨停止时刻，在边坡内部发生变化，降雨入渗影响区、暂态饱和区深度越小。②随着坡度的增加，孔隙水压力峰值呈现出先增大后减小的趋势，在降雨停止后，保持平稳。但在坡度为0°时，孔隙水压力峰值呈现出先增大后减小的趋势，在降雨停止后，孔隙水压力峰值持续增长。分析图4-75、图4-76可知，坡度越小，降雨停止时刻渗入边坡内部的雨水量越少；降雨入渗影响区与初始饱和区连通后，边坡内部地下水位线升高幅度越小，孔隙水压力峰值逐渐降低。

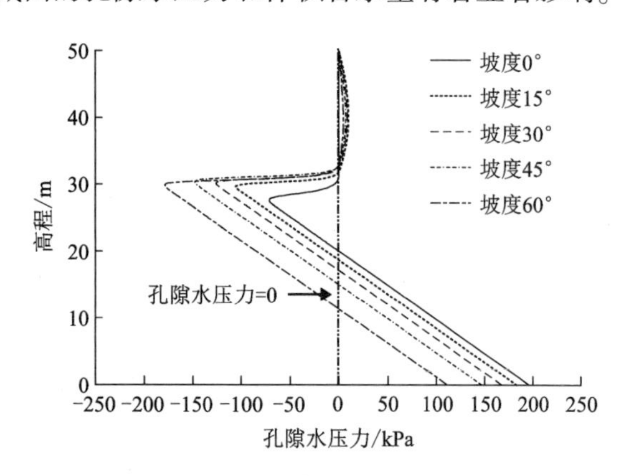

图4-75　降雨108 h特征截面孔隙水压力与高程的关系

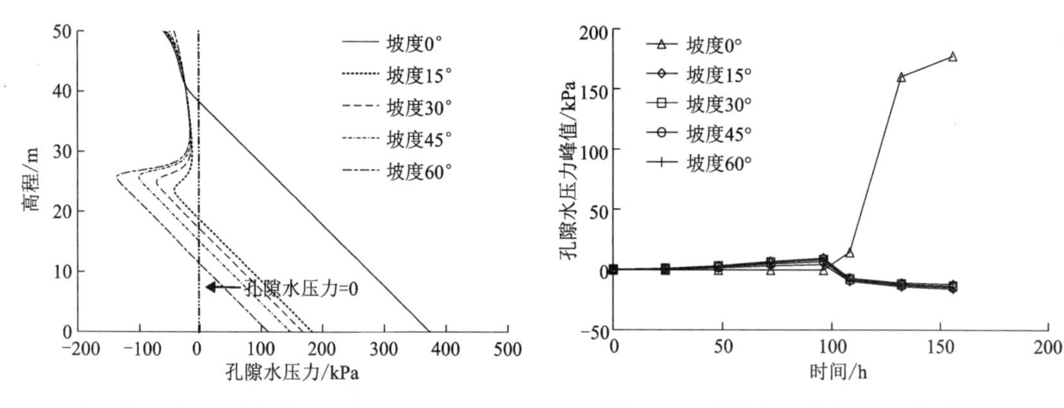

图4-76　降雨停止后60 h特征截面孔隙水压力与高程的关系

图4-77　孔隙水压力峰值与时间的关系

不同坡度条件下，边坡降雨入渗影响区深度、暂态饱和区深度随时间的变化规律如图 4-78、图 4-79 所示。从图 4-78、图 4-79 中可以看出，在降雨期间，不同坡度条件下，边坡内部降雨入渗影响区、暂态饱和区深度与降雨时间呈正相关。坡度越小，降雨期间，边坡内部同一高度处高液限红黏土饱和渗透系数越小。同一时刻，渗入边坡内部的雨水量越少，边坡内部降雨入渗影响区、暂态饱和区深度越小。降雨停止后，原降雨入渗影响区内雨水继续下渗，直至与初始饱和区连通，暂态饱和区深度也随之减小，但在边坡水平时，其暂态饱和区的深度先增大后减小。

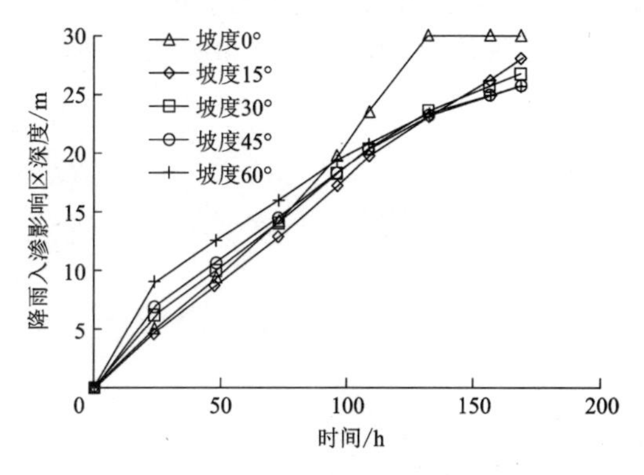

图 4-78　降雨入渗影响区深度与时间的关系

图 4-79　暂态饱和区深度与时间的关系

不同坡度条件下，边坡降雨入渗区的空间分布、降雨入渗影响区面积与时间的变化关系如图 4-80、图 4-81 所示，暂态饱和区面积与时间的变化关系、边坡暂态饱和区的空间分布情况如图 4-82、图 4-84 所示，坡内孔隙水压力最大值与时间的变化关系如图 4-83 所示。

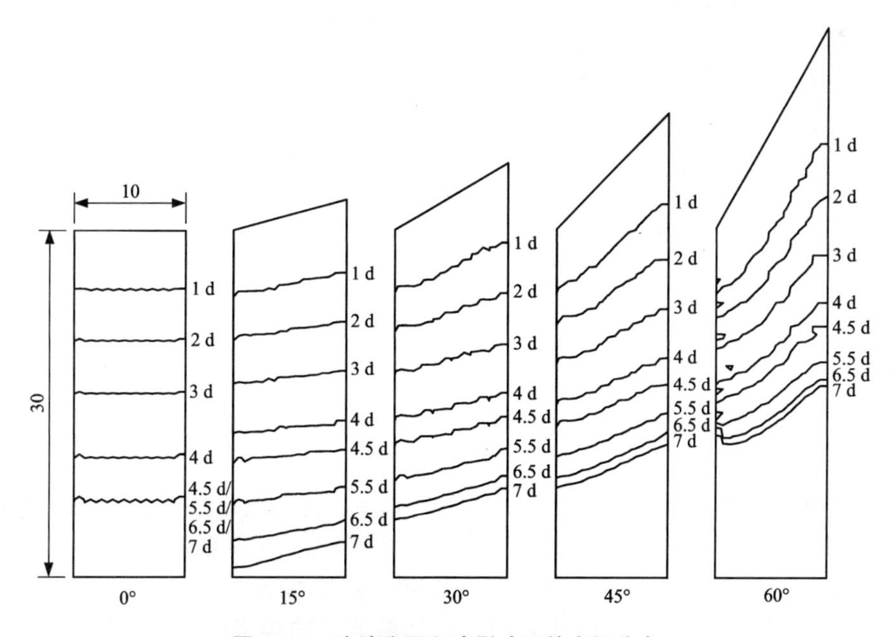

图 4-80　边坡降雨入渗影响区的空间分布

如图 4-80、图 4-81、图 4-83 所示，降雨入渗区的扩展顺序均从上往下，降雨初期，降雨入渗区的面积和孔隙水压力的峰值随坡度的增大而增大，降雨后期至降雨停止后，降雨入渗区面积与孔隙水压力峰值逐渐减小。究其原因为：降雨初期，降雨入渗边界、坡内土体进入降雨入渗第一阶段和第二阶段的时间随坡度的增加而增加，坡内的渗入雨水量随着坡度的增加也会逐渐增大；降雨后期至降雨停止后，降雨入渗区内孔隙水受水头梯度的影响，沿坡面的排水量随边坡坡度的增大而增大。

如图 4-82～图 4-84 所示，①受边坡不同坡度的影响，暂态饱和区的扩展顺序从右上部往下发展，在暂态饱和区的坡高一侧将会出现孔隙水压力的峰值。②降雨初期，坡度对暂态饱和区面积的影响较小；降雨后期至降雨停止后，坡度越大，暂态饱和区面积和地下水位线的涨幅随坡度的增加而逐渐减小。

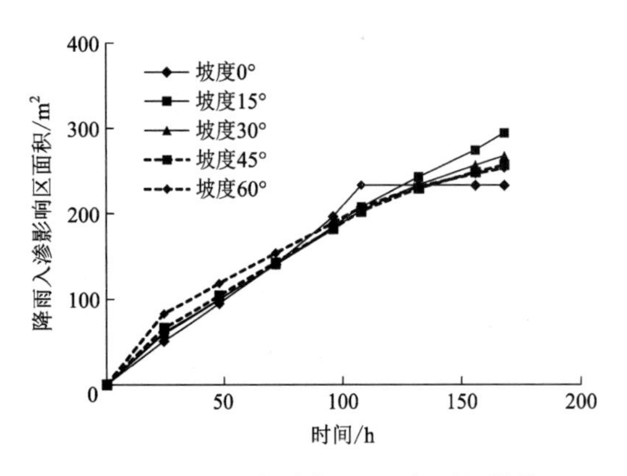

图 4-81　降雨入渗影响区面积与时间的关系

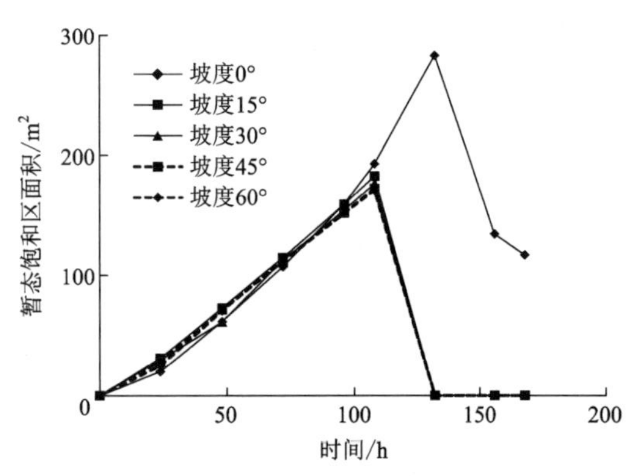

图 4-82　暂态饱和区面积与时间的关系

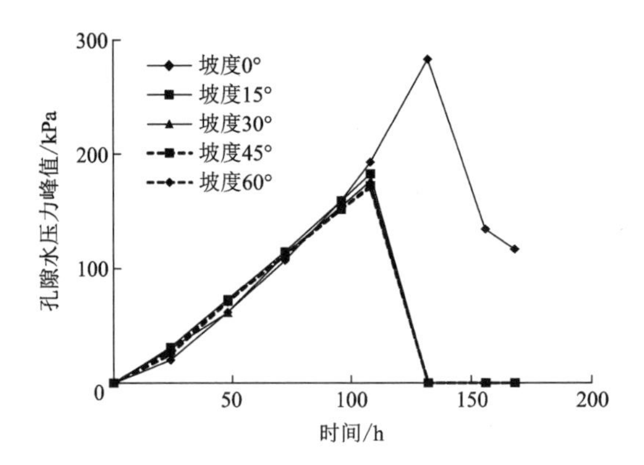

图 4-83　孔隙水压力峰值与时间的关系

上述现象产生的原因为：①在水头梯度的影响下，暂态饱和区下边界逐渐趋于水平，暂态饱和区深度在坡高一侧最大。②降雨入渗初期，降雨入渗区增大导致的暂态饱和区面积的增幅与该区内孔隙水排出所引起的暂态饱和区减幅基本一致；降雨后期至降雨停止后，在水头梯度的影响下，暂态饱和区内孔隙水沿坡面的排水量随边坡坡度的增大而增大，地下水位线在降雨入渗区与初始饱和区连通后，迅速升高。

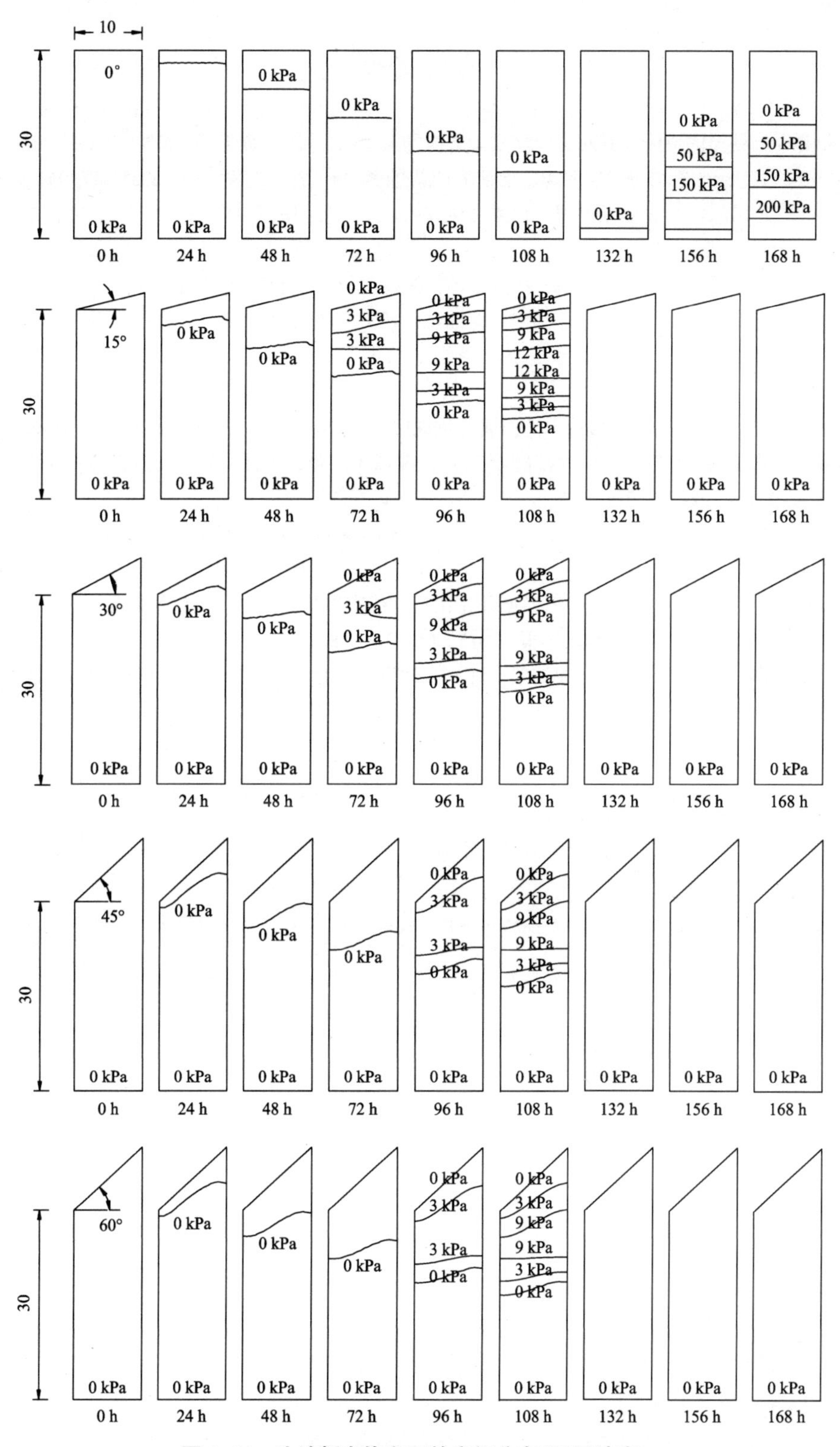

图 4-84　边坡暂态饱和区的空间分布(不同坡度)

参考文献

[1] 姜洪涛. 红粘土的成因及其对工程性质的影响[J]. 水文地质工程地质, 2000, 27(3): 33-37.

[2] 杨和平, 曲永新, 郑健龙. 宁明膨胀土研究的新进展[J]. 岩土工程学报, 2005, 27(9): 981-987.

[3] 杨永波. 边坡监测与预测预报智能化方法研究[D]. 武汉: 中国科学院研究生院(武汉岩土力学研究所), 2005.

[4] 张明伟. 泥岩路堤降雨入渗数值分析及处治措施研究[D]. 合肥: 合肥工业大学, 2017.

[5] 张成林. 非饱和砂土坡面降雨非正交入渗的试验研究与数值分析[D]. 天津: 天津大学, 2014.

[6] 谭征, 杜红伟, 高喜永. 南阳地区回填膨胀土的试验研究[J]. 人民长江, 2009, 40(15): 41-43, 63.

[7] 苏杨, 朱健, 王平, 等. 土壤持水能力研究进展[J]. 中国农学通报, 2013, 29(14): 140-145.

[8] 周葆春, 张彦钧, 冯冬冬, 等. 荆门非饱和压实膨胀土的吸力特征及其本构方程[J]. 岩石力学与工程学报, 2013, 32(2): 385-392.

[9] 檀俊坤, 郭佳奇, 乔世范, 等. 高应力下粗砂-结构接触面颗粒破碎影响因素试验研究[J]. 公路交通科技, 2019, 36(5): 27-35.

[10] 董天文, 付海龙, 周宏源, 等. 冻融循环作用对桩锚支护深基坑的土体材料强度参数影响试验研究[J]. 辽宁省交通高等专科学校学报, 2015, 17(5): 5-8.

[11] 胡志鹏. 湿热地区复合型文化建筑架空开放空间设计研究[D]. 广州: 华南理工大学, 2017.

第5章

降雨条件下高液限红黏土边坡暂态饱和区演化规律

降雨条件下坡面以下一定深度范围内会出现暂态饱和区，暂态饱和区是指降雨开始时刻为非饱和区，雨水入渗后边坡内部岩土体达到饱和区，随降雨停止后该饱和区缓慢消失的区域。现有关于降雨条件下边坡暂态饱和区方面的研究成果可以分为以下两种[1]：第一种，认为暂态饱和区是指岩土体饱和度大于某一特定值(该值一般在0.85~0.95)的区域，暂态饱和区内孔隙水压力小于0。第二种，认为暂态饱和区内饱和度等于1，假定暂态饱和区内孔隙水压力沿深度先按静水压力线性升高然后线性降低。根据岩土体饱和、非饱和定义可知，第一种暂态饱和区实际上为非饱和区。第二种暂态饱和区内孔隙水压力的分布形式尚未得到相关试验与数值模拟的验证。因此，在开展降雨条件下边坡稳定性分析时，需要充分考虑边坡暂态饱和区演化及其内部水压力分布规律。

5.1 数学模型及定解条件

5.1.1 渗流数学模型

采用达西渗流数学模型及其连续性偏微分方程得：

$$v=-k(s)\nabla h \tag{5-1}$$

$$\frac{\partial}{\partial x}\left[k(s)\frac{\partial h}{\partial x}\right]+\frac{\partial}{\partial y}\left[k(s)\frac{\partial h}{\partial y}\right]+\omega=C(h)\frac{\partial h}{\partial t} \tag{5-2}$$

式中：$k(s)$为土体渗透系数；v为渗流速度；ω为源汇项；$C(h)$为容水度，$C(h)=\partial\theta/\partial h$；$s$为时间，$s=(\theta-\theta_r)/(\theta_s-\theta_r)$。

土体饱和度计算公式为：

$$s=(\theta-\theta_r)/(\theta_s-\theta_r) \tag{5-3}$$

式中：θ为土体体积含水量；θ_r为土体残余体积含水量；θ_s为土体饱和体积含水量。总水头和压力水头计算公式为：

$$h=h_w+y \tag{5-4}$$

$$h_w=\mu_w/\gamma_w \tag{5-5}$$

式中：γ_w 为水的重度；μ_w 为孔隙水压力；y 为位置水头。

土体饱和度与基质吸力之间的关系采用 van Genuchten 模型进行拟合：

$$\Psi=\frac{1}{\alpha}\left[\left(\frac{1}{S}\right)^{\frac{1}{m}}-1\right]^{\frac{1}{n}} \tag{5-6}$$

$$k(s)=k_s s^{\frac{1}{2}}[1-(1-s^{\frac{1}{m}})^m]^2 \tag{5-7}$$

式中：m、n、α 为模型拟合参数，$m=1-1/n$；k_s 为土体饱和水力渗透系数；$\Psi=\mu_a-\mu_w$，为基质吸力，μ_a 为孔隙气压力，本文中孔隙气压力等于大气压力，即 $\mu_a=0$。

5.1.2 饱和-非饱和渗流定解条件

(1)初始条件

$$h(X,\ Y,\ t)|_{t=0}=h_0(X,\ Y),\ (X,\ Y)\in\Omega \tag{5-8}$$

(2)边界条件

$$h_0(X,\ Y,\ t)|_{\Gamma_1}=h_0(X,\ Y),\ (X,\ Y)\in\Gamma_1 \tag{5-9}$$

$$R_n(t)|_{\Gamma_2}=-k(s)\nabla H\boldsymbol{n},\ (X,\ Y)\in\Gamma_2 q_n(t) \tag{5-10}$$

$$q_n|_{\Gamma_3}=-\varepsilon(t)\boldsymbol{n},\ (X,\ Y)\in\Gamma_3 \tag{5-11}$$

$$R_s(t)|_{\Gamma_3}=\begin{cases}q_n(t)|_{\Gamma_3} & q_n(t)|_{\Gamma_3}<R_n(t)|_{\Gamma_3}\\ R_n(t)|_{\Gamma_3} & q_n(t)|_{\Gamma_3}\geqslant R_n(t)|_{\Gamma_3}\end{cases} \tag{5-12}$$

式中：$R_s(t)$为降雨入渗边界 Γ_3 所对应的实际降雨入渗量；$\varepsilon(t)$为降雨强度；$h_0(X,\ Y)$为全部域 Ω 所对应的初始压力水头；$R_n(t)$为流量边界 Γ_2 所对应的入渗能力；$\boldsymbol{n}$ 为边界外法线单位向量；$q_n(t)$为降雨入渗边界；Γ_3，$h_0(X,\ Y,\ t)$为水头边界 Γ_1 所对应的压力水头。

5.2 二维数值模型与计算方案

5.2.1 边坡二维模型

湖南长韶娄高速公路某段左侧人工边坡横断面尺寸及水文地质情况如图 5-1 所示，边坡上部土体为红黏土，下部土体为砂质泥岩，宽度为 74.29 m，高度为 52.48 m，坡台高度为 17.7 m，坡台长度为 14.29 m，边坡坡度为 0.295，初始地下水位线位于土-岩界面以上约 0.8 m 处。

为便于分析降雨条件下边坡渗流特征，采用 GeoStudio 平台建模，建立如图 5-2 所示数值模型，模型单元数为 4346 个，节点数为 4450 个，并在模型中设置了 5 个特征点与 1 个特征截面。

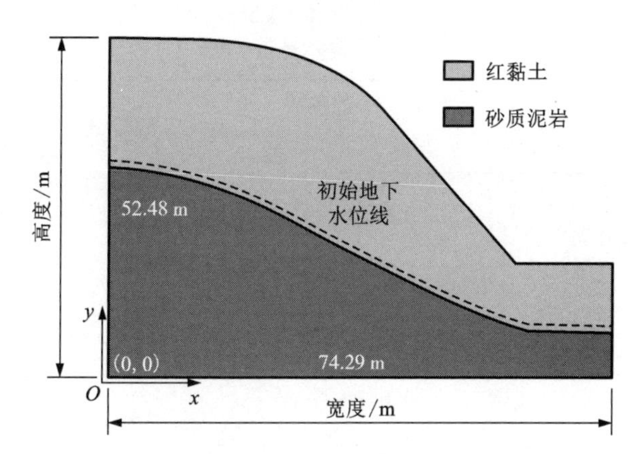

图 5-1　边坡横断面尺寸及初始地下水位线位置

边界条件：模型左右两侧及模型底面为不透水边界，坡面为单位流量边界，降雨持续时间为 72 h，降雨停止后持续时间为 60 h。

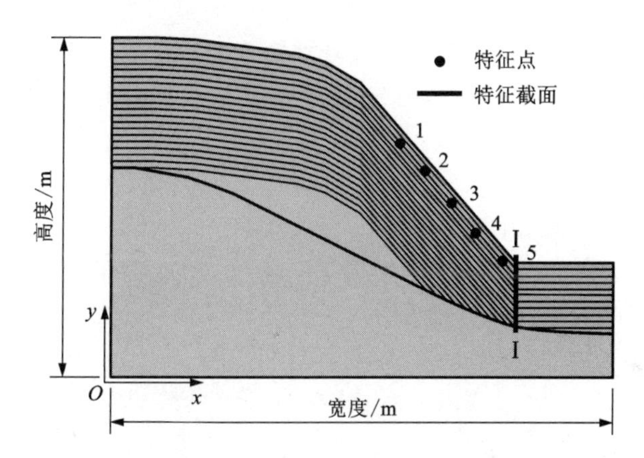

图 5-2　边坡横断面尺寸及初始地下水位线位置模型图

5.2.2　计算方案

由第 3 章可知，高液限红黏土边坡饱和渗透系数随坡面深度的加深呈非线性变化，因此引入边坡饱和渗透系数与坡面深度关系模型，可用式(5-13)表征：

$$k_s = k_{0sat}[1-h/(a+bh)] \tag{5-13}$$

式中：k_s 为高液限红黏土饱和渗透系数，单位为 m/h；k_{0sat} 为高液限红黏土初始饱和渗透系数，m/h；h 为高液限红黏土边坡深度，m；a、b 分别为拟合系数。

因此，为考虑上述因素对高液限红黏土边坡暂态饱和区的影响，本书拟采用以下四种方案，分别研究不同降雨强度及历时、表层土体的初始饱和渗透系数、参数 a 和参数 b 影响下高液限红黏土边坡的内部含水率、孔隙水压及饱和度的变化规律。通过第 3 章讨论结果可知岩土体初始饱和渗透系数为 0.0471 m/h，试验参数以该值为中间值，分别扩大和缩小一定比例取值，具体方案如表 5-1 所示。

表 5-1　具体计算方案

方案类别	降雨强度/(m·h⁻¹)	初始饱和渗透系数/(m·h⁻¹)	参数 a	参数 b
一	0. 1884、0. 0942、0. 0471、0. 02355、0. 011775	0. 0471	3. 240	1. 620
二	0. 0471	0. 1884、0. 0942、0. 0471、0. 02355、0. 011775	3. 240	1. 620
三	0. 0471	0. 0471	3. 888、3. 564、3. 240、2. 916、2. 592	1. 620
四	0. 0471	0. 0471	3. 240	1. 944、1. 782、1. 620、1. 458、1. 296

方案一：降雨强度分别为 0. 1884 m/h、0. 0942 m/h、0. 0471 m/h、0. 02355 m/h、0. 011775 m/h。

方案二：表层岩土体初始饱和渗透系数分别为 0. 1884 m/h、0. 0942 m/h、0. 0471 m/h、0. 02355 m/h、0. 011775 m/h，参数 a 为 3. 240，参数 b 为 1. 620，饱和渗透系数与距坡面深度的关系如图 5-3 所示。

方案三：参数 a 分别为 3. 888、3. 564、3. 240、2. 916、2. 592，参数 b 为 1. 620，饱和渗透系数与距坡面深度的关系如图 5-4 所示。

方案四：参数 a 为 3. 24，参数 b 分别为 1. 944、1. 782、1. 620、1. 458、1. 296，饱和渗透系数与距坡面深度的关系如图 5-5 所示。

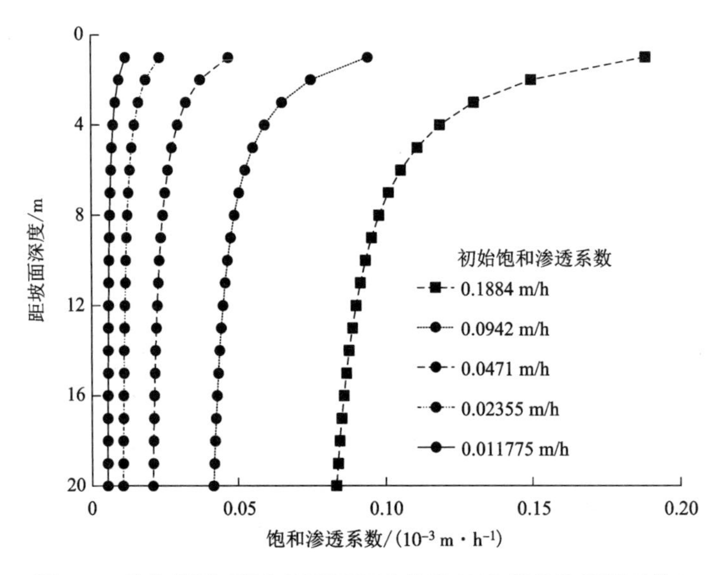

图 5-3　饱和渗透系数与距坡面深度的关系(初始饱和渗透系数)

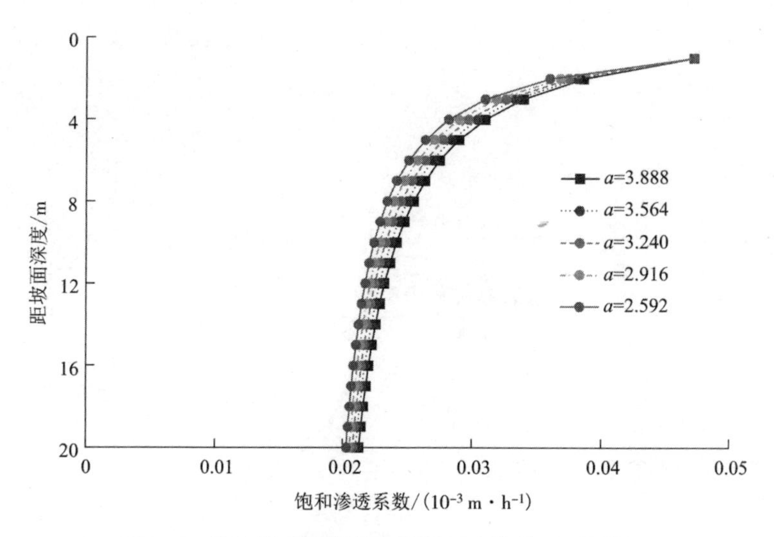

图 5-4　饱和渗透系数与距坡面深度的关系(参数 a)

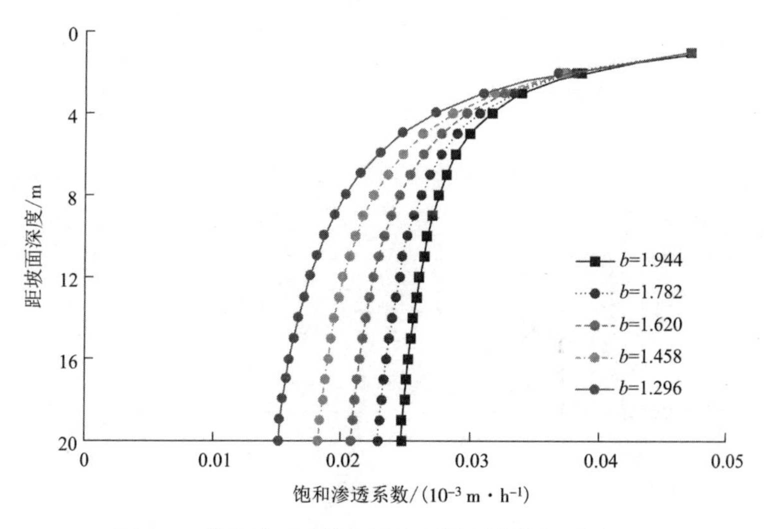

图 5-5　饱和渗透系数与距坡面深度的关系(参数 b)

5.3　不同降雨强度下边坡暂态饱和区演化规律

5.3.1　边坡内孔隙水压力变化规律

不同降雨条件下边坡内部特征点 1~5 处孔隙水压力随时间的变化规律分别如图 5-6~图 5-10 所示。可知，降雨前期(0~24 h)，雨水自坡面向坡体内部依次扩展，导致边坡内部特征点 1~5 处孔隙水压力迅速升高；降雨后期(24~72 h)，孔隙水压力出现正值，且缓慢升高；降雨停止后(72~132 h)，原降雨入渗影响区内雨水继续下渗，特征点 1~5 处孔隙水压力也随之持续降低。

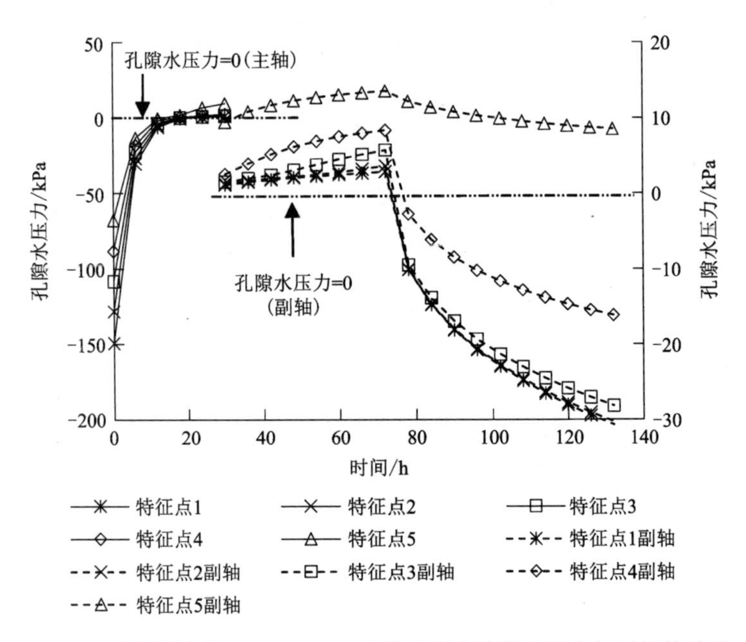

图 5-6　降雨强度为 0.1884 m/h 时的特征点孔隙水压力与时间的关系

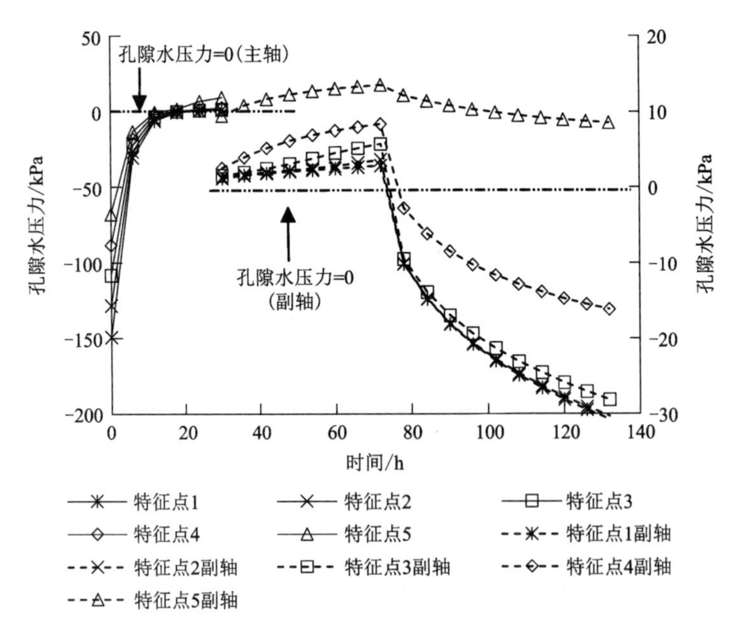

图 5-7　降雨强度为 0.0942 m/h 时的特征点孔隙水压力与时间的关系

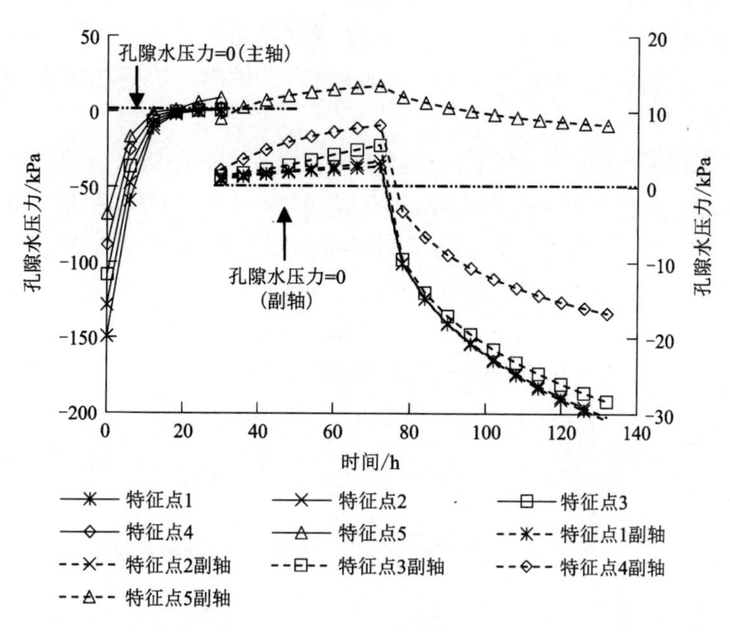

图 5-8　降雨强度为 0.0471 m/h 时的特征点孔隙水压力与时间的关系

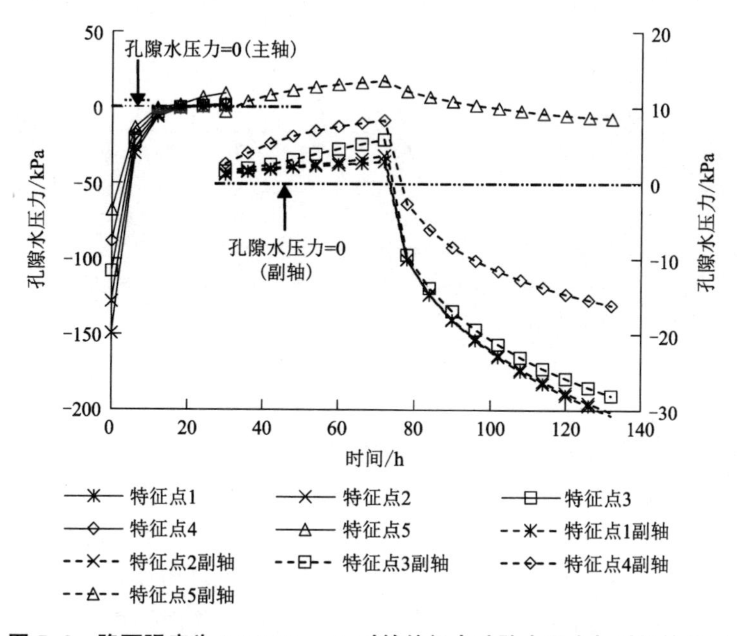

图 5-9　降雨强度为 0.02355 m/h 时的特征点孔隙水压力与时间的关系

同时可以看出，特征点 1～5 处的起始孔隙水压力分别为－149 kPa、－128 kPa、－108 kPa、－88 kPa、－67 kPa，起始孔隙水压力随特征点位置沿坡面下移至坡脚逐渐增大。随着降雨的持续，特征点 1～5 处的孔隙水压力逐渐增大，并出现最大值，特征点 1～4 处在

5 种降雨强度增大，其最大值均分别为 2.8 kPa、3.6 kPa、5.7 kPa、8.3 kPa 左右，而特征点 5 处的最大值随降雨强度逐渐增大而增大，在降雨强度为 0.011775 m/h 时达到最大，为 54.4 kPa。因此，相较于坡面位置的孔隙水压力大小，坡脚位置的孔隙水压力受降雨强度影响较大。

此外，不同降雨强度对边坡特征点孔隙水压力出现正值的历时也不一样。当降雨强度为 0.1884 m/h 时，边坡孔隙水压力出现正值的历时为 18 h；当降雨强度为 0.0942 m/h 时，边坡孔隙水压力出现正值的历时为 18 h；当降雨强度为 0.0471 m/h 时，边坡孔隙水压出现正值的历时为 18 h；当降雨强度为 0.02355 m/h 时，边坡孔隙水压力出现正值的历时为 18 h；当降雨强度为 0.011775 m/h 时，边坡孔隙水压力出现正值的历时为 60 h。说明降雨强度越小，边坡土体达到饱和所需的时间也就越长。

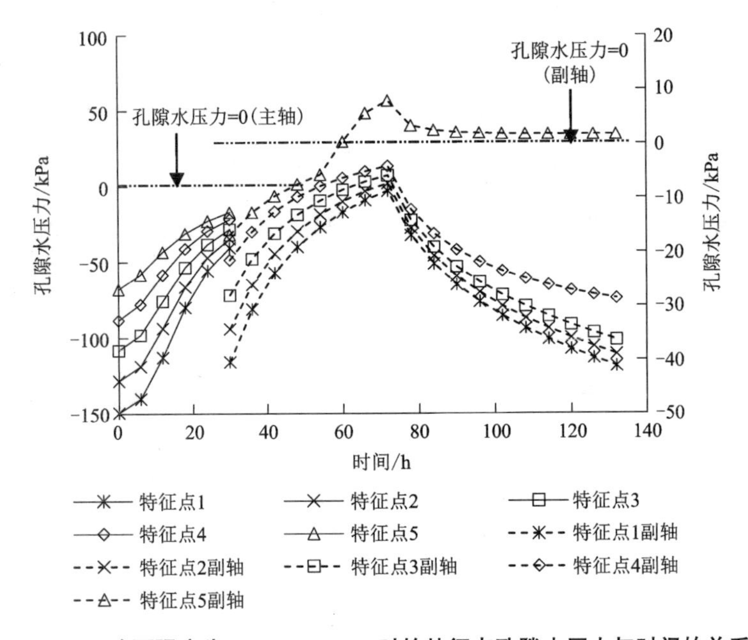

图 5-10　降雨强度为 0.011775 m/h 时的特征点孔隙水压力与时间的关系

图 5-11～图 5-15 为截面Ⅰ-Ⅰ处的孔隙水压力随边坡高程的变化规律。可知，当降雨强度分别为 0.1884 m/h、0.0942 m/h、0.0471 m/h、0.02355 m/h 时，降雨历时为 0～18 h 时，孔隙水压随边坡高程的增大先减小后增大，超过 18 h 后，孔隙水压力均随边坡高程的增大逐渐减小；当降雨强度为 0.011775 m/h，降雨历时为 0～54 h 时，孔隙水压力随边坡高程的增大先减小后增大，超过 54 h 后，孔隙水压力均随边坡高程的增大逐渐减小。说明降雨开始后，边坡内部降雨入渗影响区、暂态饱和区不断扩展。分析其原因为：降雨入渗影响区、暂态饱和区扩展范围越深，其下部岩土体饱和度、渗透系数越大，暂态饱和区与初始饱和区联通后，坡脚附近地下水位由初始位置迅速抬升至暂态饱和区上边界位置；降雨停止后，坡脚附近地下水在水头梯度作用下继续向边坡内部扩展。

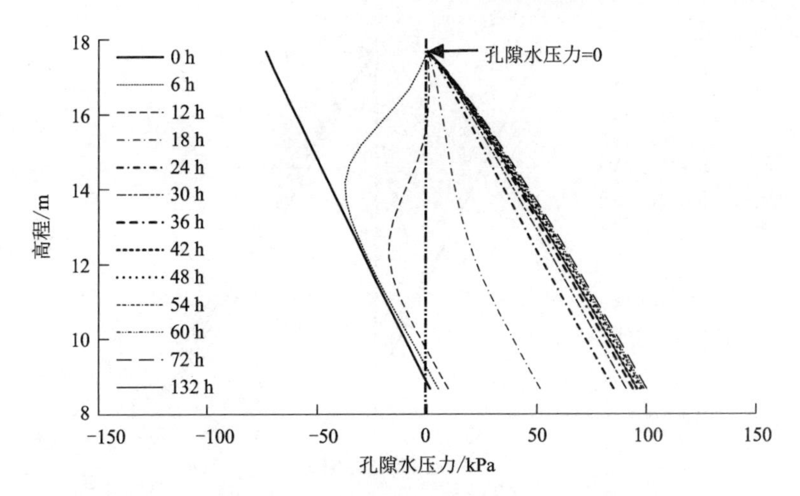

图 5-11　降雨强度为 0.1884 m/h 时的孔隙水压力与高程的关系

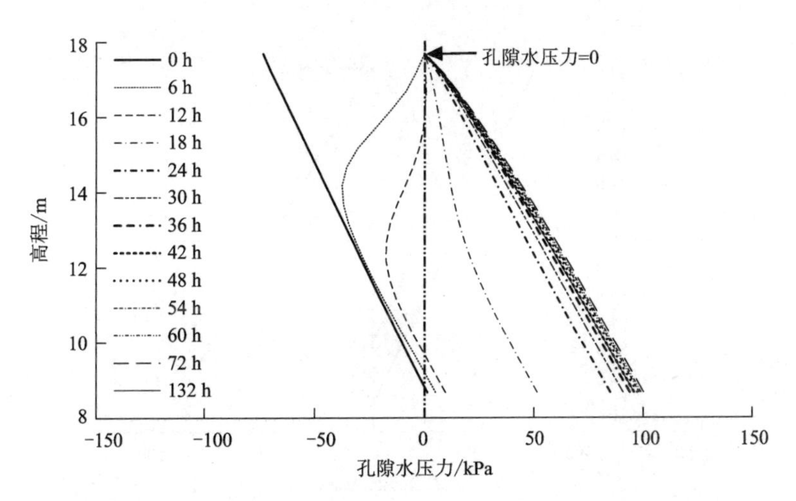

图 5-12　降雨强度为 0.0942 m/h 时的孔隙水压力与高程的关系

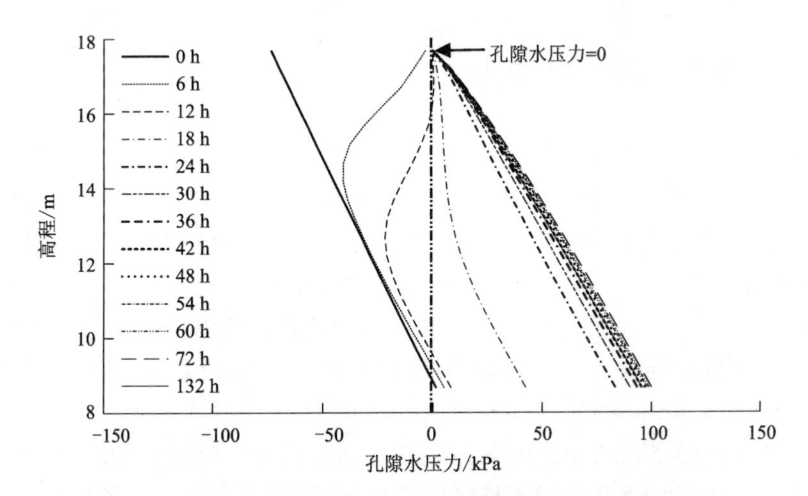

图 5-13　降雨强度为 0.0471 m/h 时的孔隙水压力与高程的关系

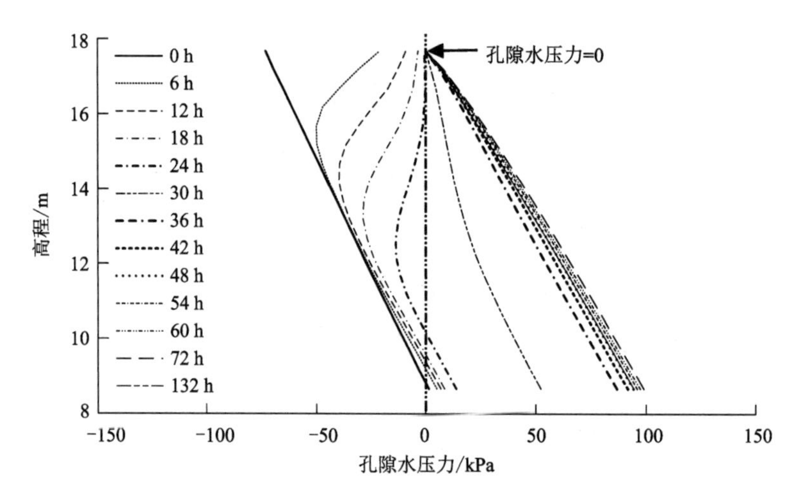

图 5-14　降雨强度为 0.02355 m/h 时的孔隙水压力与高程的关系

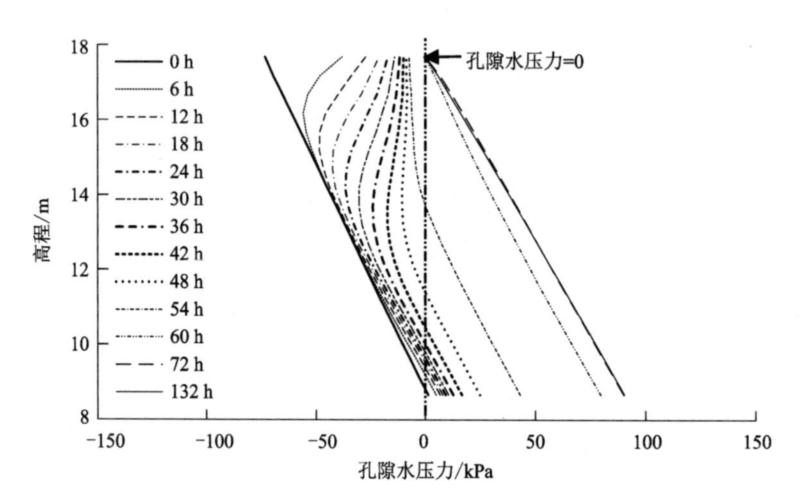

图 5-15　降雨强度为 0.011775 m/h 时的孔隙水压力与高程的关系

5.3.2　边坡内饱和度变化规律

不同降雨条件下边坡内部特征点 1~5 处饱和度随时间的变化规律分别如图 5-16~图 5-20 所示。可知，降雨前期，雨水自坡面向坡体内部依次扩展，导致边坡内部特征点 1~5 处饱和度迅速升高；降雨后期，坡面以下一定深度范围内岩土体达到饱和状态，特征点 1~5 处饱和度始终为 1，孔隙水压力出现正值，且缓慢升高；降雨停止后，原降雨入渗影响区内雨水继续下渗，特征点 1~5 处饱和度也随之持续降低。对于边坡表层不同位置特征点而言，不同降雨强度下，随降雨历时增大边坡岩土体饱和度变化规律较一致。但岩土体起始饱和度和达到饱和所需时间均表现出以下规律：不同降雨强度下，特征点 1~5 处的起始饱和度分别为 0.53 m^3/m^3、0.56 m^3/m^3、0.59 m^3/m^3、0.62 m^3/m^3、0.66 m^3/m^3，起始饱和度随特征点位置沿坡面下移至坡脚均呈现为逐渐增大的趋势；当降雨强度大于土体初始饱和渗透系数时，随降雨强度减小，土体达到饱和所需时间相同，均为 18 h；当降雨强度小于土体初始饱和渗透系数时，随降雨强度减小，土体达到饱和所需时间逐渐增大，且降雨停止后土体饱和度降低速率也逐渐增大。

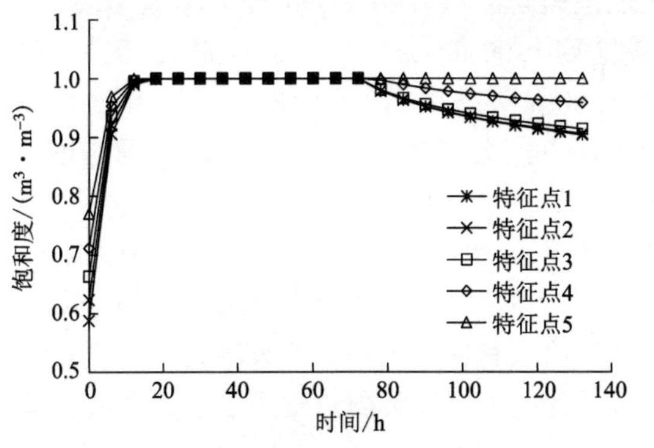

图 5-16　降雨强度为 0.1884 m/h 时的特征截面饱和度与时间的关系

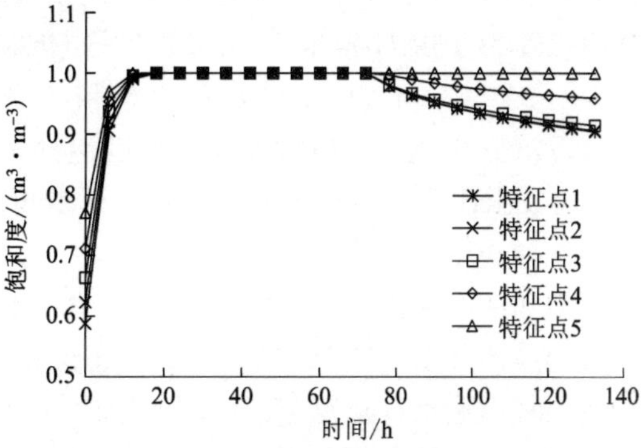

图 5-17　降雨强度为 0.0942 m/h 时的特征截面饱和度与时间的关系

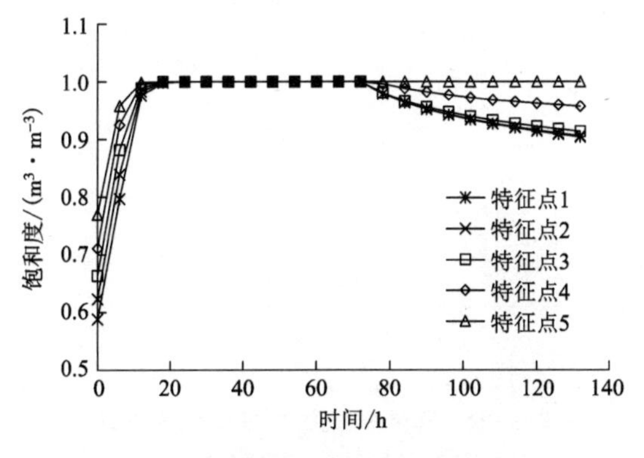

图 5-18　降雨强度为 0.0471 m/h 时的特征截面饱和度与时间的关系

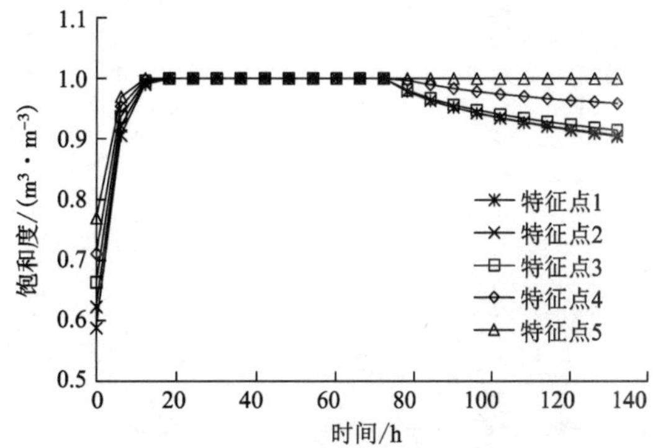

图 5-19　降雨强度为 0.02355 m/h 时的特征截面饱和度与时间的关系

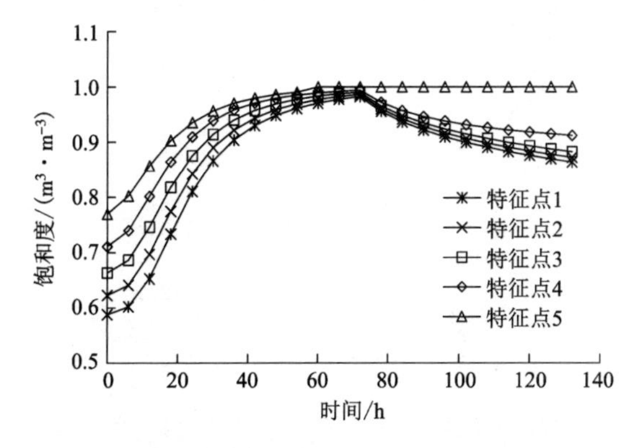

图 5-20　降雨强度为 0.011775 m/h 时的特征截面饱和度与时间的关系

不同降雨条件下边坡内部坡脚附近特征截面Ⅰ-Ⅰ处的饱和度随边坡高程的变化规律分别如图5-21~图5-25所示。不同降雨强度对边坡特征点饱和度达到1.00 m^3/m^3的历时也不一样。当降雨强度为0.1884 m/h时，边坡特征点饱和度达到1.00 m^3/m^3的历时为18 h；当降雨强度为0.0942 m/h时，边坡特征点饱和度达到1.00 m^3/m^3的历时为18 h；当降雨强度为0.0471 m/h时，边坡特征点饱和度达到1.00 m^3/m^3的历时为18 h；当降雨强度为0.02355 m/h时，边坡特征点饱和度达到1.00 m^3/m^3的历时为18 h；当降雨强度为0.011775 m/h时，边坡特征点饱和度达到1.00 m^3/m^3的历时为120 h。说明降雨强度越小，边坡土体达到饱和所需的时间也就越长。

这种现象与孔隙水压力变化规律相似，说明降雨开始后，边坡内部降雨入渗影响区、暂态饱和区不断扩展。分析其原因为：降雨入渗影响区、暂态饱和区扩展范围越深，其下部岩土体饱和度、渗透系数越大，暂态饱和区与初始饱和区联通后，坡脚附近地下水位由初始位置迅速抬升至暂态饱和区上边界位置；降雨停止后，坡脚附近地下水在水头梯度作用下继续向边坡内部扩展。

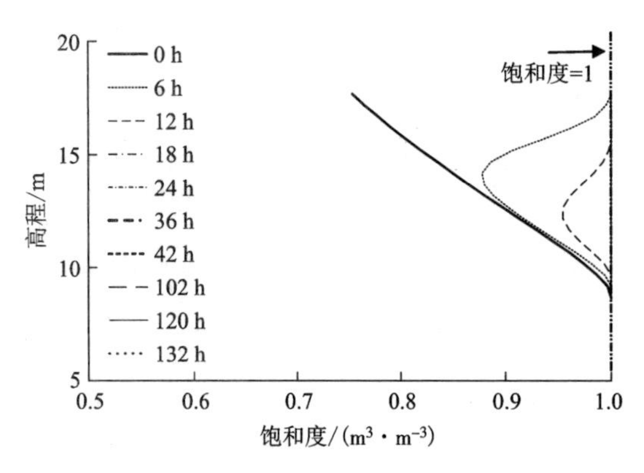

图5-21 降雨强度为0.1884 m/h时的特征截面饱和度与高程的关系

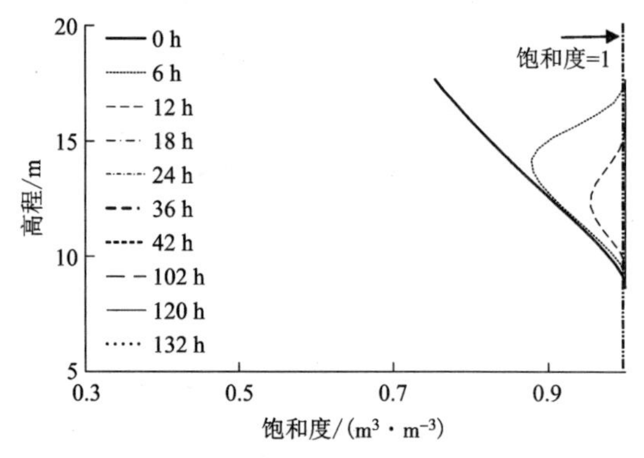

图5-22 降雨强度为0.0942 m/h时的特征截面饱和度与高程的关系

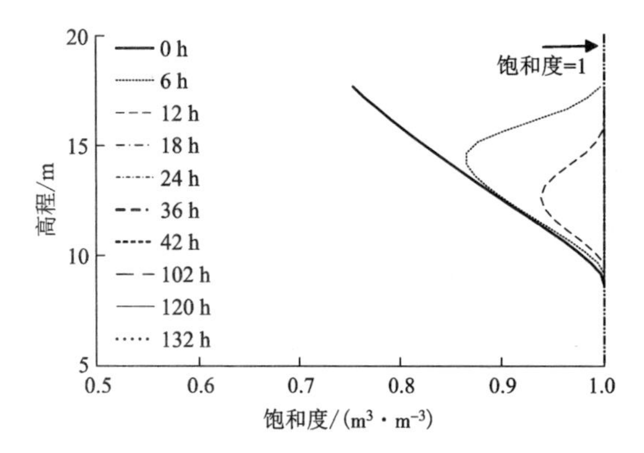

图5-23 降雨强度为0.0471 m/h时的特征截面饱和度与高程的关系

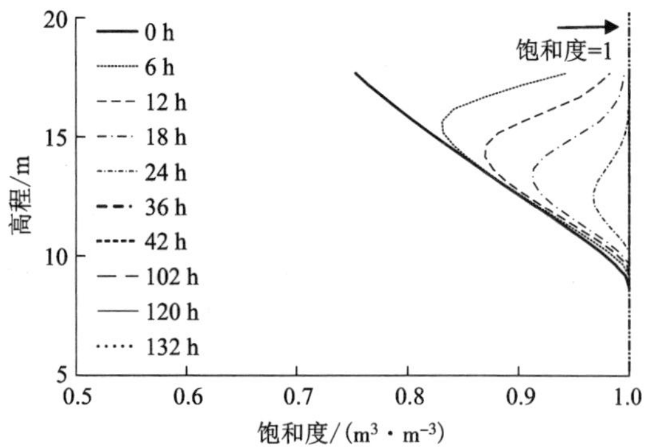

图5-24 降雨强度为0.02355 m/h时的特征截面饱和度与高程的关系

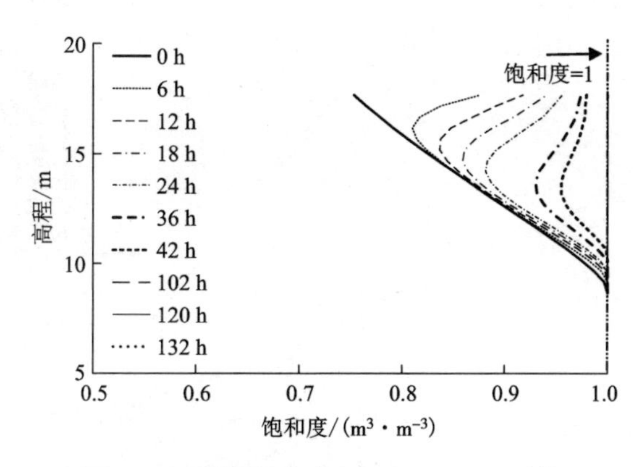

图 5-25　降雨强度为 0.011775 m/h 时的特征截面饱和度与高程的关系

5.3.3　边坡暂态饱和区演化特征

由图 5-26～图 5-50 可知，高液限红黏土边坡沿边坡表层土体孔隙水压力先达 0 kPa，并沿边坡表面形成一条等压线，随降雨历时的增大，孔隙水压力 0 kPa 等压线逐渐向边坡内部扩展，并形成一个闭合饱和区域，该区域随降雨停止时间的增大逐渐缩小直至消失。由图 5-46～图 5-50 可知，在同一降雨强度下孔隙水压力峰值随时间的增大而增大，且在 0～12 h 内表现为迅速增大，12～132 h 内则表现为增长平缓；最大孔隙水压力峰值与降雨强度呈正相关关系。当降雨强度为 0.1884 m/h 和 0.0942 m/h 时，在降雨历时 0～84 h 内，暂态饱和区面积随历时的增大逐渐增大，超过 84 h 后，暂态饱和区面积缓慢减小；当降雨强度为 0.0471 m/h 时，在降雨历时 0～72 h 内，暂态饱和区面积随降雨历时逐渐增大，而在 72～84 h 内出现突然增大，超过 84 h 后则缓慢减小；当降雨强度为 0.02355 m/h 和 0.011775 m/h 时，在降雨历时 0～48 h 内，暂态饱和区面积基本不变，而在 48～60 h 内出现突然增大，超过 60 h 后则缓慢减小。

出现上述现象的原因主要是由于降雨开始后，边坡暂态饱和区自坡面向坡体内部逐渐扩展，暂态饱和区面积持续增大；暂态饱和区内岩土体渗流量相同，距坡面深度越小，岩土体饱和渗透系数越大，水头梯度越小，导致暂态饱和区内水压力沿深度先增大后减小，且均为正值；暂态饱和区与初始饱和区联通前，孔隙水压力峰值缓慢增大，暂态饱和区与初始饱和区联通后，孔隙水压力峰值迅速增大。降雨停止初期，暂态饱和区内孔隙水沿坡面迅速排出，边坡上部暂态饱和区快速消散，暂态饱和区面积迅速减小，孔隙水压力峰值小幅减小；降雨停止后期，暂态饱和区内孔隙水继续向坡体内部扩展，暂态饱和区面积缓慢增大，导致坡脚附近地下水位持续降低，边坡内部地下水位持续升高，孔隙水压力峰值缓慢增大。

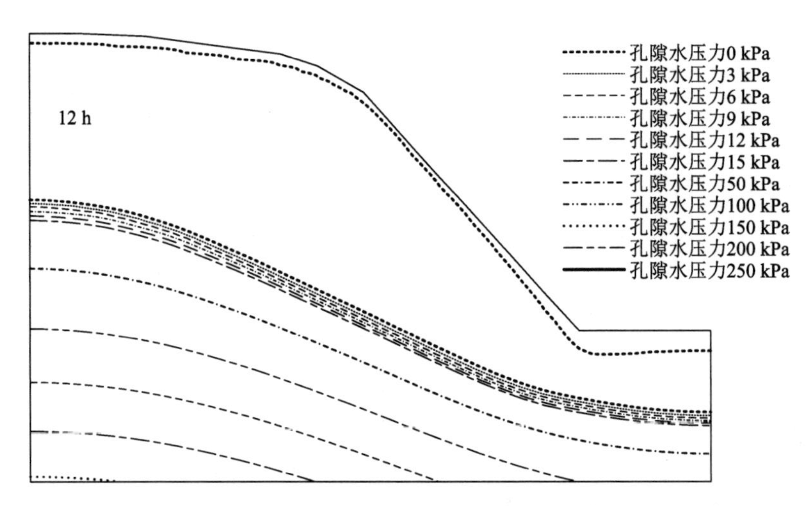

图 5-26　在 12 h 时降雨强度为 0.1884 m/h 的边坡内暂态饱和区变化图

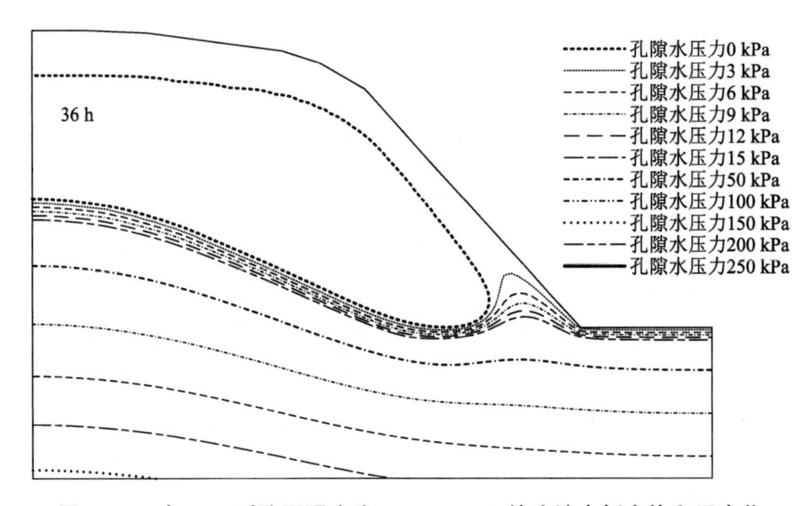

图 5-27　在 36 h 时降雨强度为 0.1884 m/h 的边坡内暂态饱和区变化

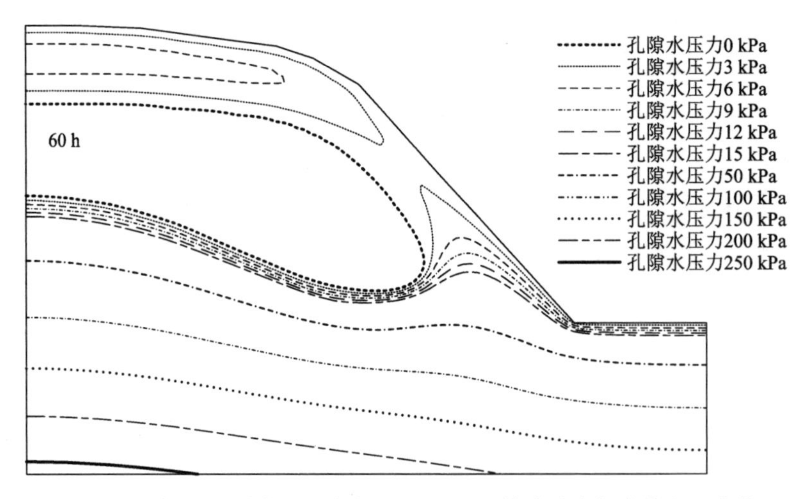

图 5-28　在 60 h 时降雨强度为 0.1884 m/h 的边坡内暂态饱和区变化

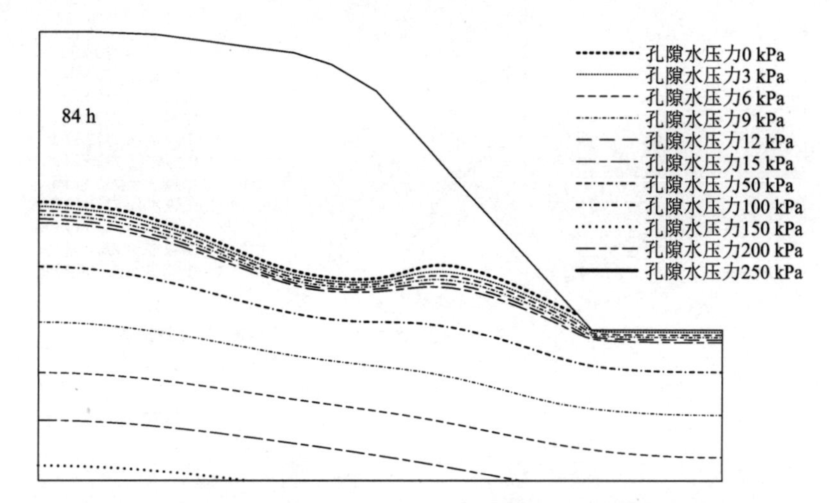

图 5-29　在 84 h 时降雨强度为 0. 1884 m/h 的边坡内暂态饱和区变化

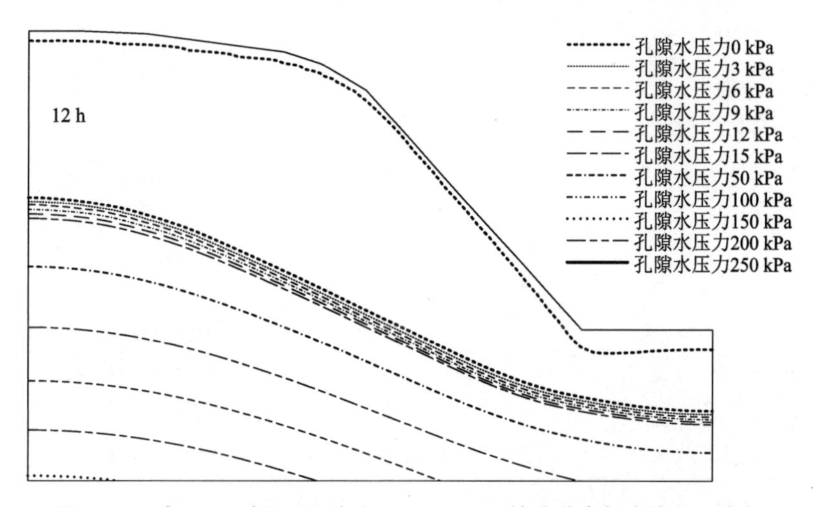

图 5-30　在 12 h 时降雨强度为 0. 0942 m/h 的边坡内暂态饱和区变化

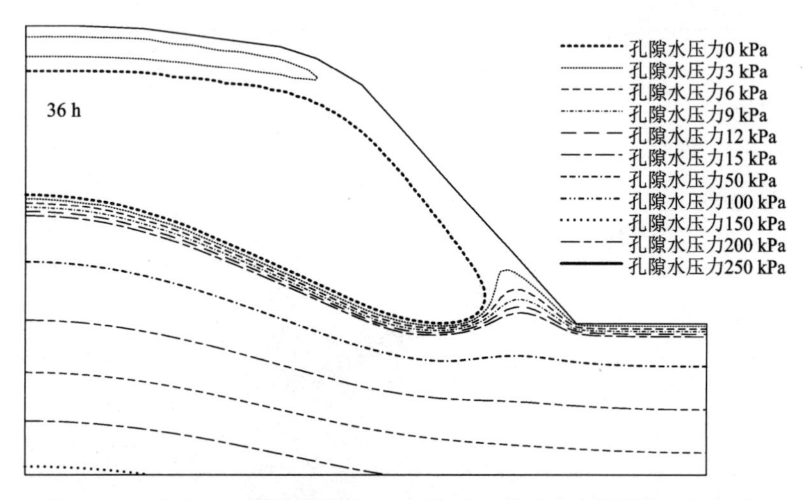

图 5-31　在 36 h 时降雨强度为 0. 0942 m/h 的边坡内暂态饱和区变化

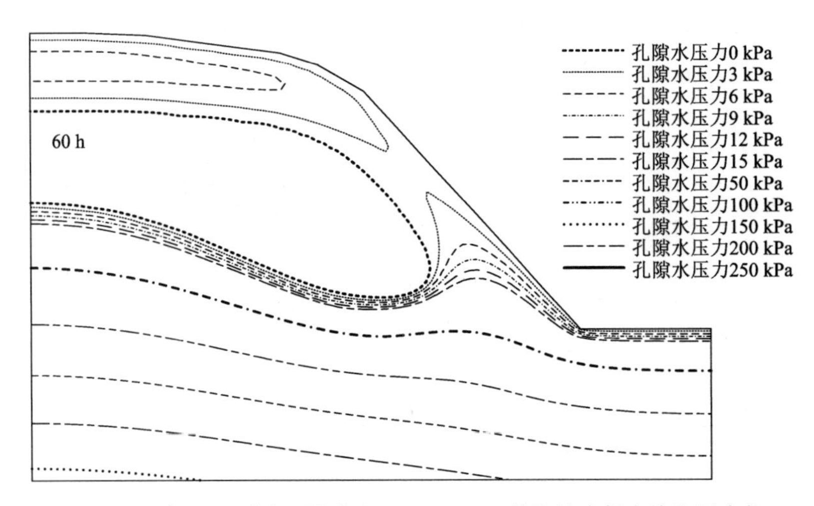

图 5-32　在 60 h 时降雨强度为 0.0942 m/h 的边坡内暂态饱和区变化

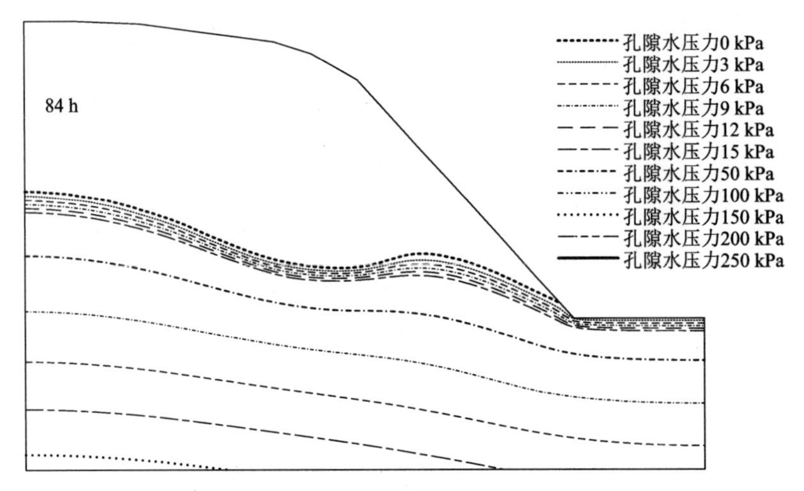

图 5-33　在 84 h 时降雨强度为 0.0942 m/h 的边坡内暂态饱和区变化

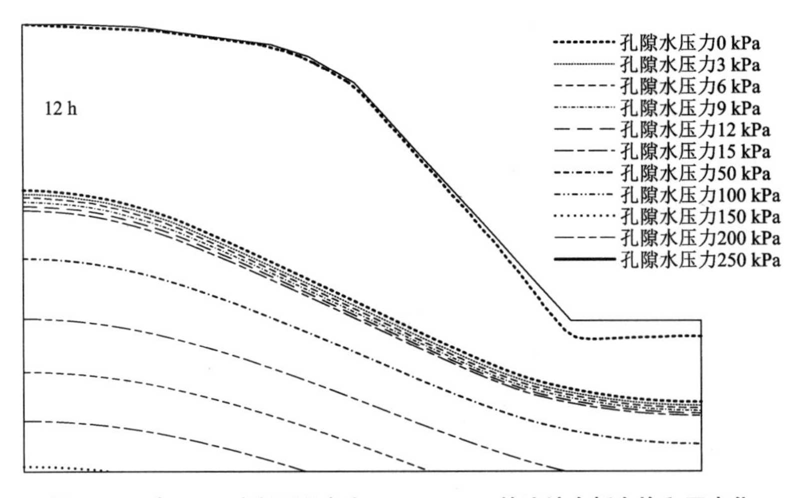

图 5-34　在 12 h 时降雨强度为 0.0471 m/h 的边坡内暂态饱和区变化

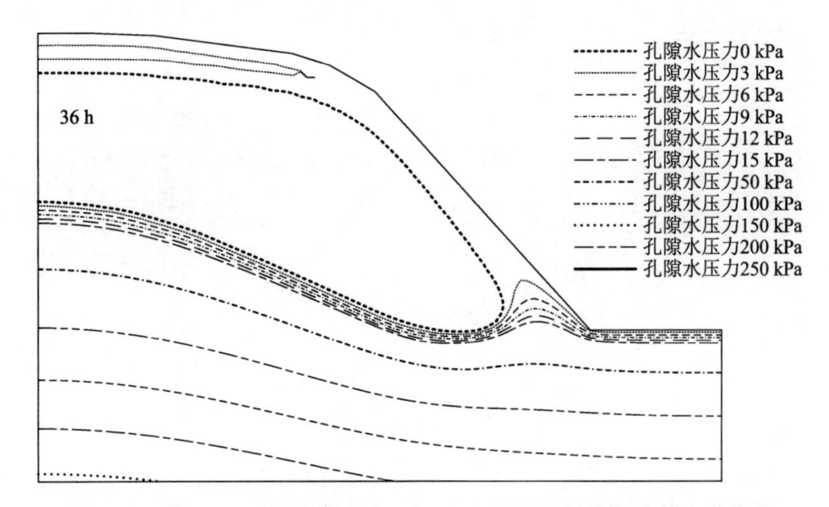

图 5-35　在 36 h 时降雨强度为 0.0471 m/h 的边坡内暂态饱和区变化

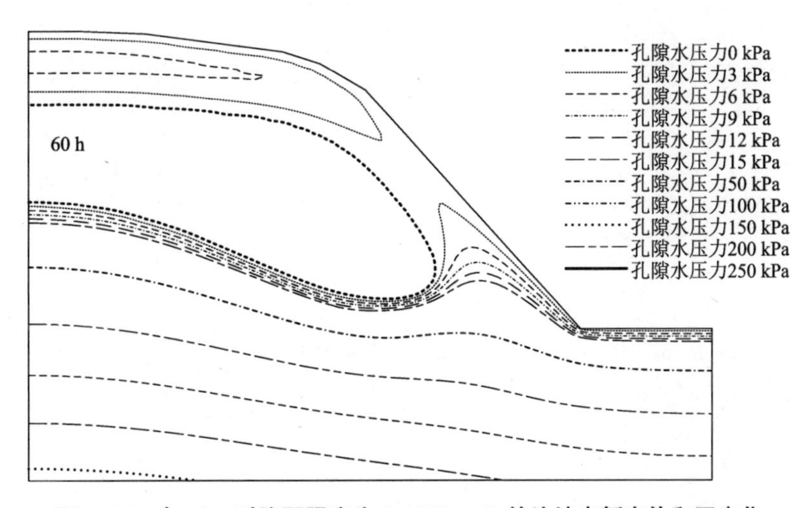

图 5-36　在 60 h 时降雨强度为 0.0471 m/h 的边坡内暂态饱和区变化

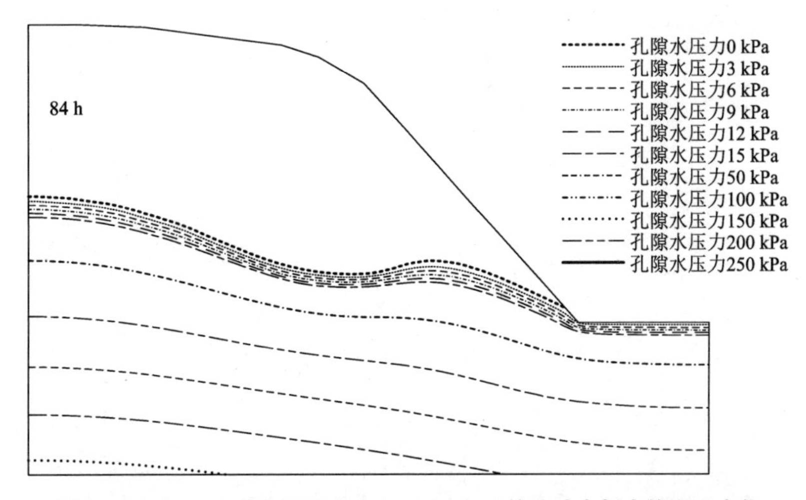

图 5-37　在 84 h 时降雨强度为 0.0471 m/h 的边坡内暂态饱和区变化

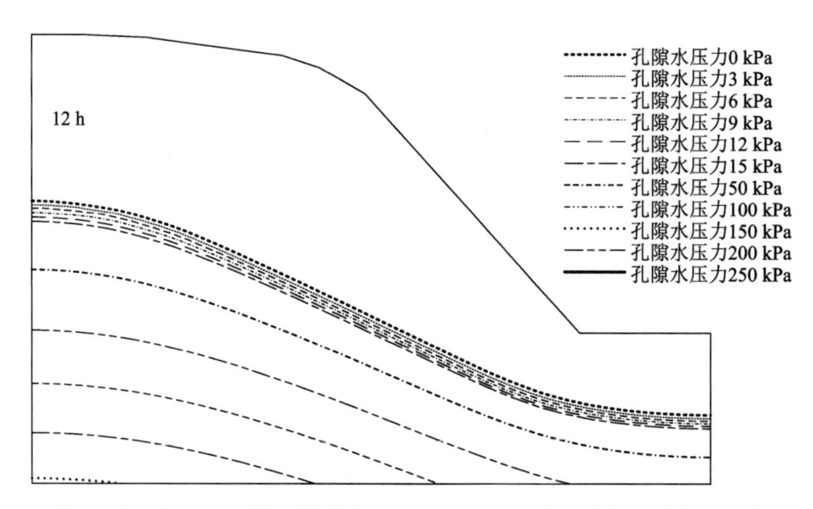

图 5-38　在 12 h 时降雨强度为 0.02355 m/h 的边坡内暂态饱和区变化

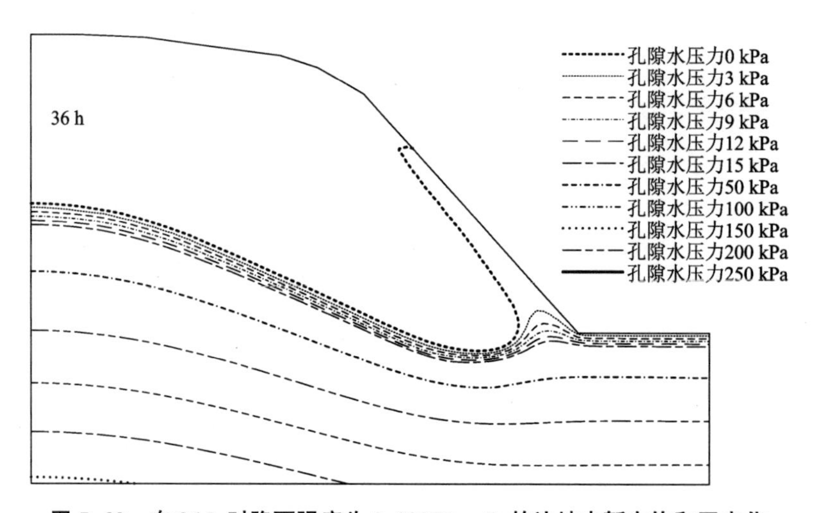

图 5-39　在 36 h 时降雨强度为 0.02355 m/h 的边坡内暂态饱和区变化

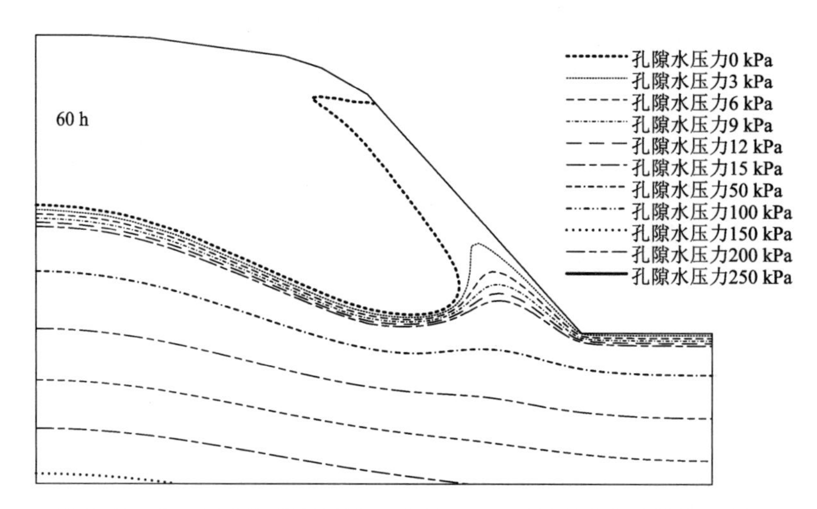

图 5-40　在 60 h 时降雨强度为 0.02355 m/h 的边坡内暂态饱和区变化

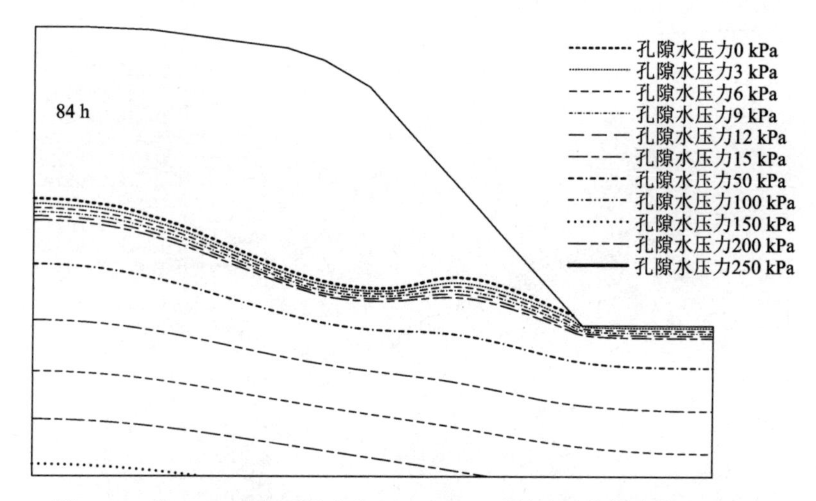

图 5-41　在 84 h 时降雨强度为 0. 02355 m/h 的边坡内暂态饱和区变化

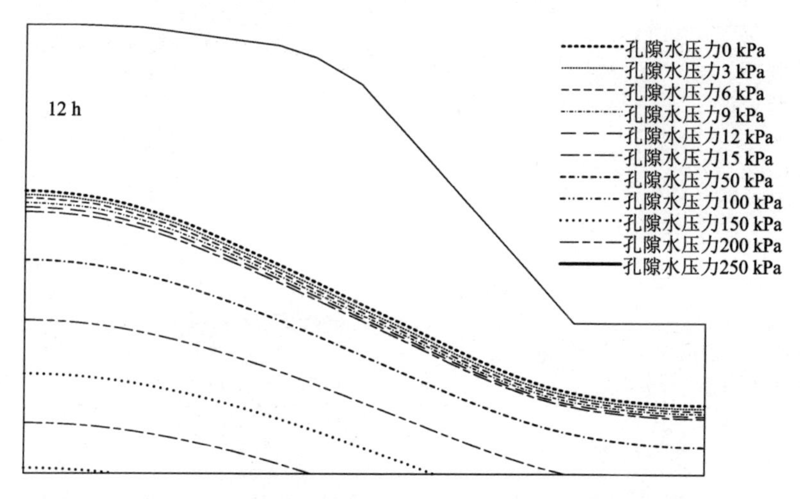

图 5-42　在 12 h 时降雨强度为 0. 011775 m/h 的边坡内暂态饱和区变化

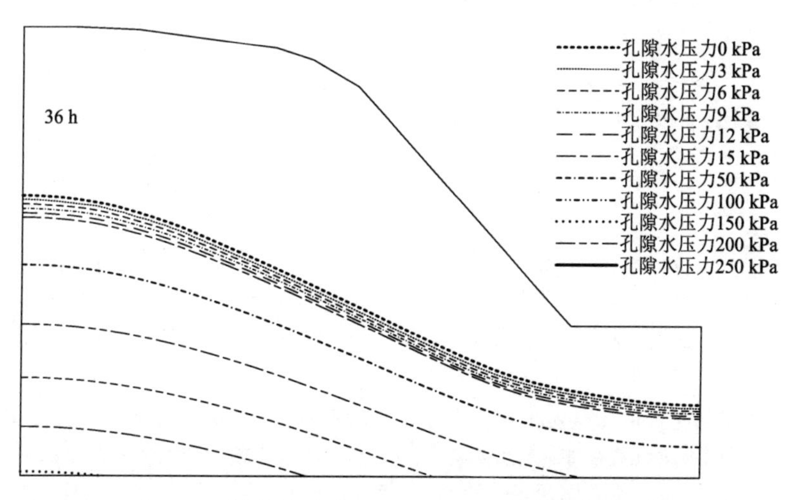

图 5-43　在 36 h 时降雨强度为 0. 011775 m/h 的边坡内暂态饱和区变化

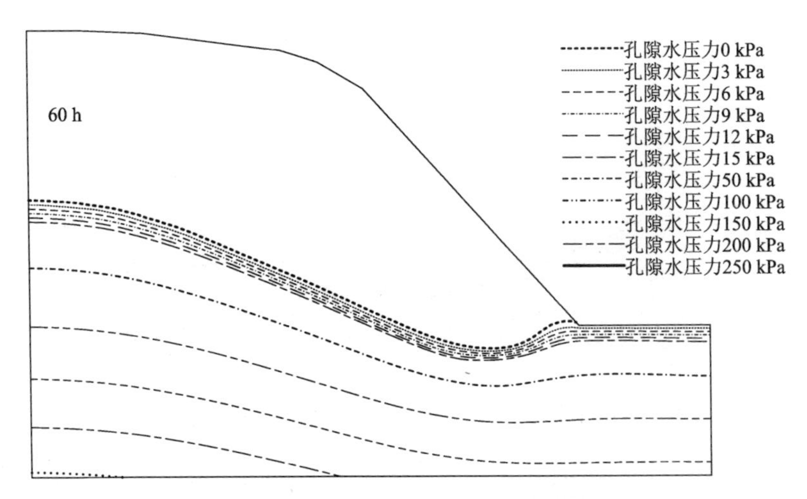

图 5-44　在 60 h 时降雨强度为 0.011775 m/h 的边坡内暂态饱和区变化

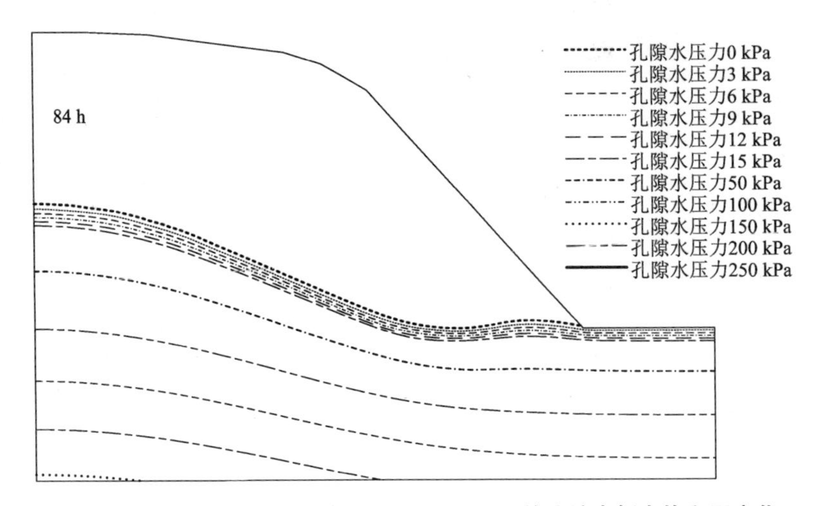

图 5-45　在 84 h 时降雨强度为 0.011775 m/h 的边坡内暂态饱和区变化

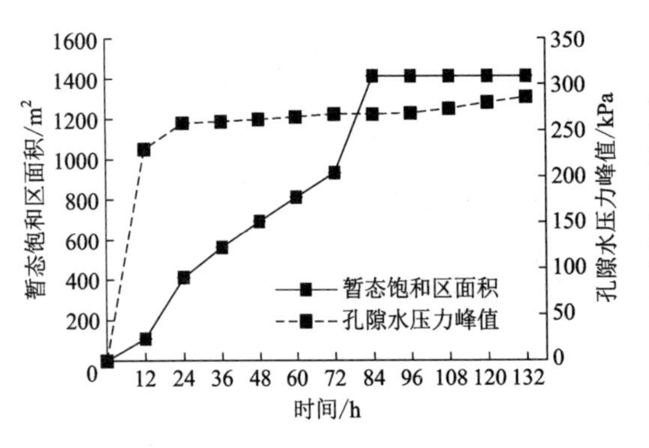

图 5-46　在降雨强度为 0.1884 m/h 时暂态饱和区面积、孔隙水压力峰值与时间的关系

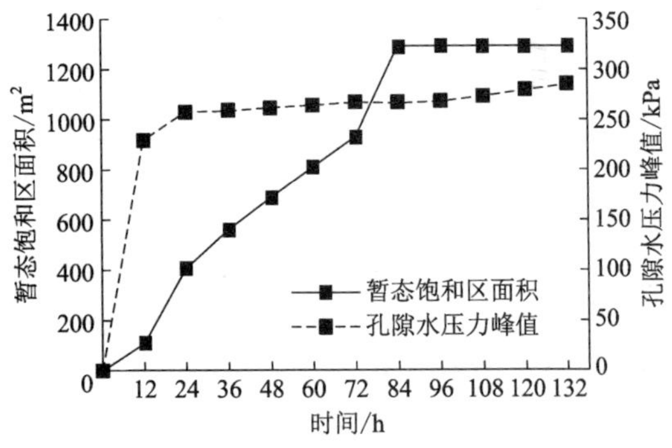

图 5-47　在降雨强度为 0.0942 m/h 时暂态饱和区面积、孔隙水压力峰值与时间的关系

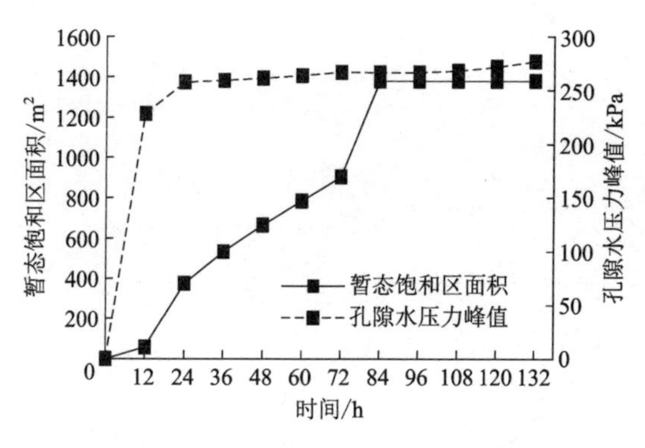

图 5-48　在降雨强度为 0.0471 m/h 时暂态饱和区面积、孔隙水压力峰值与时间的关系

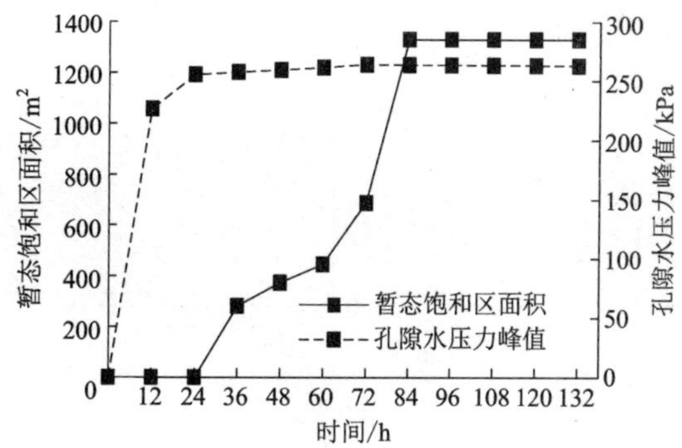

图 5-49　在降雨强度为 0.02355 m/h 时暂态饱和区面积、孔隙水压力峰值与时间的关系

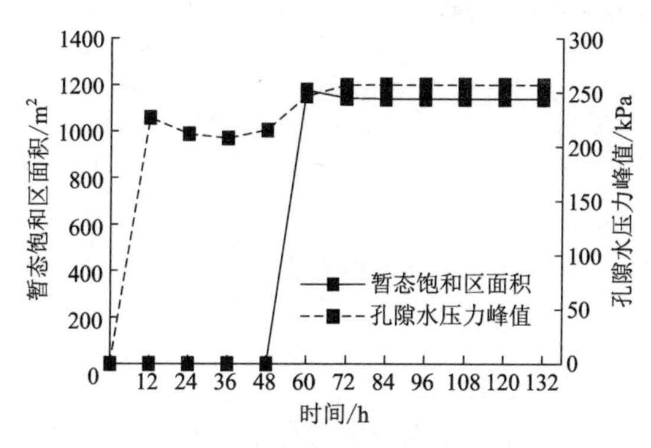

图 5-50　在降雨强度为 0.011775 m/h 时暂态饱和区面积、孔隙水压力峰值与时间的关系

5.4　不同初始饱和渗透系数下边坡暂态饱和区演化规律

5.4.1　边坡内孔隙水压力变化规律

由图 5-51～图 5-55 可知，在不同初始饱和渗透系数条件下，孔隙水压力随降雨历时变化规律与不同降雨强度条件一致。特征点 1～5 处的起始孔隙水压力分别为-149 kPa、-128 kPa、-108 kPa、-88 kPa、-67 kPa，孔隙水压力随特征点位置沿坡面下移至坡脚逐渐增大。此外，不同特征点位置的最大孔隙水压力随初始饱和渗透系数的减小逐渐减小，如特征点 1～5 位置，随饱和渗透系数的减小，其最大孔隙水压力分别由 8.5 kPa、9.2 kPa、9.8 kPa、10.7 kPa、14.9 kPa 逐渐减小为 0.2 kPa、0.4 kPa、0.6 kPa、1.0 kPa、4.1 kPa。这表明饱和渗透系数越大，边坡孔隙水压力也就越大。此外，不同饱和渗透系数对边坡特征点孔隙水压力出现正值的历时也不一样，饱和渗透系数越小，边坡土体达到饱和所需的时间也就越长。

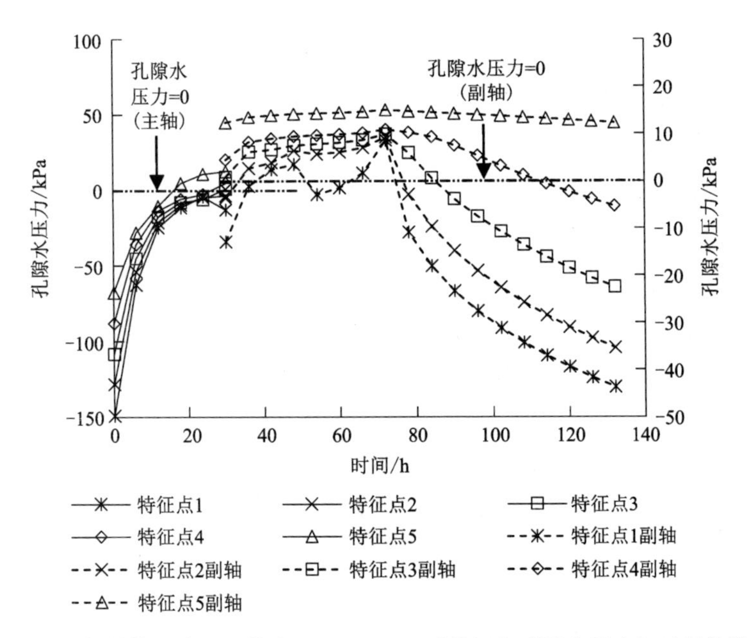

图 5-51　初始饱和渗透系数为 0.1884 m/h 时特征点孔隙水压力与时间的关系

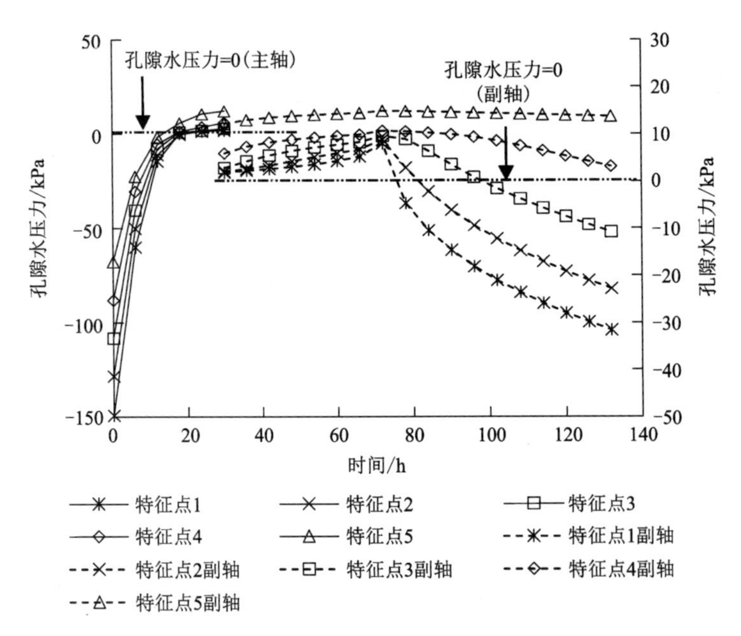

图 5-52　初始饱和渗透系数为 0.0942 m/h 时特征点孔隙水压力与时间的关系

不同初始饱和渗透系数下边坡内部坡脚附近特征截面Ⅰ—Ⅰ处的孔隙水压力随边坡高程的变化规律分别如图 5-56～图 5-60 所示。分析可知，当初始饱和渗透系数分别为 0.1884 m/h、0.0942 m/h、0.0471 m/h，降雨历时为 0～18 h 时，孔隙水压力随边坡高程的

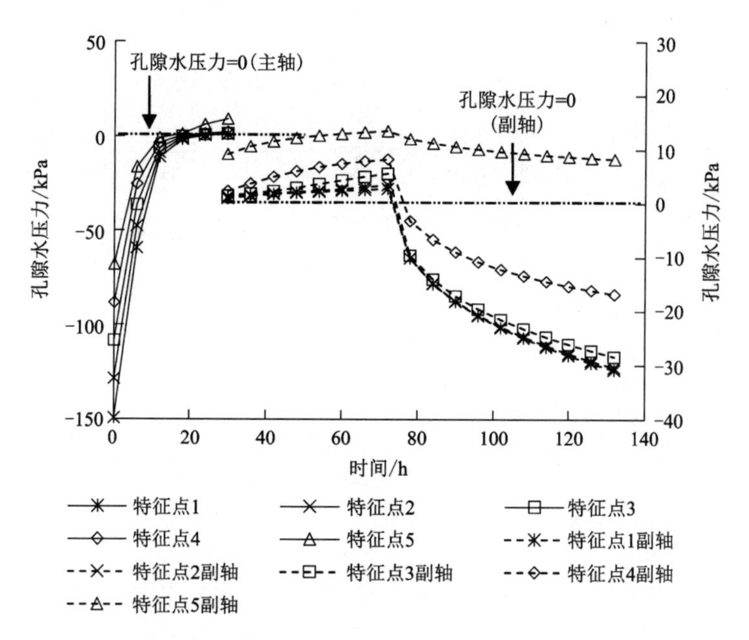

图 5-53　初始饱和渗透系数为 0.0471 m/h 时特征点孔隙水压力与时间的关系

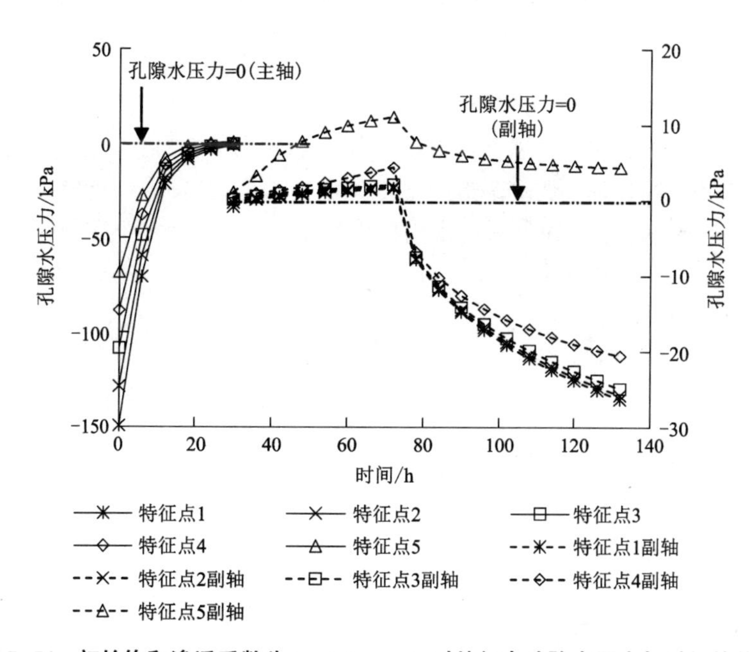

图 5-54　初始饱和渗透系数为 0.02355 m/h 时特征点孔隙水压力与时间的关系

增大先减小后增大，超过 18 h 后，孔隙水压力均随边坡高程的增大逐渐减小；当初始饱和渗透系数为 0.02355 m/h，降雨历时为 0~54 h 时，孔隙水压力随边坡高程的增大先减小后增大，超过 30 h 后，孔隙水压力均随边坡高程的增大逐渐减小；当初始饱和渗透系数为 0.011775 m/h，降雨历时为 0~60 h 时，孔隙水压力随边坡高程的增大先减小后增大，超过

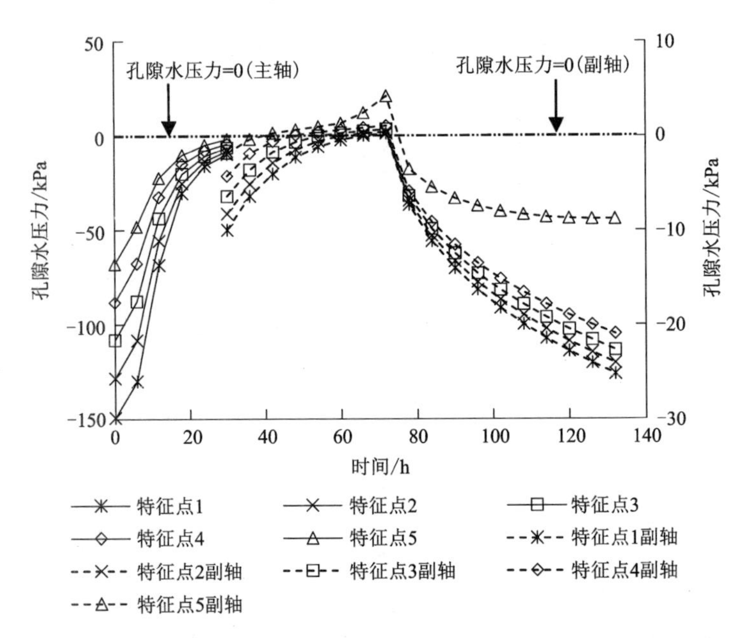

图 5-55　初始饱和渗透系数为 0.011775 m/h 时特征点孔隙水压力与时间的关系

60 h 后，孔隙水压力均随边坡高程的增大逐渐减小。说明饱和系数越大，降雨入渗所需的时间越小，降雨开始后，边坡内部降雨入渗影响区、暂态饱和区不断扩展。分析其原因为：降雨入渗影响区、暂态饱和区扩展范围越深，其下部岩土体饱和度、渗透系数越大，暂态饱和区与初始饱和区联通后，坡脚附近地下水位由初始位置迅速抬升至暂态饱和区上边界位置；降雨停止后，坡脚附近地下水在水头梯度作用下继续向边坡内部扩展。

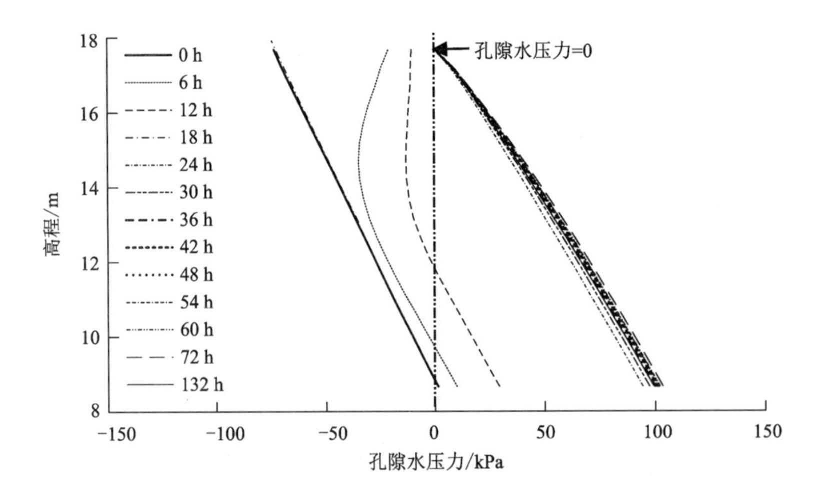

图 5-56　初始饱和渗透系数为 0.188400 m/h 时特征截面孔隙水压力与高程的关系

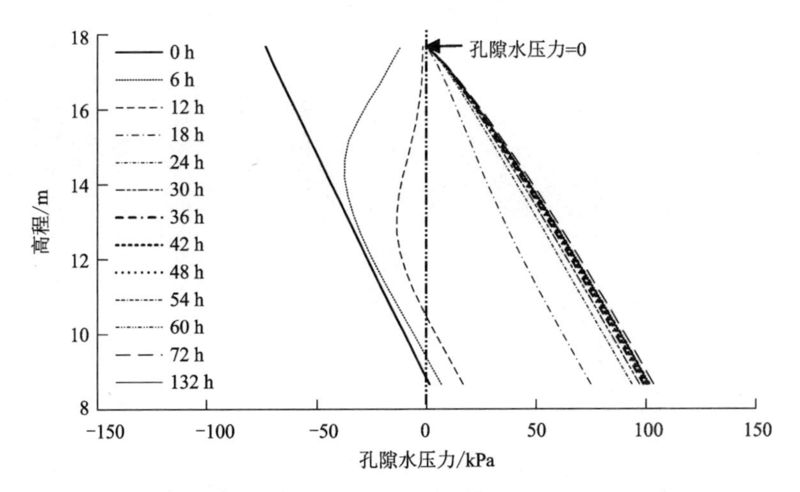

图 5-57　初始饱和渗透系数为 0.094200 m/h 时特征截面孔隙水压力与高程的关系

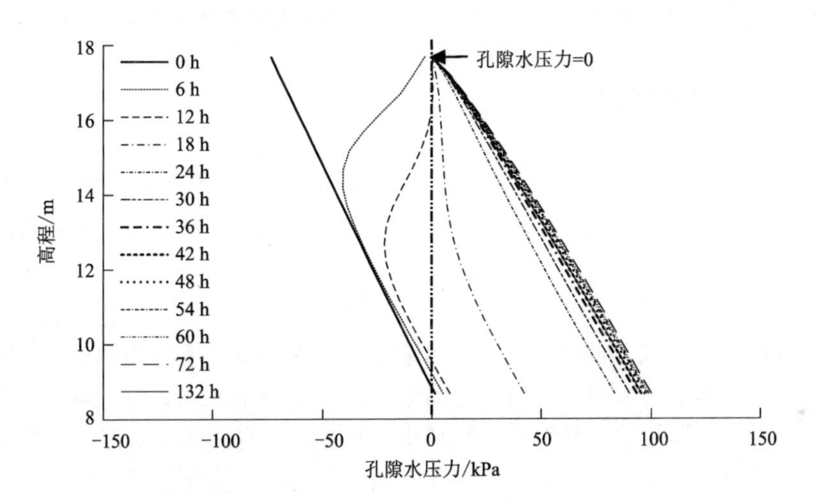

图 5-58　初始饱和渗透系数为 0.047100 m/h 时特征截面孔隙水压力与高程的关系

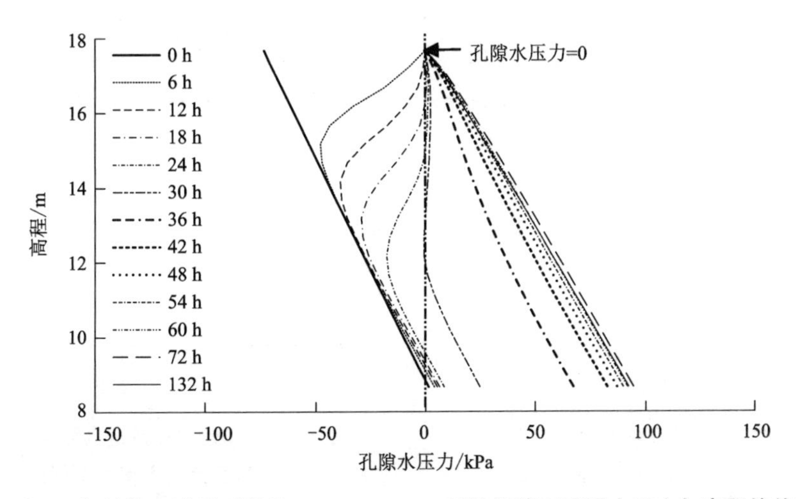

图 5-59　初始饱和渗透系数为 0.023550 m/h 时特征截面孔隙水压力与高程的关系

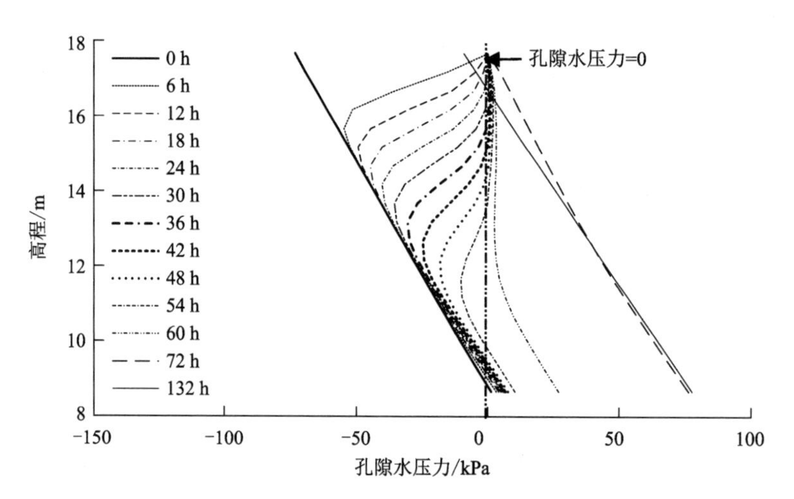

图 5-60　初始饱和渗透系数为 0.011775 m/h 时特征截面孔隙水压力与高程的关系

5.4.2　边坡内饱和度变化规律

不同初始饱和渗透系数条件下，边坡内部特征点 1～5 处饱和度随时间的变化规律分别如图 5-61～图 5-65 所示，边坡岩土体饱和度均随降雨历时先增大至饱和状态直至降雨停止。对不同位置特征点而言，不同降雨强度下，特征点 1～5 处的起始饱和度分别为 0.53 m^3/m^3、0.56 m^3/m^3、0.59 m^3/m^3、0.62 m^3/m^3、0.66 m^3/m^3，饱和度随特征点位置沿坡面下移至坡脚逐渐增大。此外，当土体初始饱和渗透系数大于降雨强度时，随初始饱和渗透系数减小，土体达到饱和状态所需时间相同，均为 18 h 左右；当土体初始饱和渗透系数小于降雨强度时，随初始饱和渗透系数减小，土体达到饱和状态所需时间逐渐增大。降雨停止后，土体饱和度减小速率随初始饱和渗透系数的增大逐渐增大，且均表现为距边坡顶面位置先下降，再逐步向坡脚位置扩展。

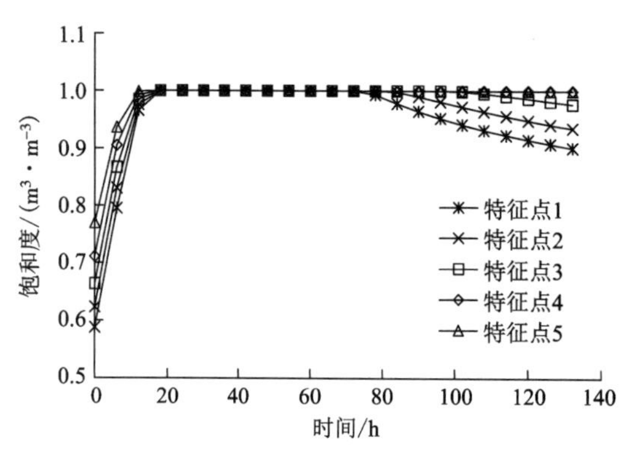

图 5-61　初始饱和渗透系数为 0.1884 m/h 时特征点饱和度与时间的关系

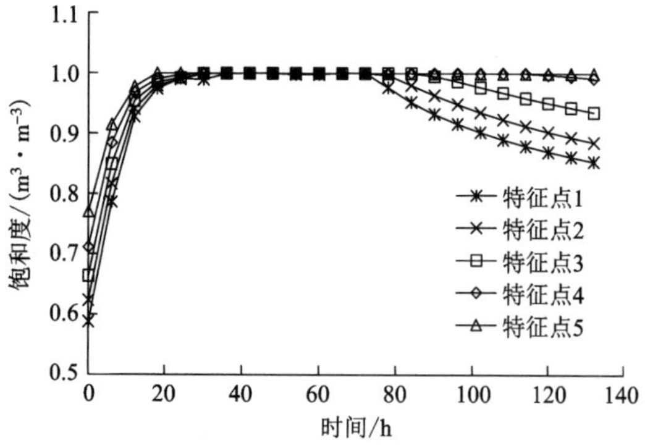

图 5-62　初始饱和渗透系数为 0.0942 m/h 时特征点饱和度与时间的关系

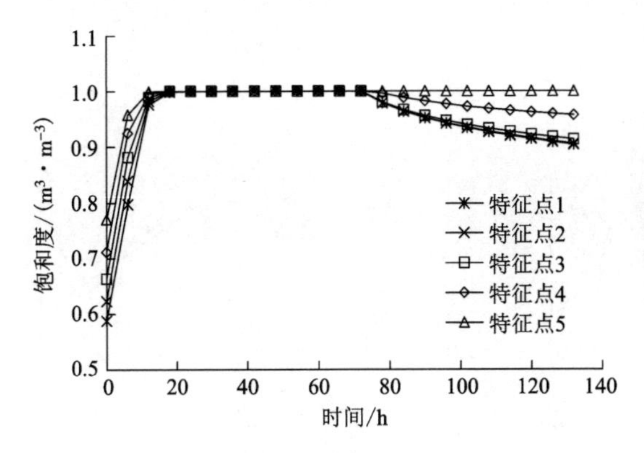

图 5-63　初始饱和渗透系数为 0.0471 m/h 时特征点饱和度与时间的关系

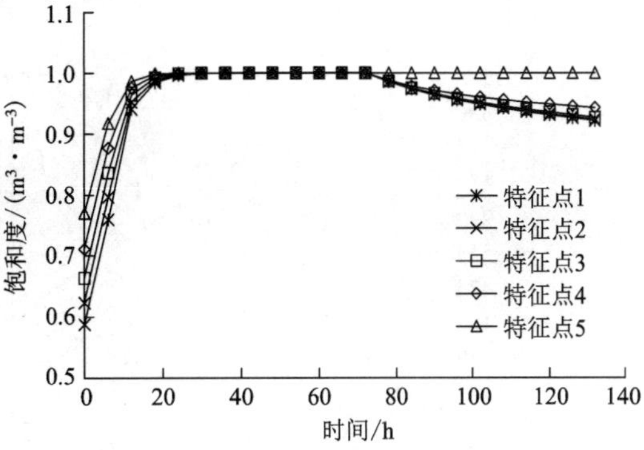

图 5-64　初始饱和渗透系数为 0.02355 m/h 时特征点饱和度与时间的关系

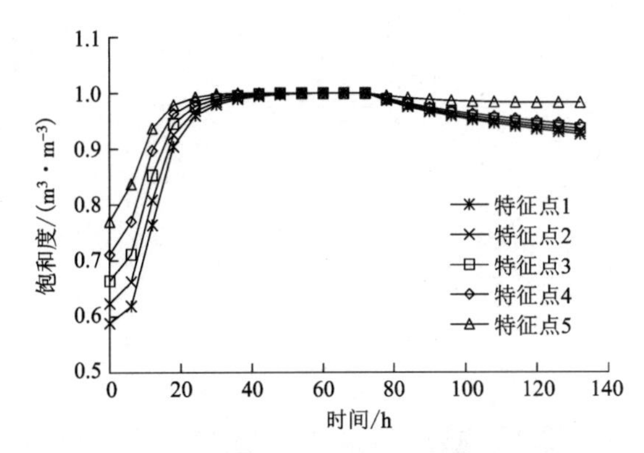

图 5-65　初始饱和渗透系数为 0.011775 m/h 时特征点饱和度与时间的关系

不同初始饱和渗透系数条件下，边坡内部坡脚附近特征截面Ⅰ—Ⅰ处的饱和度随边坡高程的变化规律分别如图 5-66~图 5-70 所示。不同初始饱和渗透系数条件下，边坡特征点饱和度达到 1.00 m^3/m^3 的历时也不一样。当初始饱和渗透系数为 0.1884 m/h 时，边坡特征点饱和度达到 1.00 m^3/m^3 的历时为 18 h；当初始饱和渗透系数为 0.0942 m/h 时，边坡特征点饱和度达到 1.00 m^3/m^3 的历时为 18 h；当初始饱和渗透系数为 0.0471 m/h 时，边坡特征点饱和度达到 1.00 m^3/m^3 的历时为 18 h；当初始饱和渗透系数为 0.02355 m/h 时，边坡特征点饱和度达到 1.00 m^3/m^3 的历时为 36 h；当初始饱和渗透系数为 0.011775 m/h 时，边坡特征点饱和度达到 1.00 m^3/m^3 的历时为 120 h。说明初始饱和渗透系数越小，边坡土体达到饱和所需的时间也就越长。

这种现象与孔隙水压力变化规律相似，说明降雨开始后，边坡内部降雨入渗影响区、暂态饱和区不断扩展；降雨停止后，坡脚附近地下水位线缓慢降低。分析其原因为：降雨入渗影响区、暂态饱和区扩展范围越深，其下部岩土体饱和度、渗透系数越大，暂态饱和区与初始饱和区联通后，坡脚附近地下水位由初始位置迅速抬升至暂态饱和区上边界位置；降雨停止后，坡脚附近地下水在水头梯度作用下继续向边坡内部扩展。

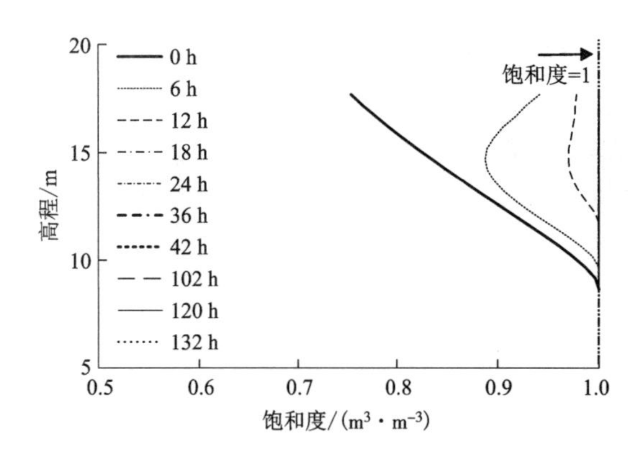

图 5-66　初始饱和渗透系数为 0.188400 m/h 时特征截面饱和度与高程的关系

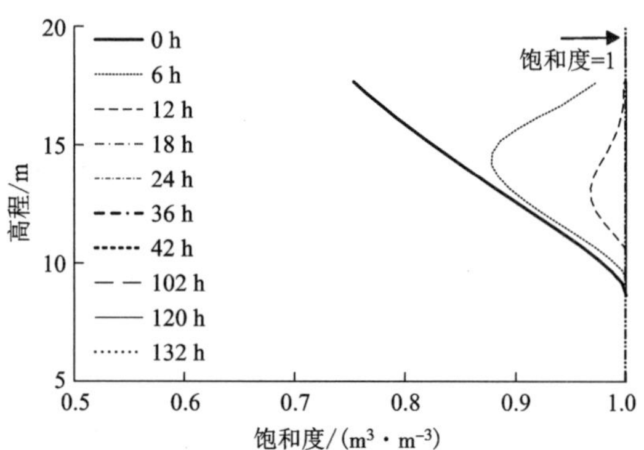

图 5-67　初始饱和渗透系数为 0.094200 m/h 时特征截面饱和度与高程的关系

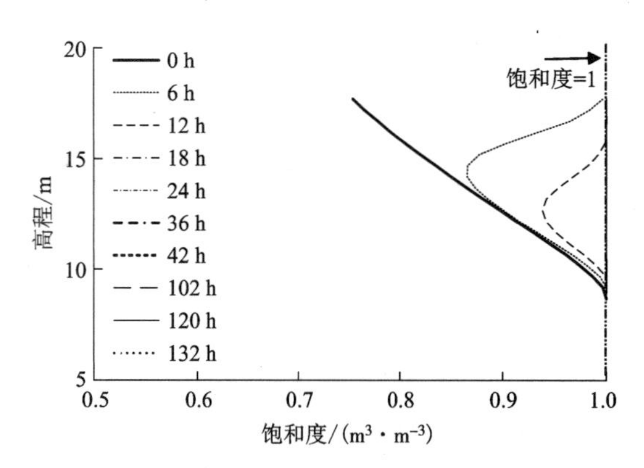

图 5-68　初始饱和渗透系数为 0.047100 m/h 时特征截面饱和度与高程的关系

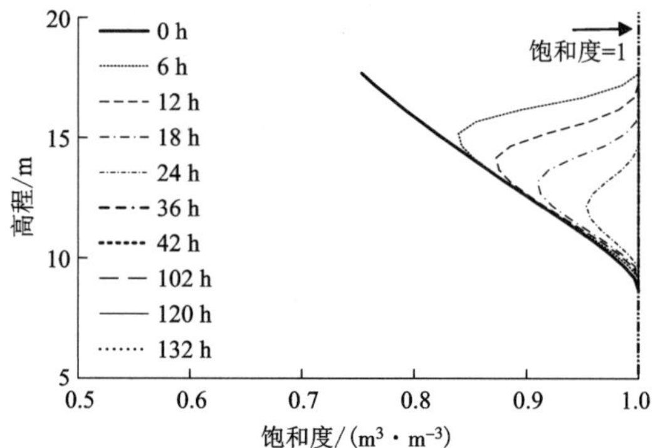

图 5-69　初始饱和渗透系数为 0.023550 m/h 时特征截面饱和度与高程的关系

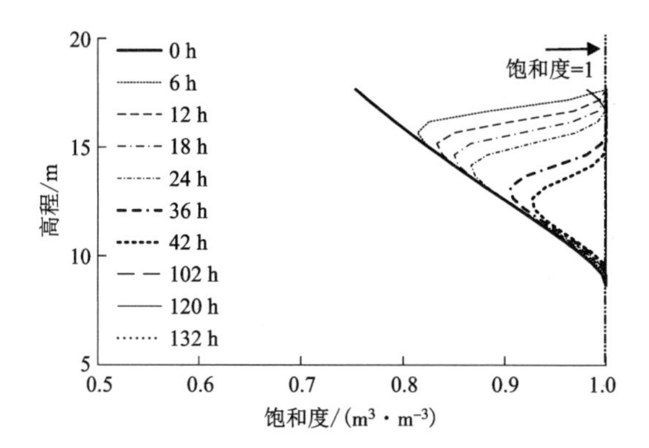

图 5-70　初始饱和渗透系数为 0.011775 m/h 时特征截面饱和度与高程的关系

5.4.3　边坡暂态饱和区演化特征

由图 5-71～图 5-95 可知，不同初始饱和渗透系数条件下，高液限红黏土边坡内部孔隙水压力、暂态饱和区的变化规律不尽相同，当初始饱和渗透系数小于降雨强度 0.0471 m/h 时，降雨开始时，边坡内暂态饱和区先从坡脚生成，随降雨历时的增大逐渐向坡内移动，降雨停止后，逐渐消散；当初始饱和渗透系数大于或等于降雨强度 0.0471 m/h 时，降雨开始时，边坡内暂态饱和区先从边坡表层生成，随降雨历时的增大逐渐向坡脚移动，降雨停止后，逐渐消散。

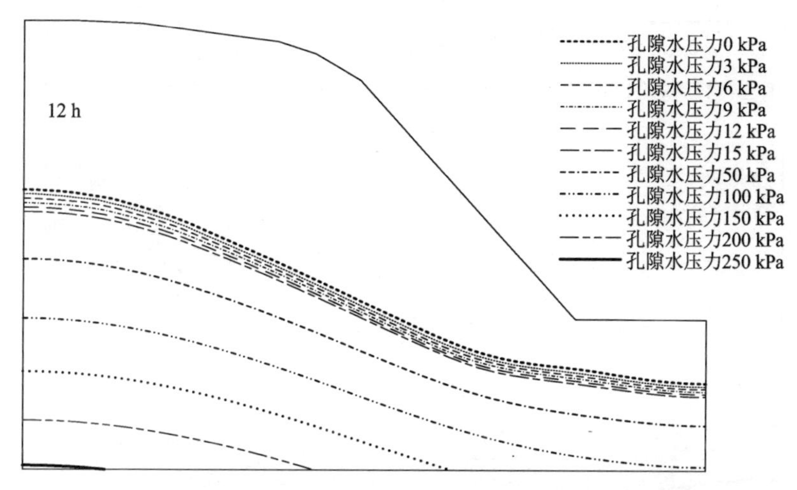

图 5-71　初始饱和渗透系数为 0.1884 m/h 时边坡内暂态饱和区 12 h 变化图

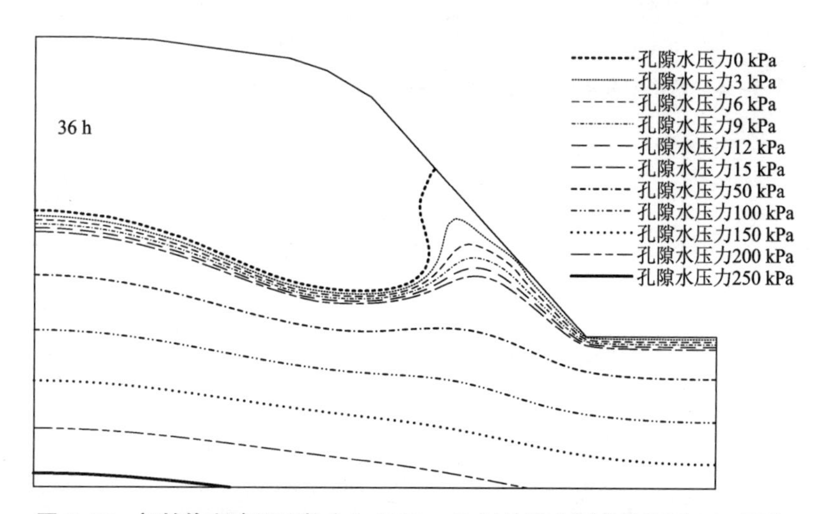

图 5-72　初始饱和渗透系数为 0.1884 m/h 时边坡内暂态饱和区 36 h 变化

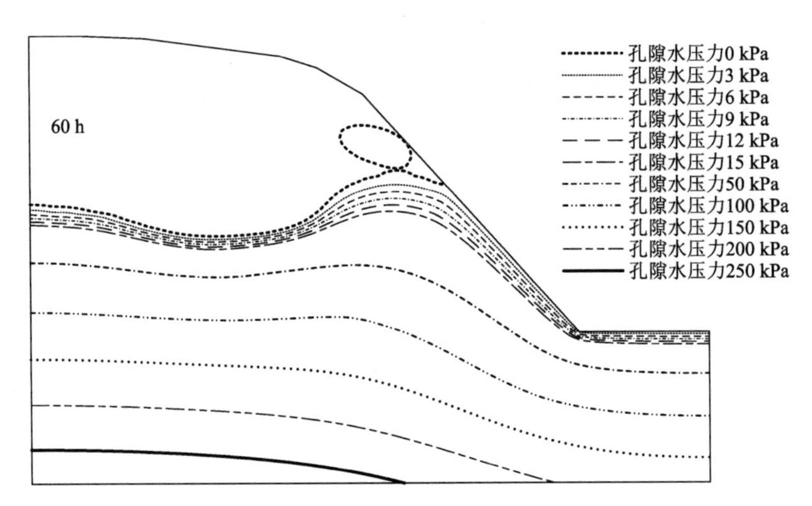

图 5-73　初始饱和渗透系数为 0.1884 m/h 时边坡内暂态饱和区 60 h 变化

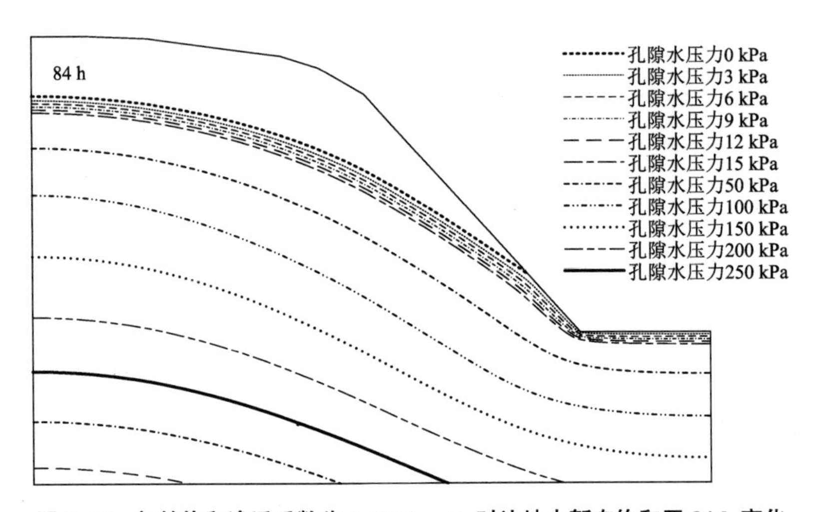

图 5-74　初始饱和渗透系数为 0.1884 m/h 时边坡内暂态饱和区 84 h 变化

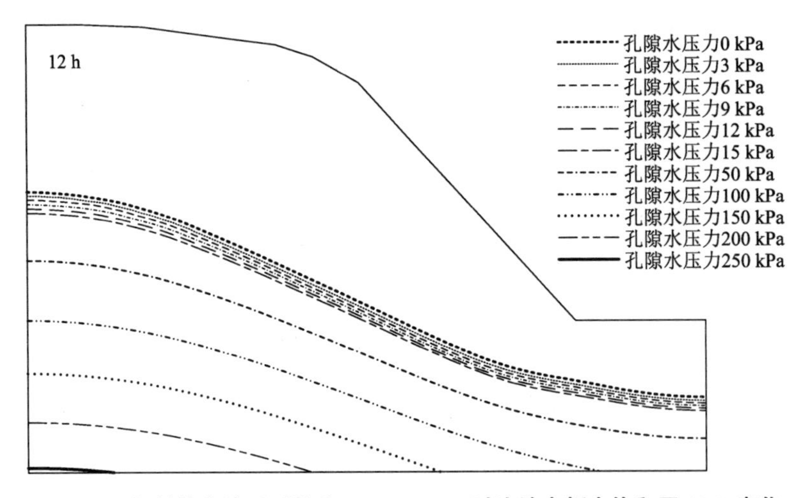

图 5-75　初始饱和渗透系数为 0.0942 m/h 时边坡内暂态饱和区 12 h 变化

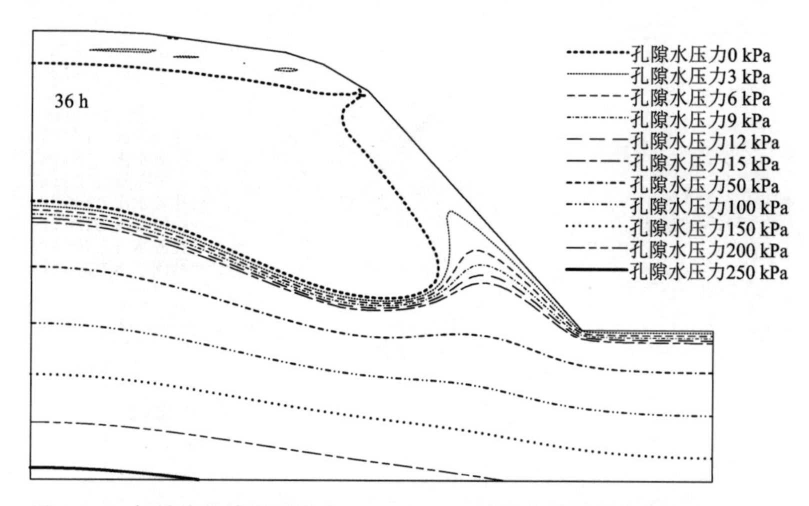

图5-76　初始饱和渗透系数为0.0942 m/h时边坡内暂态饱和区36 h变化

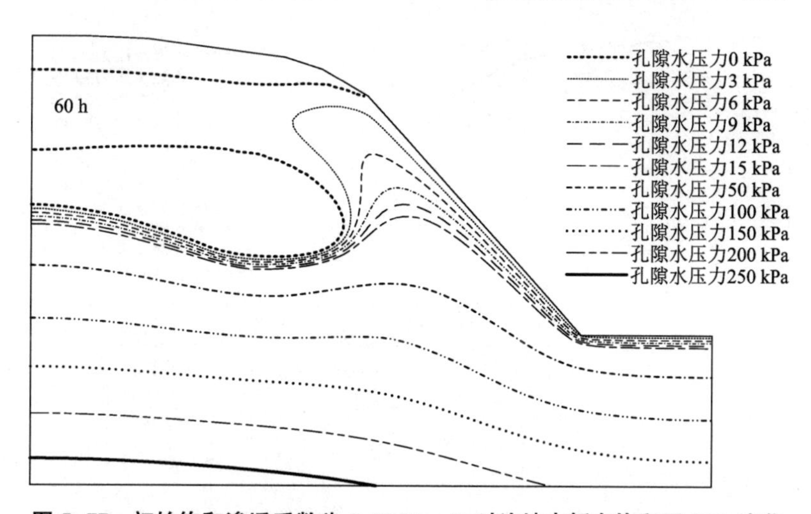

图5-77　初始饱和渗透系数为0.0942 m/h时边坡内暂态饱和区60 h变化

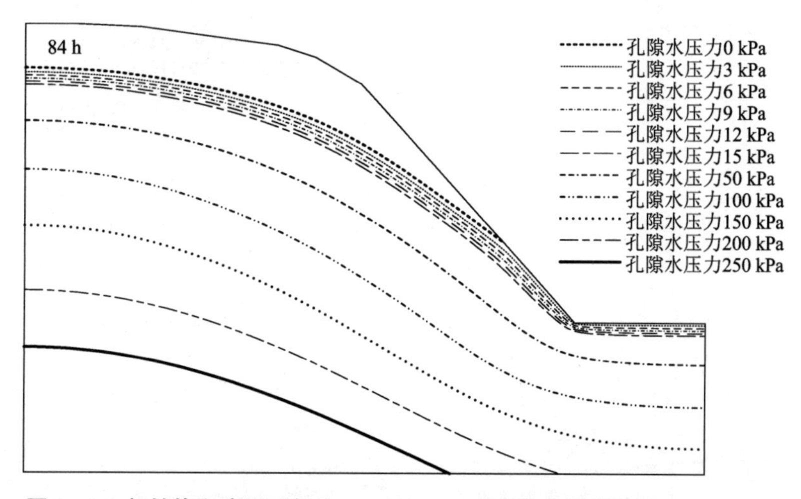

图5-78　初始饱和渗透系数为0.0942 m/h时边坡内暂态饱和区84 h变化

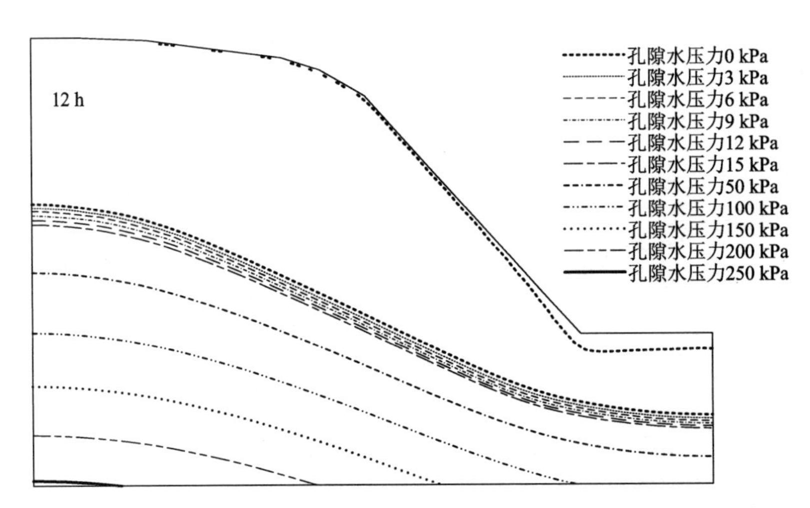

图 5-79　初始饱和渗透系数为 0.0471 m/h 时边坡内暂态饱和区 12 h 变化

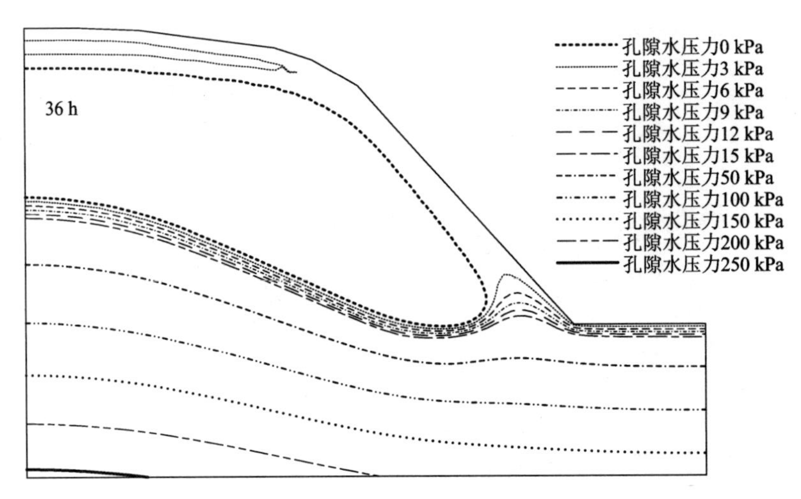

图 5-80　初始饱和渗透系数为 0.0471 m/h 时边坡内暂态饱和区 36 h 变化

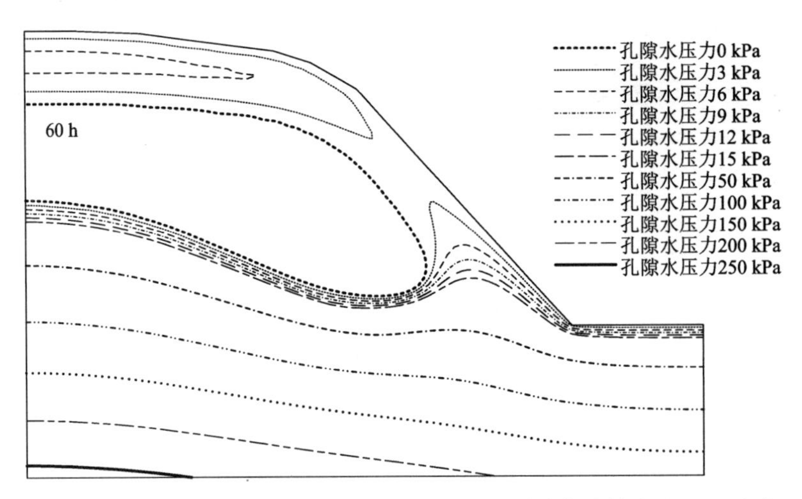

图 5-81　初始饱和渗透系数为 0.0471 m/h 时边坡内暂态饱和区 60 h 变化

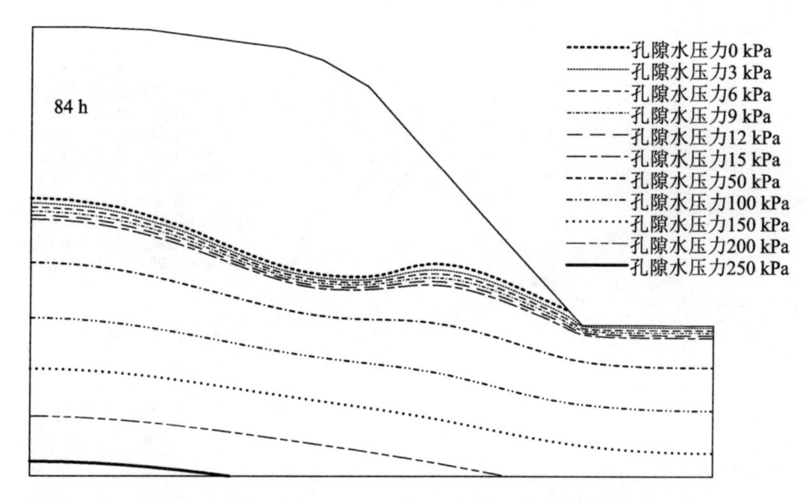

图 5-82　初始饱和渗透系数为 0.0471 m/h 时边坡内暂态饱和区 84 h 变化

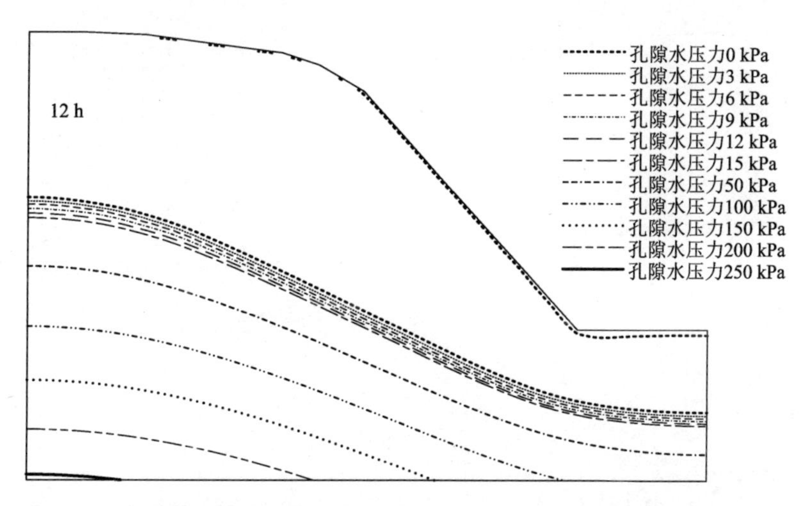

图 5-83　初始饱和渗透系数为 0.02355 m/h 时边坡内暂态饱和区 12 h 变化

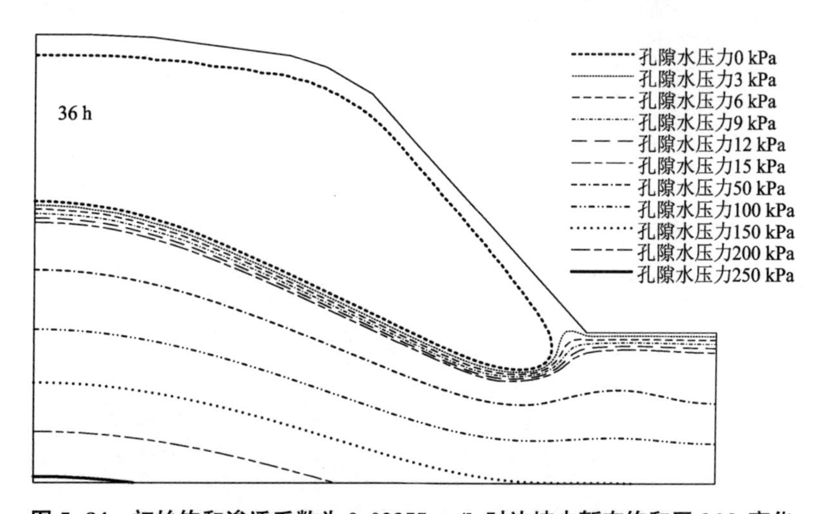

图 5-84　初始饱和渗透系数为 0.02355 m/h 时边坡内暂态饱和区 36 h 变化

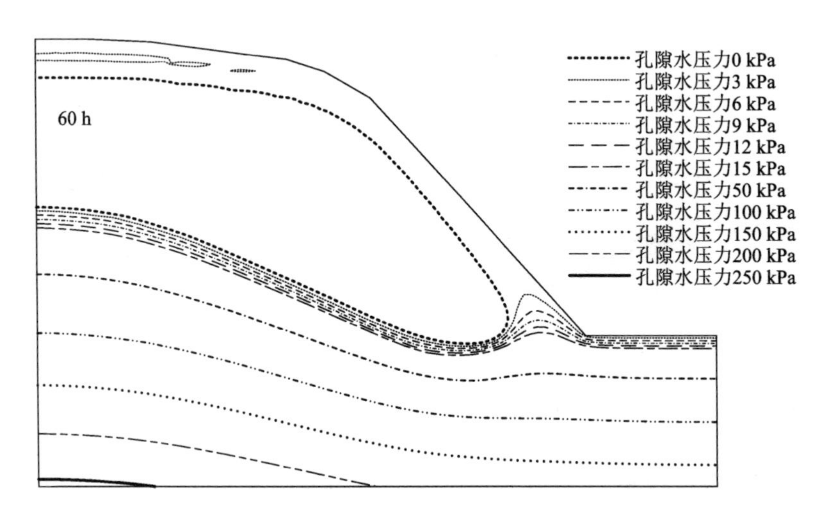

图 5-85　初始饱和渗透系数为 0.02355 m/h 时边坡内暂态饱和区 60 h 变化

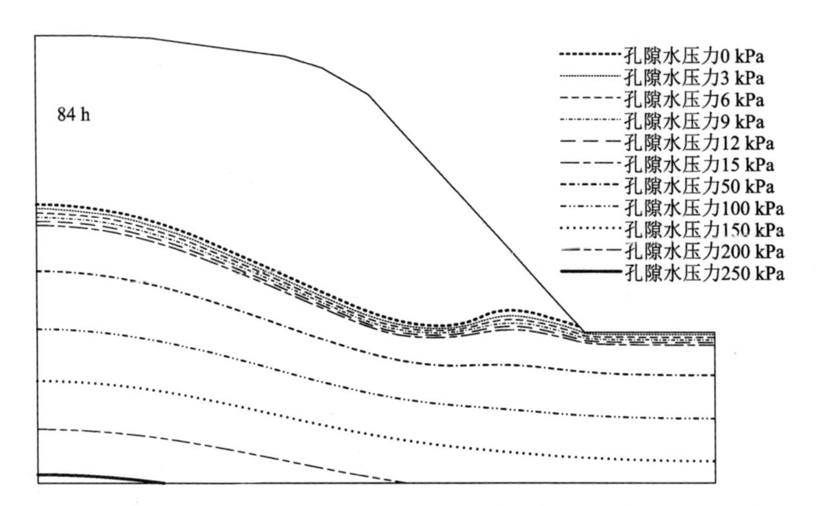

图 5-86　初始饱和渗透系数为 0.02355 m/h 时边坡内暂态饱和区 84 h 变化

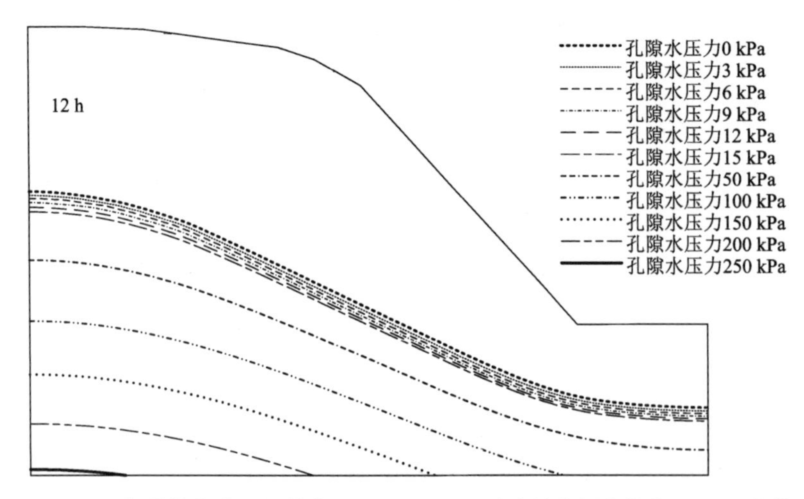

图 5-87　初始饱和渗透系数为 0.011775 m/h 时边坡内暂态饱和区 12 h 变化

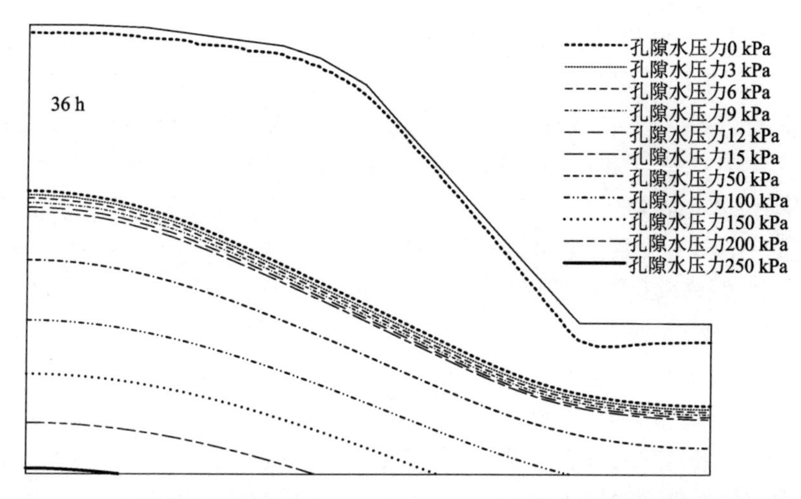

图 5-88　初始饱和渗透系数为 0. 011775 m/h 时边坡内暂态饱和区 36 h 变化

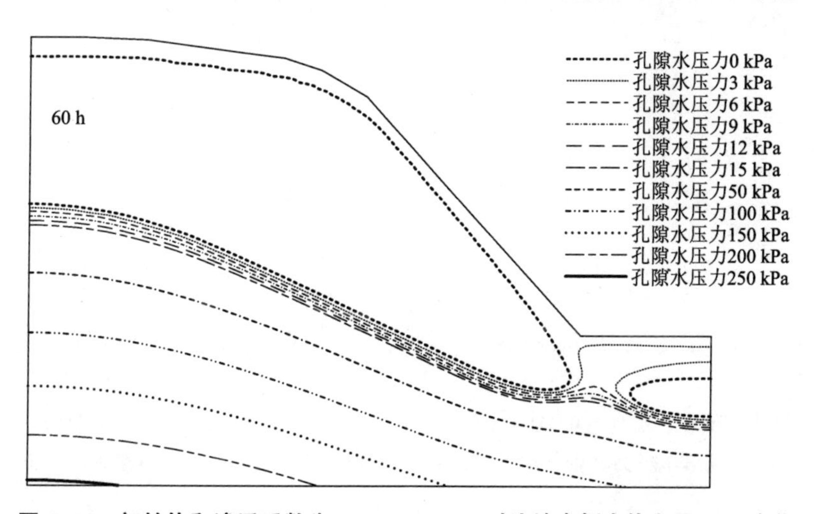

图 5-89　初始饱和渗透系数为 0. 011775 m/h 时边坡内暂态饱和区 60 h 变化

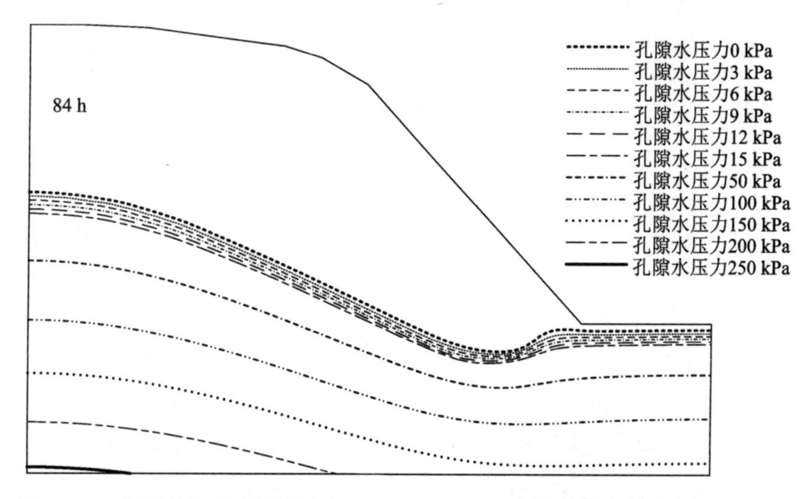

图 5-90　初始饱和渗透系数为 0. 011775 m/h 时边坡内暂态饱和区 84 h 变化

由图 5-91～图 5-95 可知，当初始饱和渗透系数为 0.1884 m/h 和 0.0942 m/h 时，边坡内孔隙水压力峰值随时间的增大而增大，且在 0～12 h 内表现为迅速增大，12～60 h 内表现为增长平缓，60～72 h 内表现为突然增大，72～132 h 内则表现为逐渐下降；当初始饱和渗透系数为 0.0471 m/h 和 0.02355 m/h 时，孔隙水压力峰值随时间的增大而增大，且在 0～12 h 内表现为迅速增大，12～132 h 内则表现为增长平缓，最大孔隙水压力峰值与初始饱和渗透系数呈正相关关系；当初始饱和渗透系数为 0.1884 m/h 和 0.0942 m/h，降雨历时在 0～12 h 时，暂态饱和区面积保持不变，12～60 h 内暂态饱和区面积随降雨历时增大逐渐增大，60～72 h 内突然增大，72～84 h 内突然减小，超过 84 h 后缓慢减小；当初始饱和渗透系数为 0.0471 m/h，降雨历时 0～12 h 时，暂态饱和区面积缓慢增大，12～84 h 内暂态饱和区面积随降雨历时增大迅速增大，超过 84 h 后缓慢减小；当初始饱和渗透系数为 0.02355 m/h 和 0.011775 m/h，降雨历时 0～72 h，暂态饱和区面积缓慢增大，72～84 h 内暂态饱和区面积随降雨历时增大迅速增大，超过 84 h 后缓慢减小。

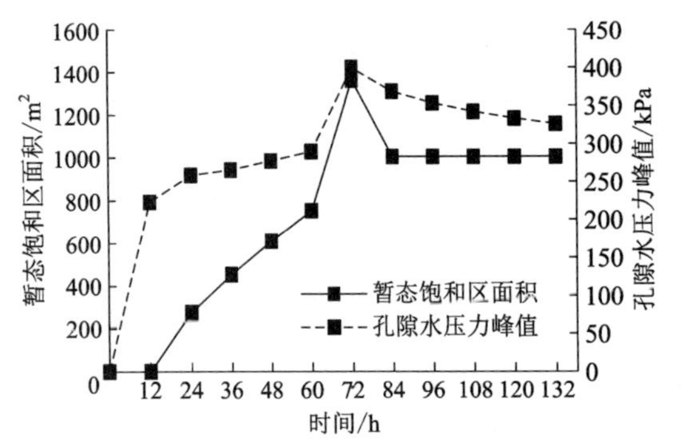

图 5-91　初始饱和渗透系数为 0.1884 m/h 时暂态饱和区面积、孔隙水压力峰值与时间的关系

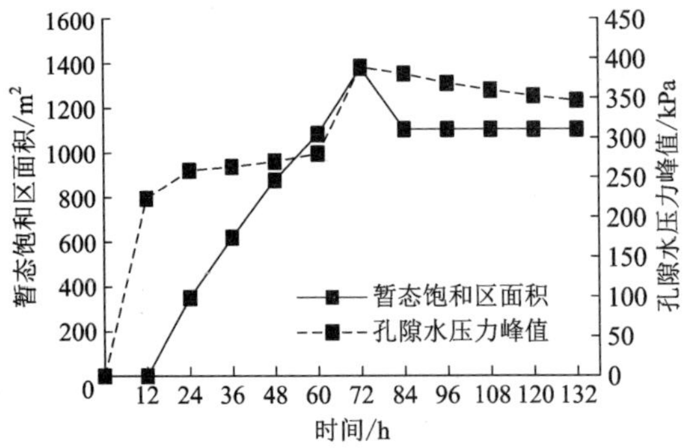

图 5-92　初始饱和渗透系数为 0.0942 m/h 时暂态饱和区面积、孔隙水压力峰值与时间的关系

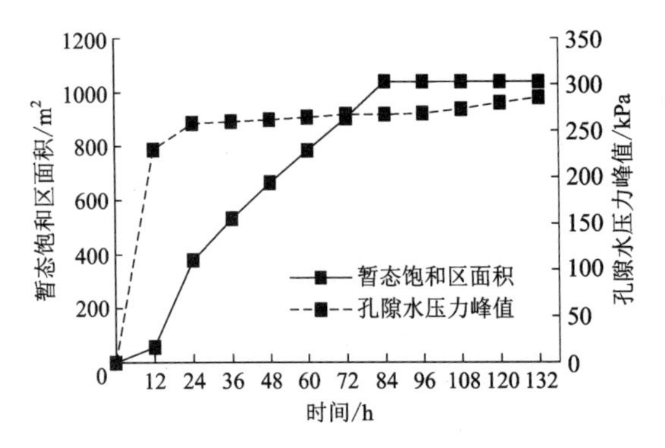

图 5-93　初始饱和渗透系数为 0.0471 m/h 时暂态饱和区面积、孔隙水压力峰值与时间的关系

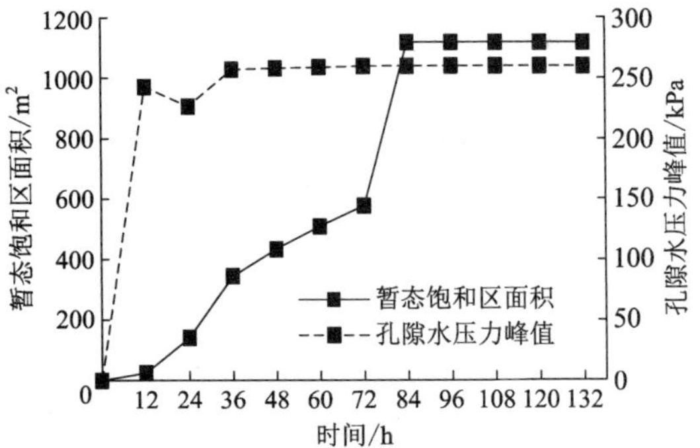

图 5-94　初始饱和渗透系数为 0.02355 m/h 时暂态饱和区面积、孔隙水压力峰值与时间的关系

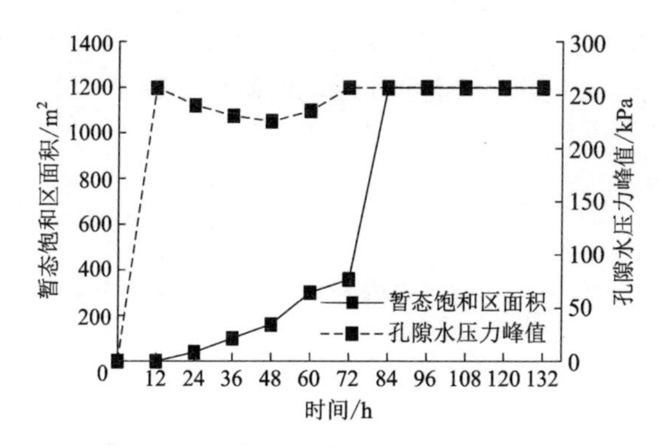

图 5-95　初始饱和渗透系数为 0.011775 m/h 时暂态饱和区面积、孔隙水压力峰值与时间的关系

出现上述现象的原因为：降雨开始后，边坡暂态饱和区自坡面向坡体内部逐渐扩展，暂态饱和区面积持续增大；暂态饱和区内岩土体渗流量相同，距坡面深度越小，岩土体初始饱和渗透系数越大，水头梯度越小，导致暂态饱和区内水压力沿深度先增大后减小，且均为正值；暂态饱和区与初始饱和区联通前，孔隙水压力峰值缓慢增大，暂态饱和区与初始饱和区联通后，孔隙水压力峰值迅速增大。降雨停止初期，暂态饱和区内孔隙水沿坡面迅速排出，边坡上部暂态饱和区快速消散，暂态饱和区面积迅速减小，孔隙水压力峰值小幅减小；降雨停止后期，暂态饱和区内孔隙水继续向坡体内部扩展，暂态饱和区面积缓慢增大，导致坡脚附近地下水位持续降低，边坡内部地下水位持续升高，孔隙水压力峰值缓慢增大。

5.5　不同参数 a 下边坡暂态饱和区演化规律

5.5.1　边坡内孔隙水压力变化规律

不同参数 a 下边坡内部特征点 1~5 处孔隙水压力随时间的变化规律分别如图 5-96~图 5-100 所示。分析可知，不同参数 a 下，边坡内部特征点 1~5 处孔隙水压力随降雨历时增大呈线性相关，先迅速升高后缓慢升高，最终持续降低。特征点 1~5 处的起始孔隙水压力分别为-149 kPa、-128 kPa、-108 kPa、-88 kPa、-67 kPa，孔隙水压力随特征点位置沿坡面下移至坡脚逐渐增大。随参数 a 的减小，最大孔隙水压力分别由 0.2 kPa、0.4 kPa、0.6 kPa、1.0 kPa、4.1 kPa 增大至 2.7 kPa、3.3 kPa、5.3 kPa、8.0 kPa、13.2 kPa。这表明，参数 a 越大，边坡岩土体孔隙水压力也就越小。此外，对不同参数 a 边坡特征点孔隙水压力出现正值的历时也不一样。当参数 a 为 3.888 时，边坡孔隙水压力出现正值的历时为 48 h；当参数 a 为 3.564 时，边坡孔隙水压力出现正值的历时为 24 h；当参数 a 为

3.240 时，边坡孔隙水压力出现正值的历时为 18 h；当参数 a 为 2.916 时，边坡孔隙水压力出现正值的历时为 18 h；当参数 a 为 2.592 时，边坡孔隙水压力出现正值的历时为 18 h。这表明，参数 a 越小，边坡土体达到饱和所需的时间也就越小，且最小不低于 18 h。

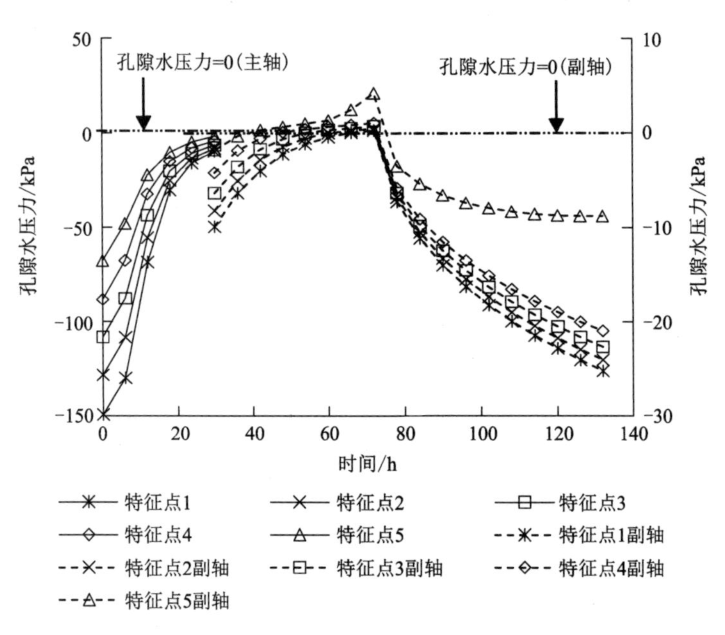

图 5-96　参数 a 为 3.888 时特征点孔隙水压力与时间的关系

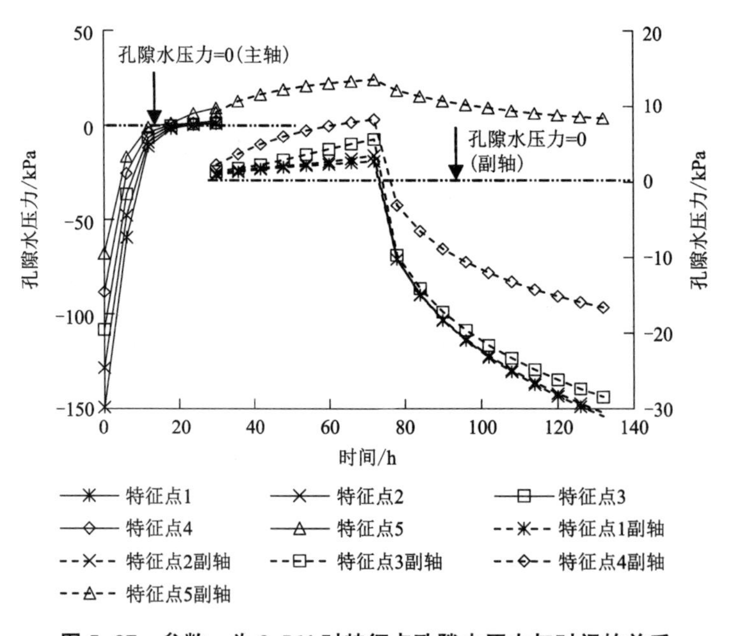

图 5-97　参数 a 为 3.564 时特征点孔隙水压力与时间的关系

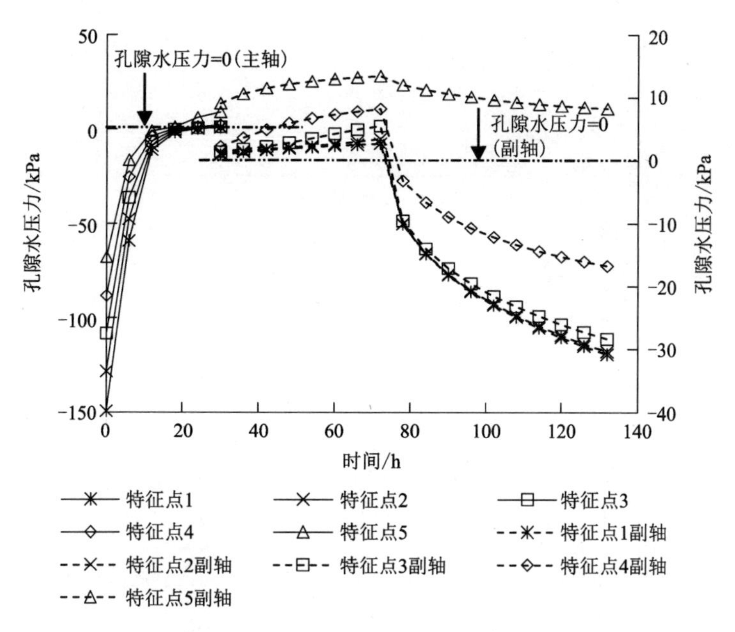

图 5-98　参数 a 为 3.240 时特征点孔隙水压力与时间的关系

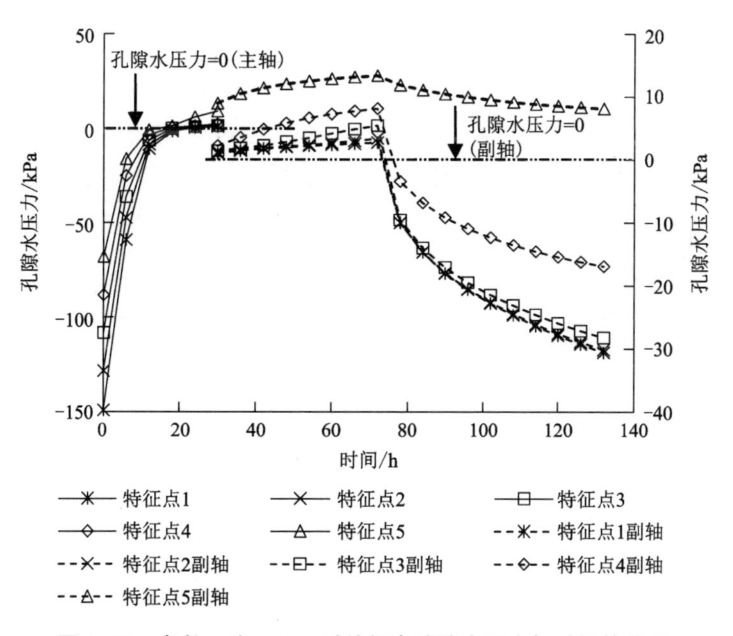

图 5-99　参数 a 为 2.916 时特征点孔隙水压力与时间的关系

不同参数 a 下边坡内部坡脚附近特征截面 Ⅰ—Ⅰ 处的孔隙水压力随边坡高程的变化规律分别如图 5-101~图 5-105 所示。分析可知，特征截面 Ⅰ—Ⅰ 处在降雨开始后，边坡表层孔隙水压力逐渐增大，当降雨持续 6 h 后，边坡表面达到饱和，孔隙水压力为 0。对比其初始状态的孔隙水压力分布线可知，降雨入渗影响深度约为地表以下 7~8 m，在降雨入

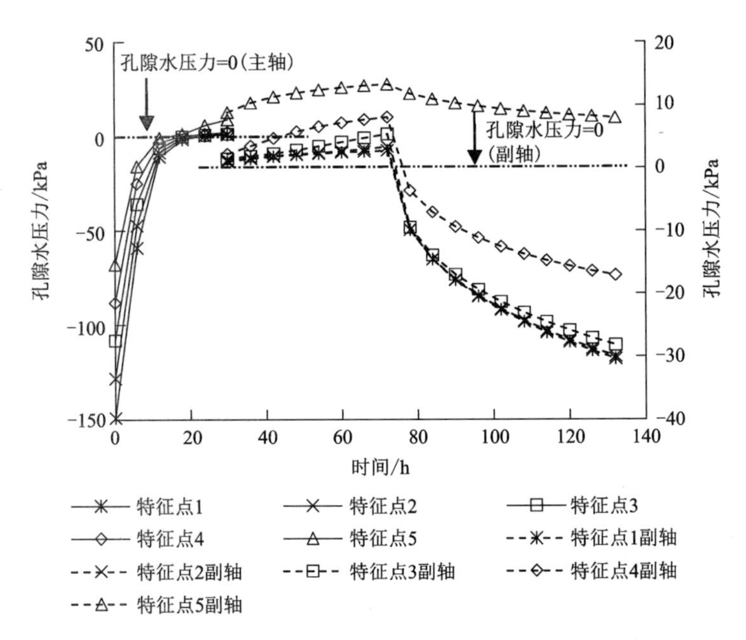

图 5-100　参数 a 为 2.592 时特征点孔隙水压力与时间的关系

渗影响深度以内，各截面孔隙水压力逐渐减小。当参数 a 为 3.888，降雨历时为 0~60 h 时，孔隙水压力随边坡高程的增大先减小后增大，超过 18 h 后，孔隙水压力均随边坡高程的增大逐渐减小；当参数 a 为 3.564、3.240、2.916、2.592，降雨历时为 0~18 h 时，孔隙水压力随边坡高程的增大先减小后增大，超过 18 h 后，孔隙水压力均随边坡高程的增大逐渐减小。

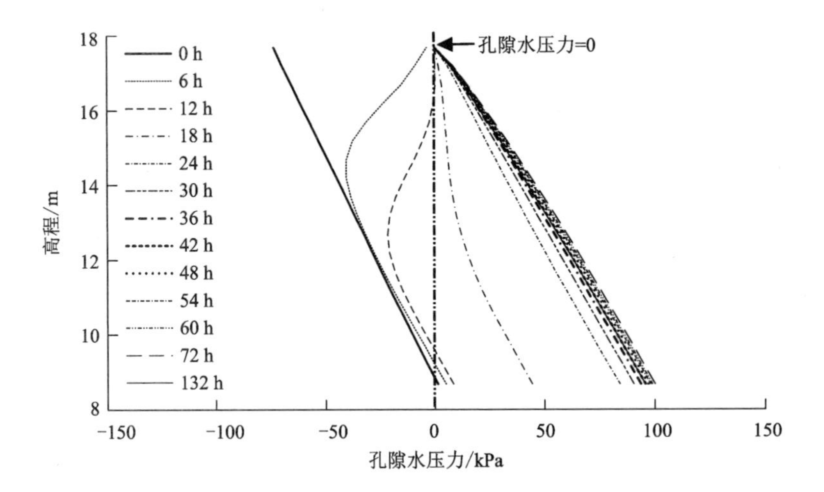

图 5-101　参数 a 为 3.888 时特征点孔隙水压力与高程的关系

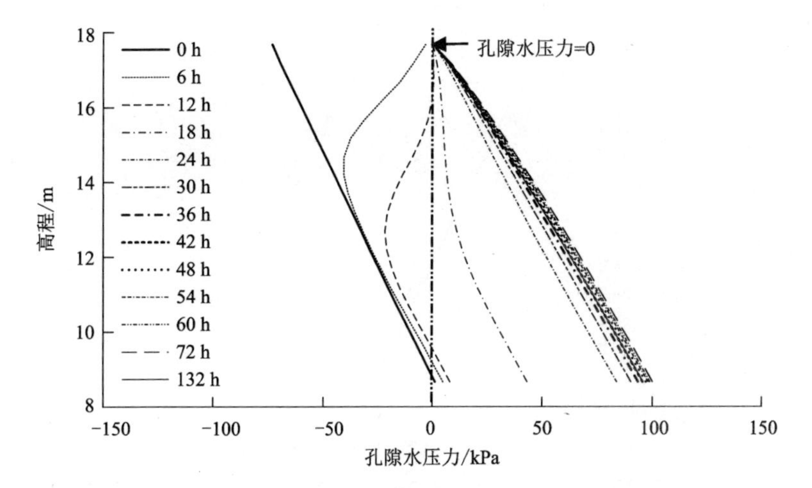

图 5-102　参数 a 为 3.564 时特征点孔隙水压力与高程的关系

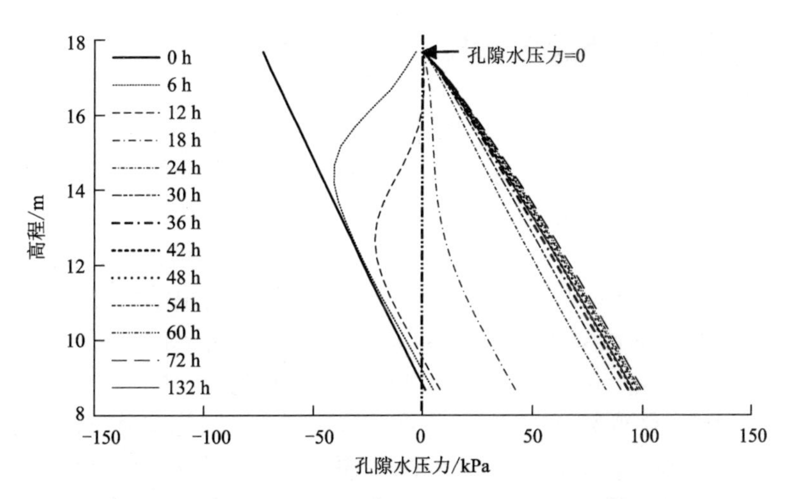

图 5-103　参数 a 为 3.240 时特征点孔隙水压力与高程的关系

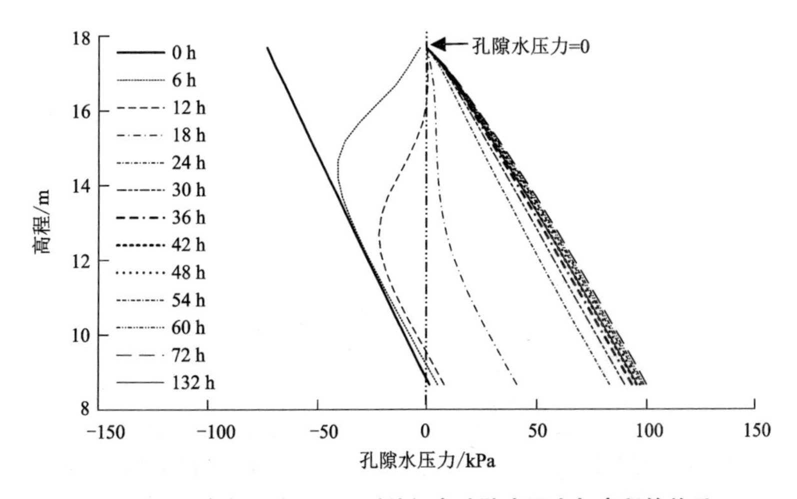

图 5-104　参数 a 为 2.916 时特征点孔隙水压力与高程的关系

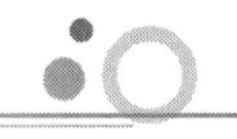

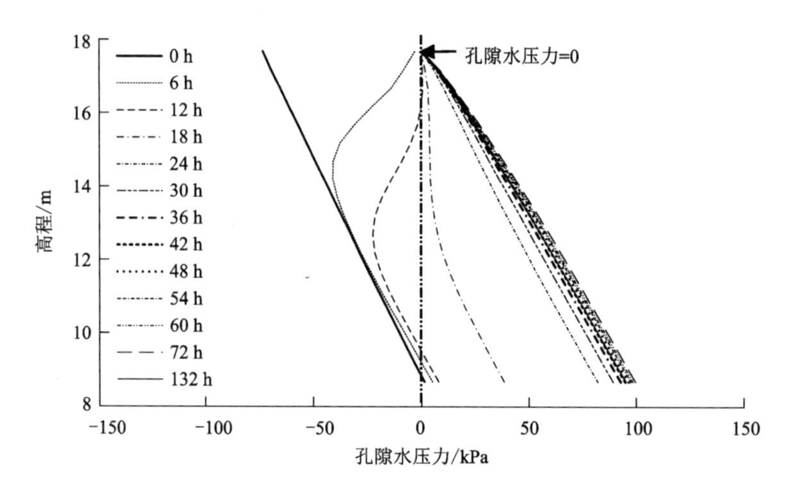

图 5-105　参数 a 为 2.592 时特征点孔隙水压力与高程的关系

5.5.2　边坡内饱和度变化规律

不同参数 a 下边坡内部特征点 1～5 处饱和度随时间的变化规律分别如图 5-106～图 5-110 所示。分析可知，降雨初期，雨水自坡面向坡体内部依次扩展，导致边坡内部特征点 1～5 处饱和度迅速升高；降雨后期，坡面以下一定深度范围内岩土体达到饱和状态，特征点 1～5 处饱和度始终为 1.00 m^3/m^3，孔隙水压力出现正值，且缓慢升高；降雨停止后，原降雨入渗影响区内雨水继续下渗，1～5 特征点处饱和度也随之持续降低。对不同位置特征点而言，不同参数 a 下，1～5 特征点处的起始饱和度分别为 0.53 m^3/m^3、0.56 m^3/m^3、0.59 m^3/m^3、0.62 m^3/m^3、0.66 m^3/m^3，饱和度随特征点位置沿坡面下移至坡脚逐渐增大。此外，随参数 a 的减小，不同位置特征点达到饱和所需时间逐渐减小，这与降雨强度和初始饱和渗透系数对其影响的规律相反，且均表现为距边坡顶面位置先达到饱和，再逐步向坡脚位置扩展。因此，参数 a 越大，边坡岩土体达到饱和所需时间也就越大。降雨停止后，边坡土体饱和度逐渐下降，且随参数 a 的减小下降速率逐渐增大。

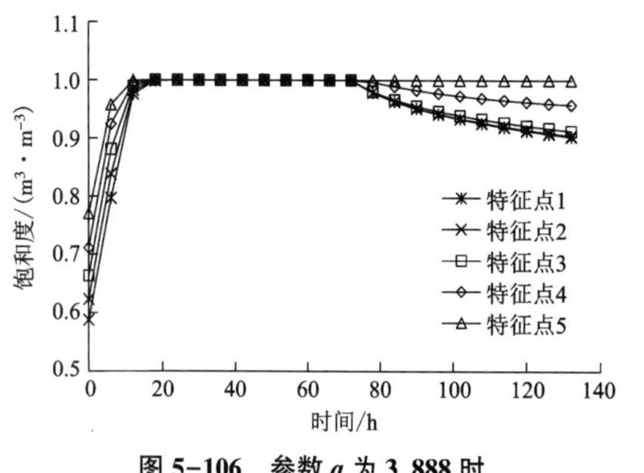

图 5-106　参数 a 为 3.888 时特征点饱和度与时间的关系

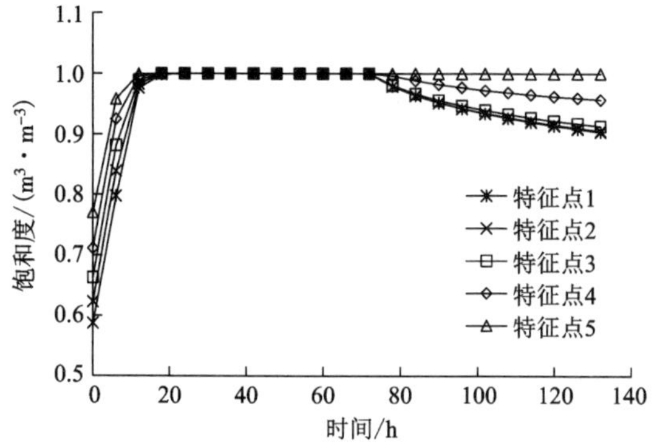

图 5-107　参数 a 为 3.564 时特征点饱和度与时间的关系

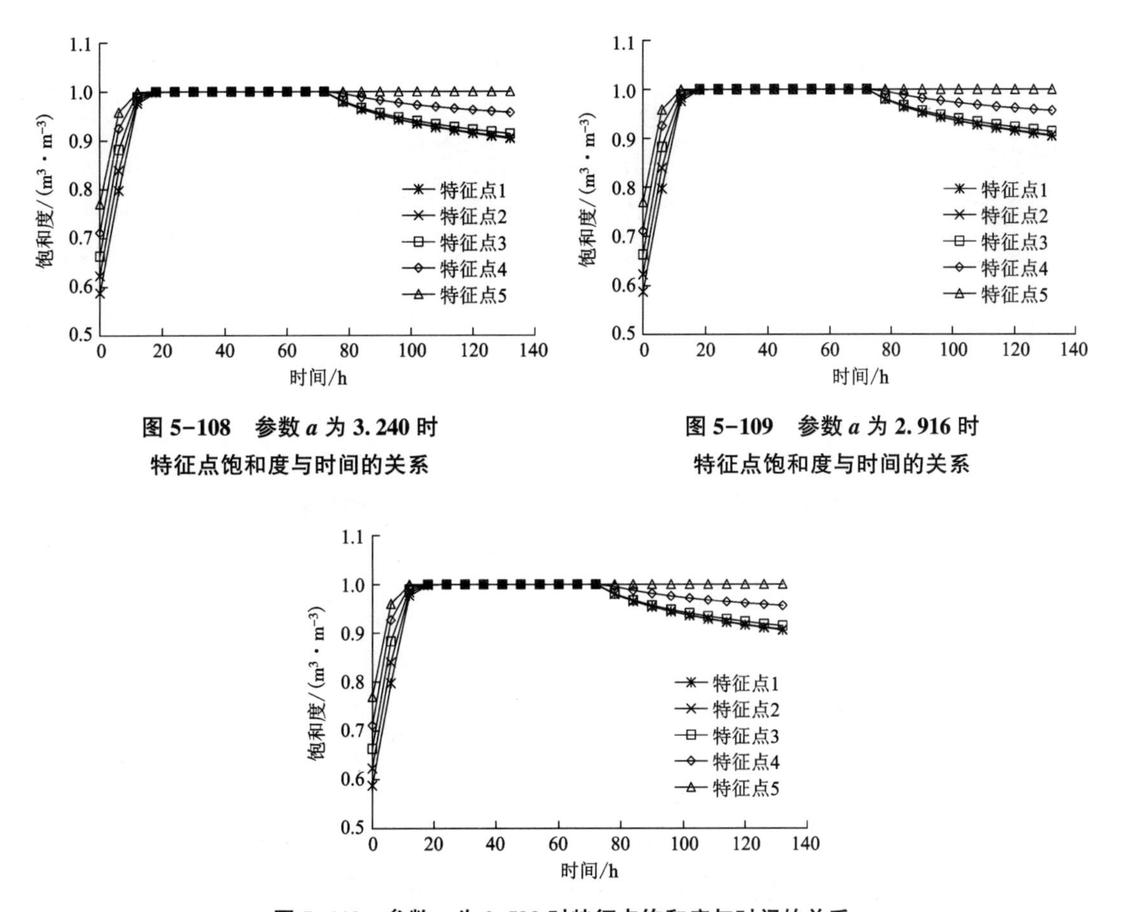

图 5-108　参数 a 为 3.240 时特征点饱和度与时间的关系

图 5-109　参数 a 为 2.916 时特征点饱和度与时间的关系

图 5-110　参数 a 为 2.592 时特征点饱和度与时间的关系

由图 5-111~图 5-115 可知，对于不同参数 a，边坡特征点饱和度达到 1.00 m^3/m^3 的历时均为 6 h，但根据初始饱和曲线可知，当参数 a 为 3.888、3.564 时，降雨入渗的影响深度为 7~8 m；当参数 a 为 3.240 m^3/m^3、2.916、2.592 时，降雨入渗的影响深度为 4~5 m。

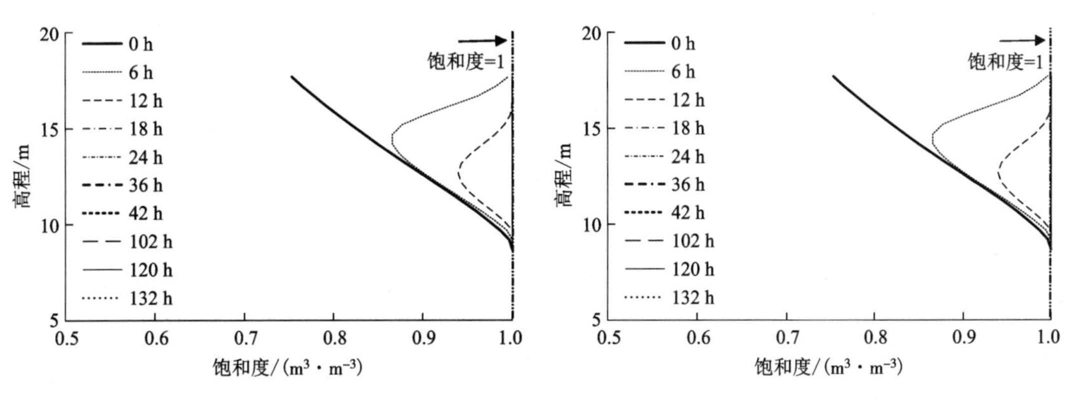

图 5-111　参数 a 为 3.888 时特征截面饱和度与高程的关系

图 5-112　参数 a 为 3.564 时特征截面饱和度与高程的关系

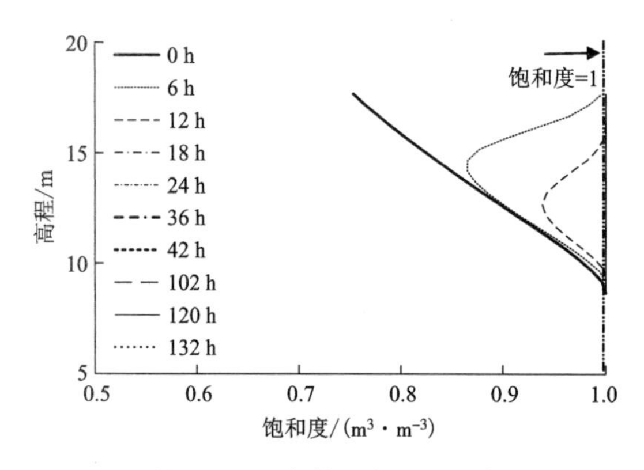

图 5-113　参数 a 为 3.240 时特征截面饱和度与高程的关系

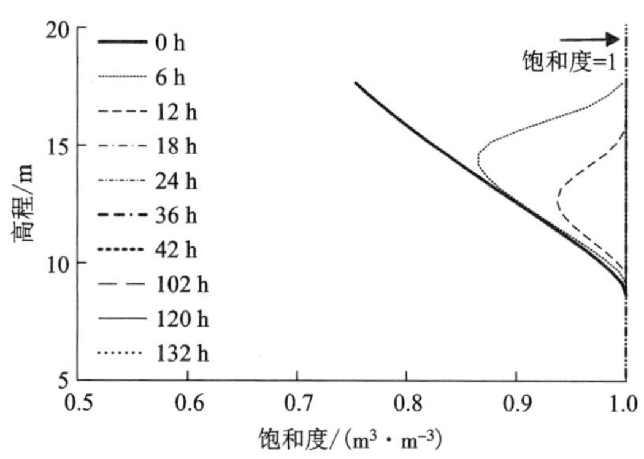

图 5-114　参数 a 为 2.916 时特征截面饱和度与高程的关系

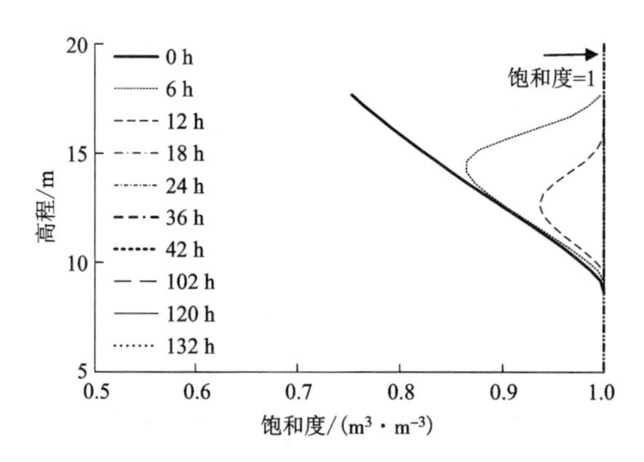

图 5-115　参数 a 为 2.592 时特征截面饱和度与高程的关系

5.5.3　边坡暂态饱和区演化特征

不同参数 a 下边坡暂态饱和区空间分布、暂态饱和区面积及孔隙水压力峰值随时间的变化规律分别如图 5-116~图 5-140 所示。由图 5-116~图 5-135 可知，不同参数 a 下高液限红黏土边坡内部孔隙水压力变化规律大致相同，边坡内暂态饱和区均是由边坡表层产生，逐渐向坡内演化，并当降雨停止后逐渐消散。由图 5-136~图 5-140 可知，当参数 a 为 3.888、3.564、3.240、2.916 和 2.592 时，边坡内孔隙水压力峰值随时间的增大而增大，均表现为在 0~12 h 内迅速增大，12~132 h 内增长平缓，最大孔隙水压力峰值与参数 a 呈正相关关系；当参数 a 为 3.888、3.564、3.240、2.916 和 2.592 时，边坡内暂态饱和区面积随时间的增大而增大，且均表现为在 0~12 h 内缓慢增大，12~84 h 内迅速增长，84~132 h 逐渐减小。

出现上述现象的原因为：降雨开始后，边坡暂态饱和区自坡面向坡体内部逐渐扩展，暂态饱和区面积持续增大；暂态饱和区内岩土体渗流量相同，距坡面深度越小，岩土体参

数 a 越大，水头梯度越小，导致暂态饱和区内孔隙水压力沿深度先增大后减小，且均为正值；暂态饱和区与初始饱和区联通前(0~36 h)，孔隙水压力峰值缓慢增大；暂态饱和区与初始饱和区联通后(36~60 h)，孔隙水压力峰值迅速增大。降雨停止初期(60~84 h)，暂态饱和区内孔隙水沿坡面迅速排出，边坡上部暂态饱和区快速消散，暂态饱和区面积迅速减小，孔隙水压力峰值小幅减小；降雨停止后期(84~132 h)，暂态饱和区内孔隙水继续向坡体内部扩展，暂态饱和区面积缓慢增大，导致坡脚附近地下水位持续降低，边坡内部地下水位持续升高，孔隙水压力峰值缓慢增大。

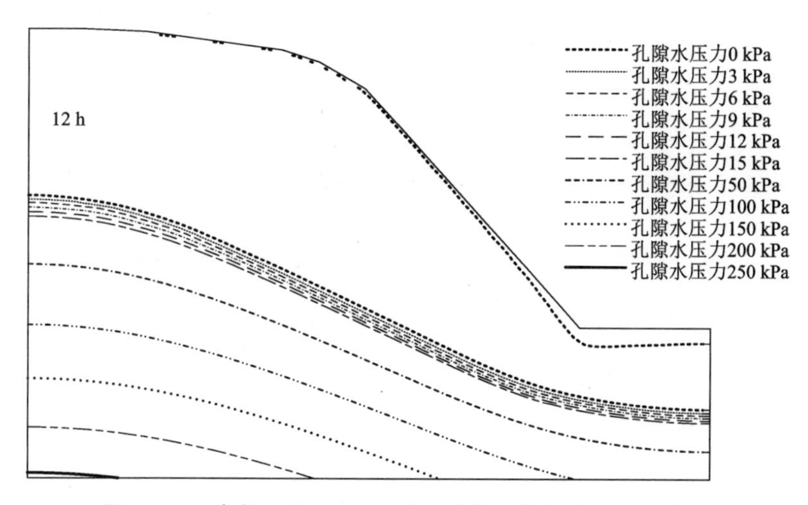

图 5-116　参数 a 为 3.888 时边坡内暂态饱和区 12 h 变化图

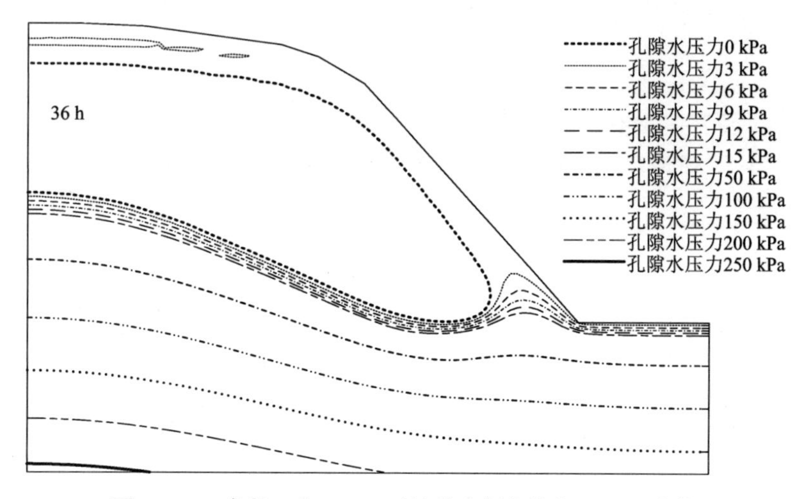

图 5-117　参数 a 为 3.888 时边坡内暂态饱和区 36 h 变化

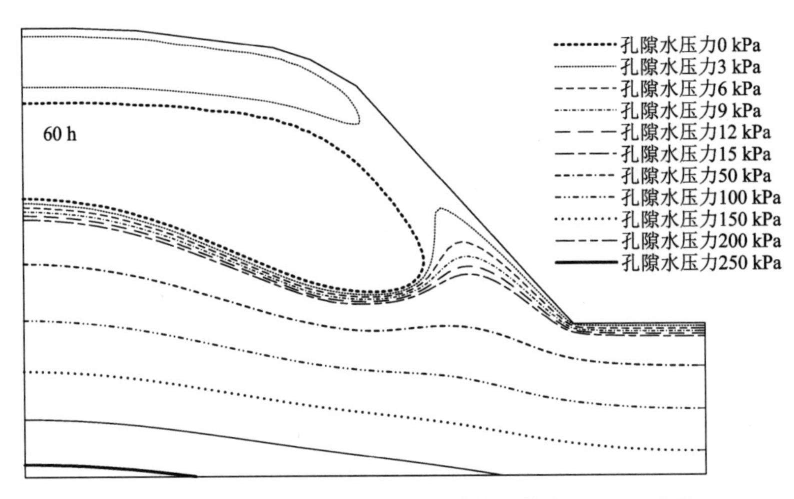

图 5-118　参数 *a* 为 3.888 时边坡内暂态饱和区 60 h 变化

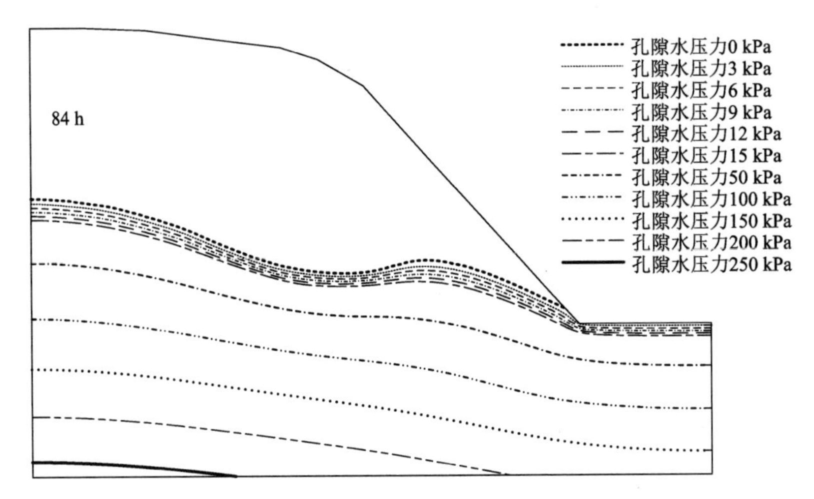

图 5-119　参数 *a* 为 3.888 时边坡内暂态饱和区 84 h 变化

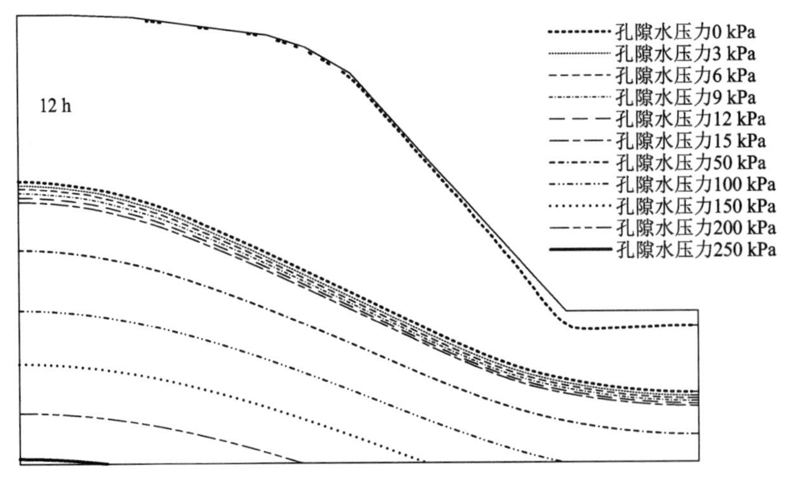

图 5-120　参数 *a* 为 3.564 时边坡内暂态饱和区 12 h 变化

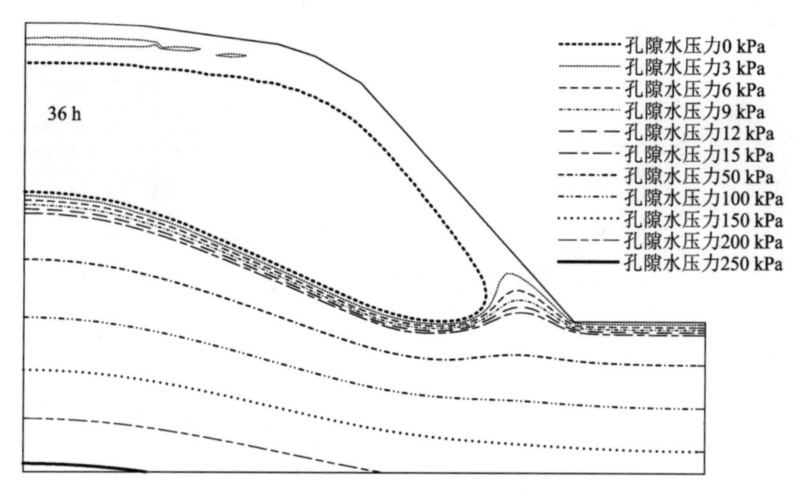

图 5-121　参数 a 为 3.564 时边坡内暂态饱和区 36 h 变化

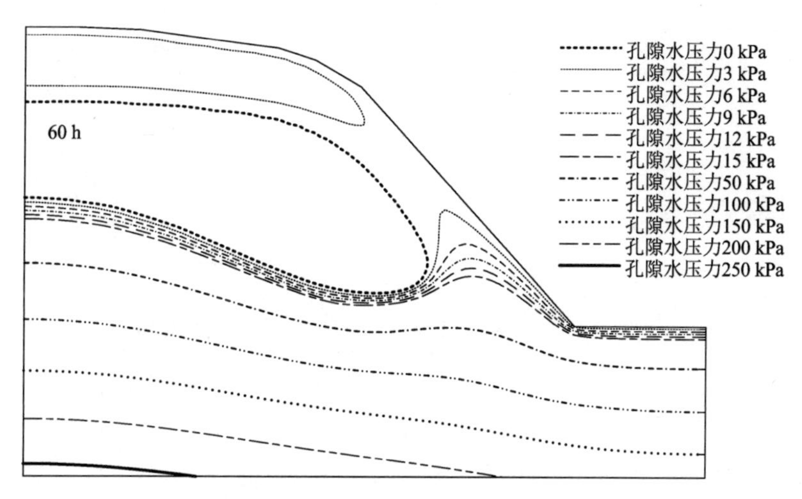

图 5-122　参数 a 为 3.564 时边坡内暂态饱和区 60 h 变化

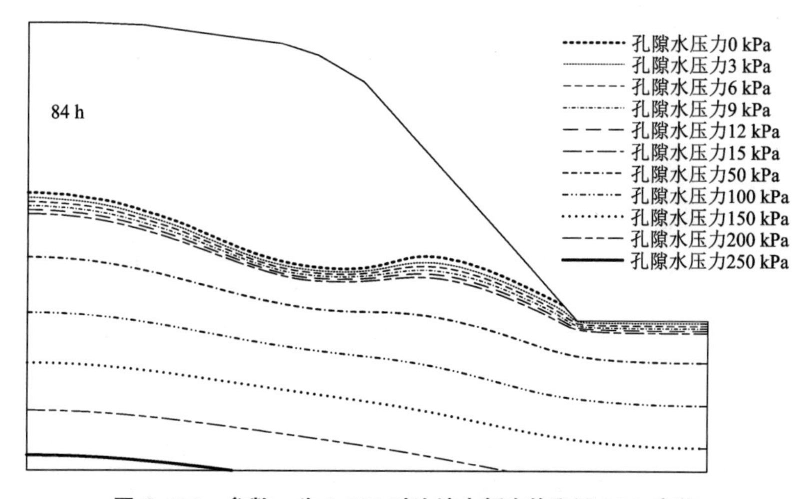

图 5-123　参数 a 为 3.564 时边坡内暂态饱和区 84 h 变化

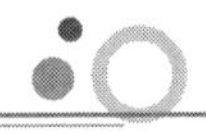

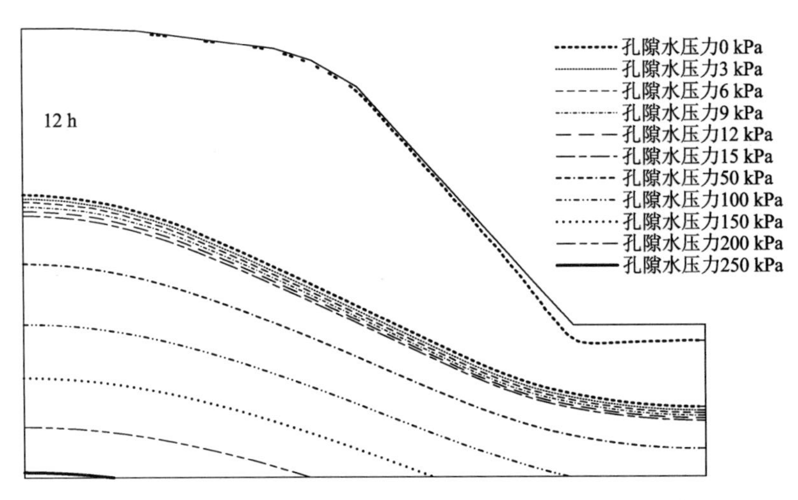

图 5-124　参数 *a* 为 3.240 时边坡内暂态饱和区 12 h 变化

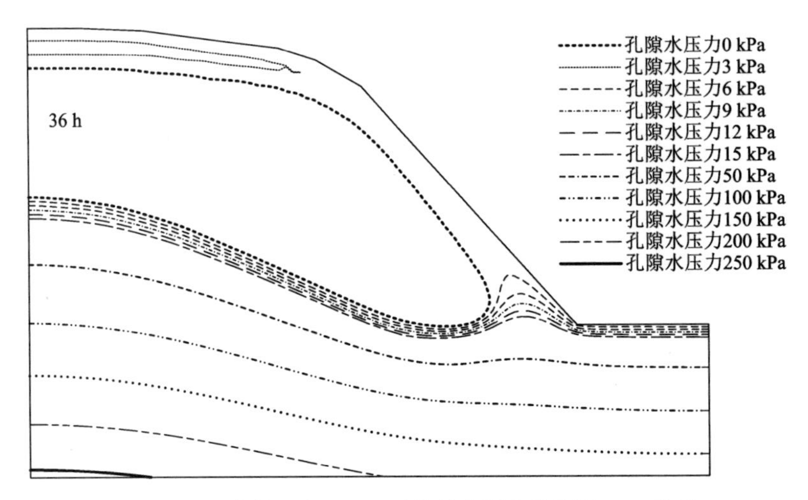

图 5-125　参数 *a* 为 3.240 时边坡内暂态饱和区 36 h 变化

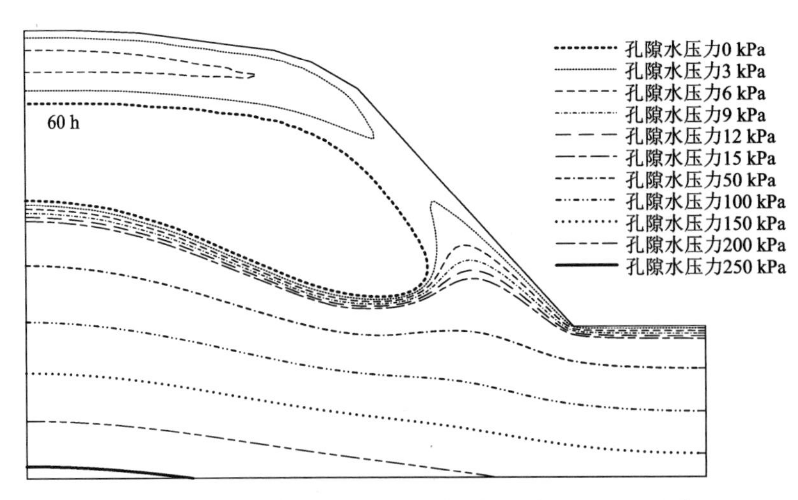

图 5-126　参数 *a* 为 3.240 时边坡内暂态饱和区 60 h 变化

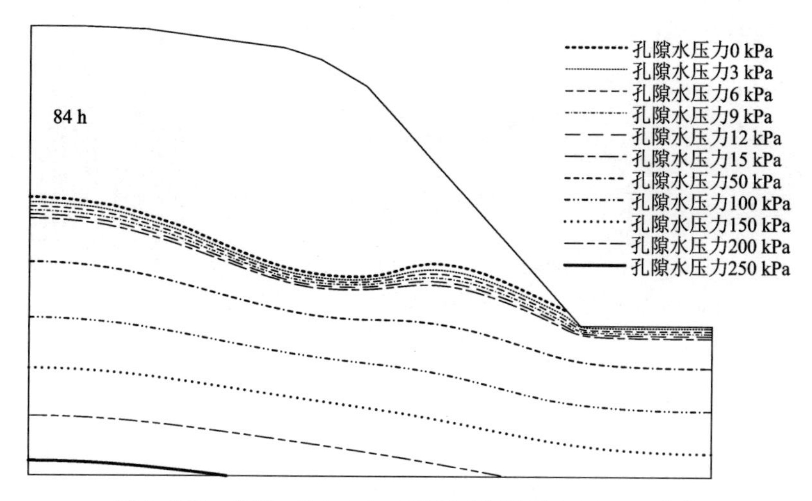

图 5-127　参数 *a* 为 3.240 时边坡内暂态饱和区 84 h 变化

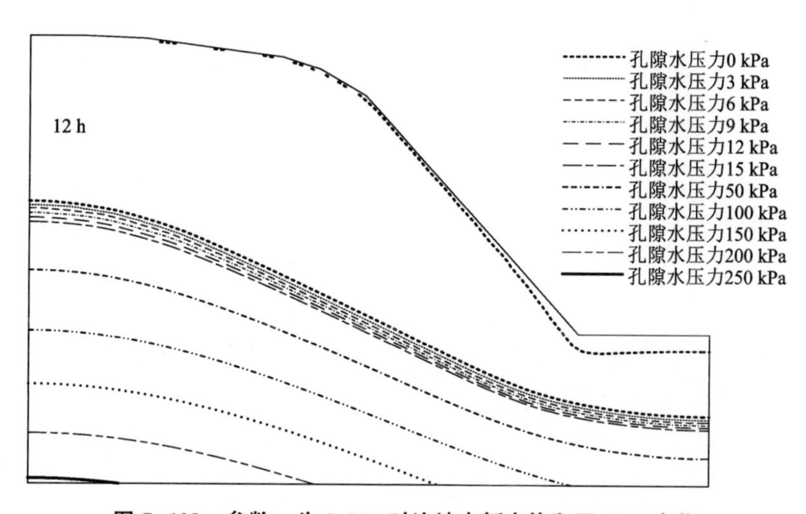

图 5-128　参数 *a* 为 2.916 时边坡内暂态饱和区 12 h 变化

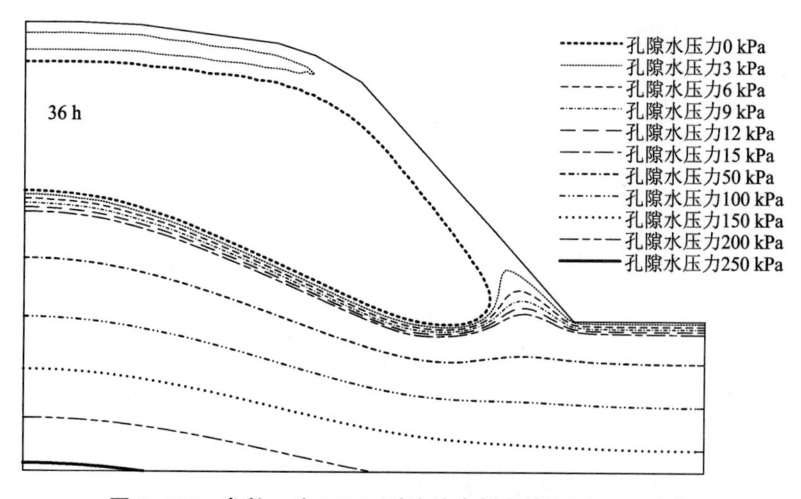

图 5-129　参数 *a* 为 2.916 时边坡内暂态饱和区 36 h 变化

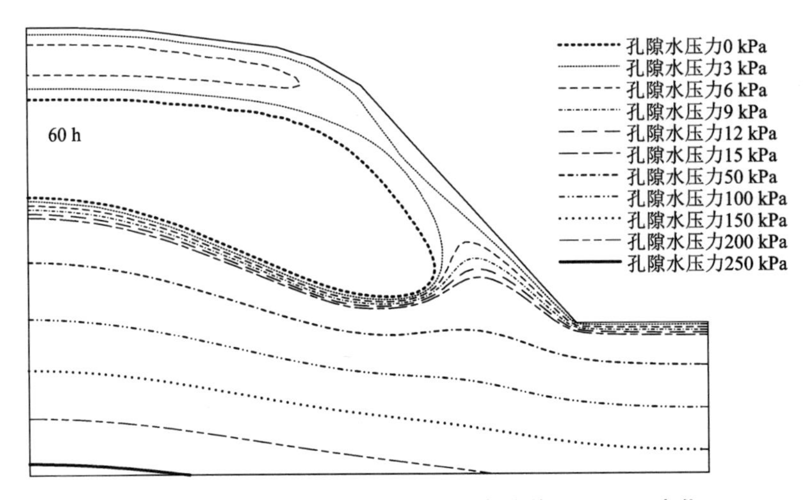

图 5-130　参数 a 为 2. 916 时边坡内暂态饱和区 60 h 变化

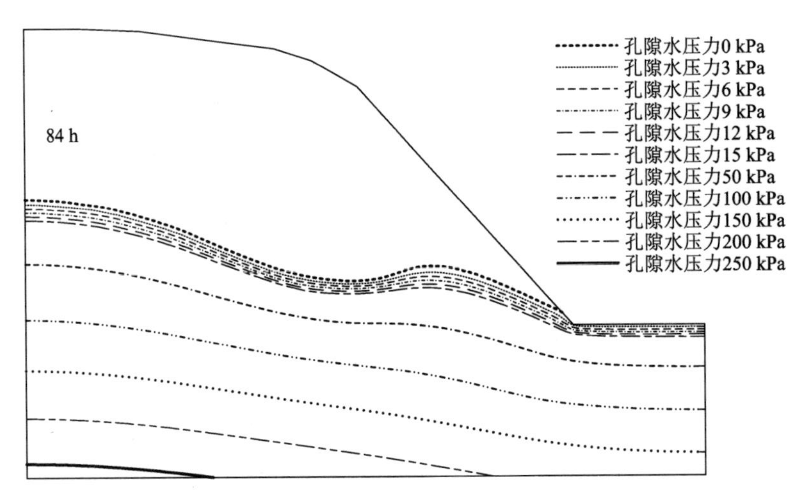

图 5-131　参数 a 为 2. 916 时边坡内暂态饱和区 84 h 变化

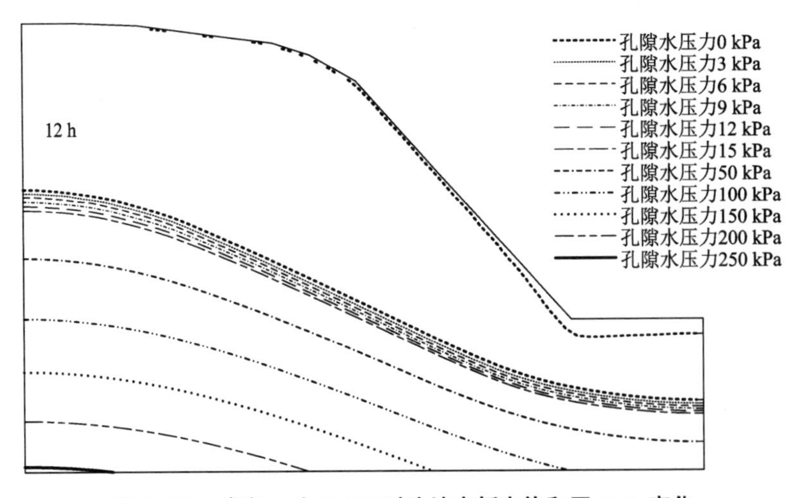

图 5-132　参数 a 为 2. 592 时边坡内暂态饱和区 12 h 变化

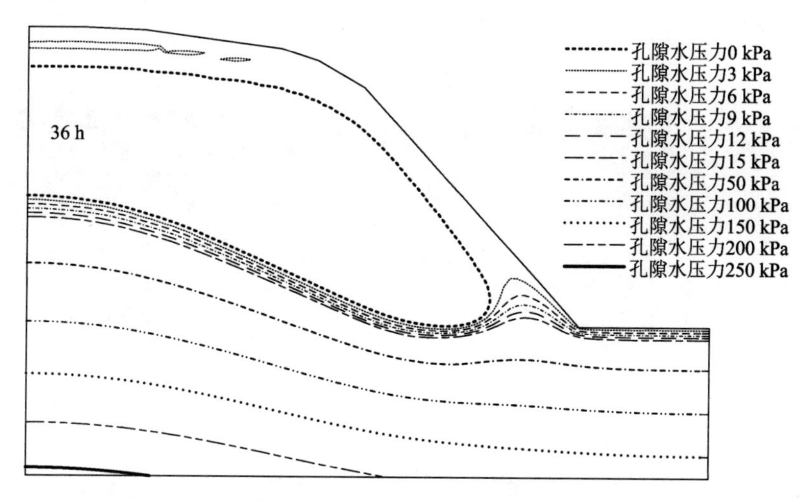

图 5-133　参数 *a* 为 2.592 时边坡内暂态饱和区 36 h 变化

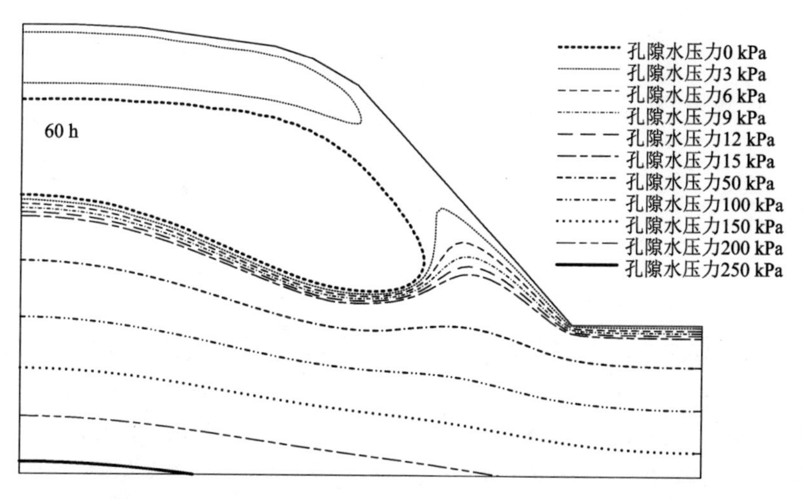

图 5-134　参数 *a* 为 2.592 时边坡内暂态饱和区 60 h 变化

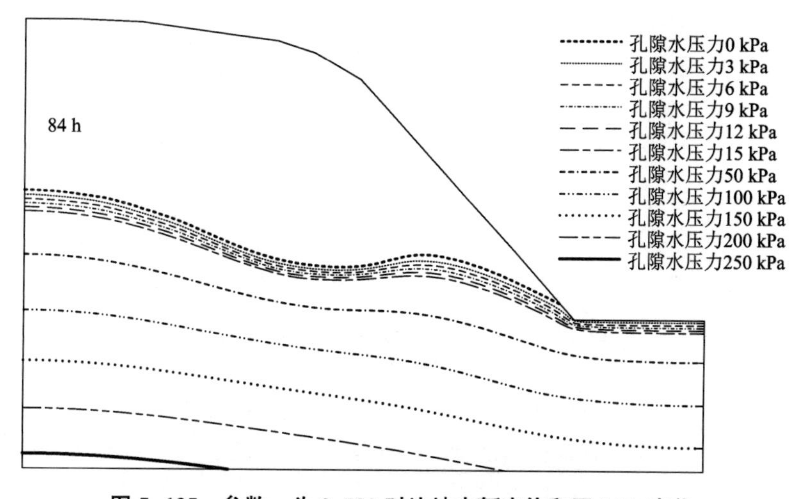

图 5-135　参数 *a* 为 2.592 时边坡内暂态饱和区 84 h 变化

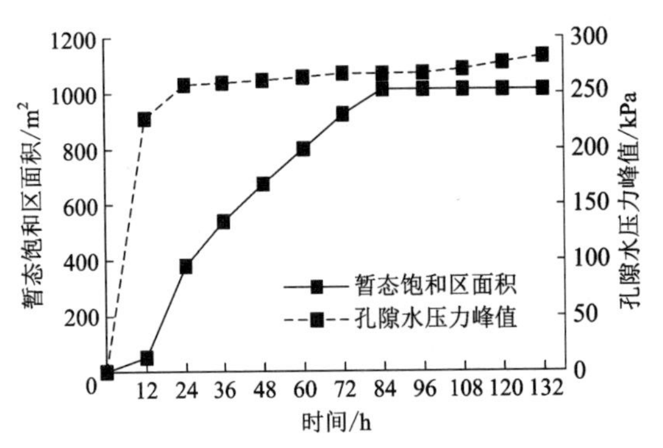

图 5-136　参数 *a* 为 3.888 时暂态饱和区面积、孔隙水压力峰值与时间的关系

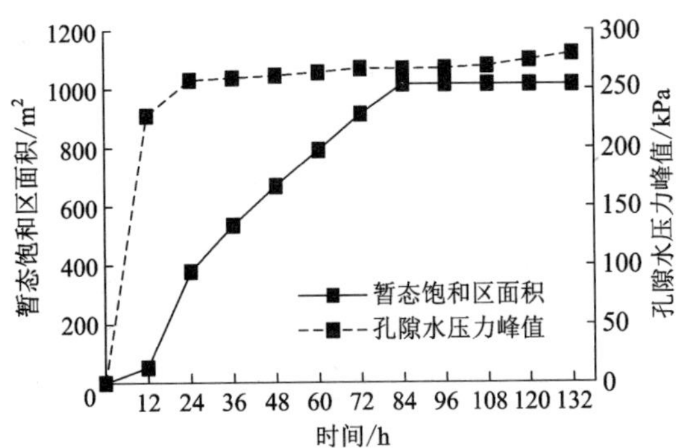

图 5-137　参数 *a* 为 3.564 时暂态饱和区面积、孔隙水压力峰值与时间的关系

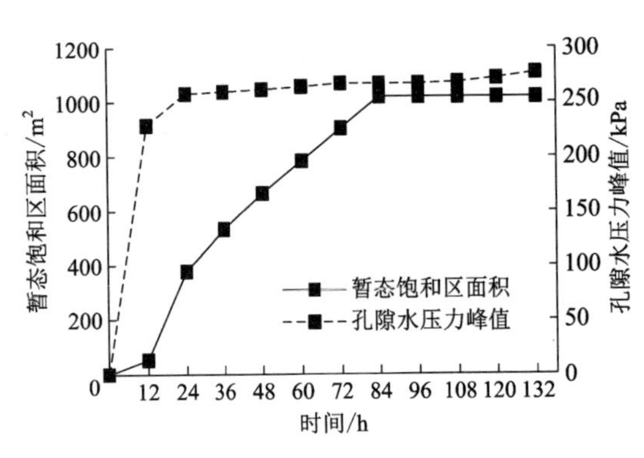

图 5-138　参数 *a* 为 3.240 时暂态饱和区面积、孔隙水压力峰值与时间的关系

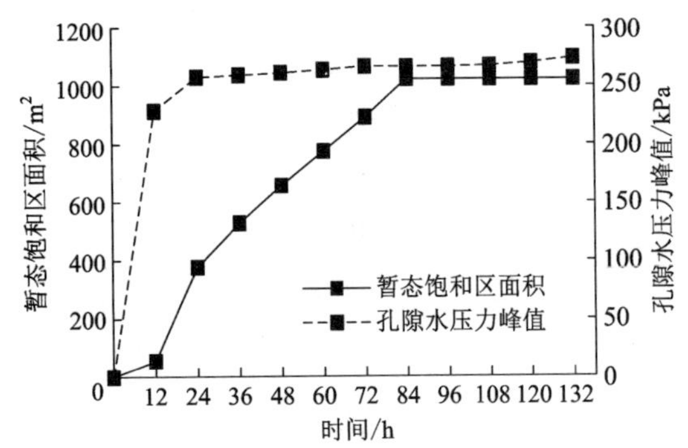

图 5-139　参数 *a* 为 2.916 时暂态饱和区面积、孔隙水压力峰值与时间的关系

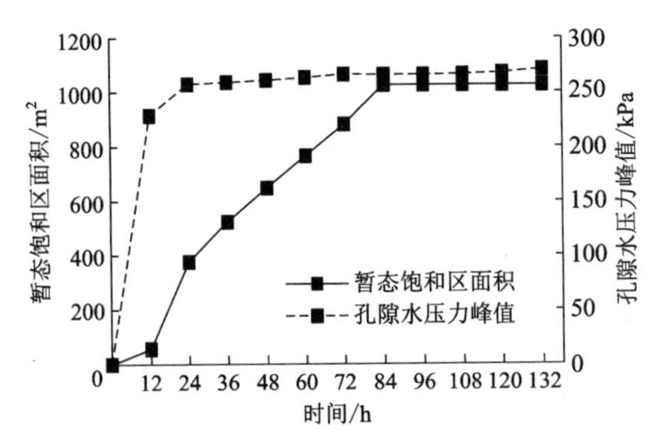

图 5-140　参数 *a* 为 2.592 时暂态饱和区面积、孔隙水压力峰值与时间的关系

5.6　不同参数 b 下边坡暂态饱和区演化规律

5.6.1　边坡内孔隙水压力变化规律

不同参数 b 下边坡内部特征点 1~5 处孔隙水压力随时间的变化规律分别如图 5-141~图 5-145 所示。由图 5-141~图 5-145 可知，降雨前期，雨水自坡面向坡体内部依次扩展，导致边坡内部特征点 1~5 处孔隙水压力迅速升高；降雨后期，孔隙水压力出现正值，且缓慢升高；降雨停止后，原降雨入渗影响区内雨水继续下渗，特征点 1~5 处孔隙水压力也随之持续降低。可以看出，特征点 1~5 处的起始孔隙水压力分别为 -149 kPa、-128 kPa、-108 kPa、-88 kPa、-67 kPa，孔隙水压力随特征点位置沿坡面下移至坡脚逐渐增大。随参数 b 的减小，特征点 1~4 处最大孔隙水压力分别由 2.3 kPa、3.3 kPa、5.6 kPa、8.5 kPa 增大至 3.3 kPa、3.7 kPa、5.4 kPa、7.8 kPa，而特征点 5 处最大孔隙水压力由 13.9 kPa 降低至 12.7 kPa。这表明，参数 b 越大，边坡表面距顶面一定距离的岩土体孔隙水压力也就越小，而坡脚处孔隙水压力越大。此外，与参数 a 对边坡特征点孔隙水压力出现正值的历时的影响不一样，不同参数 b 下边坡特征点孔隙水压力出现正值的历时较为一致，均出现在 18 h。因此，参数 b 对边坡土体达到饱和所需的时间影响不大。

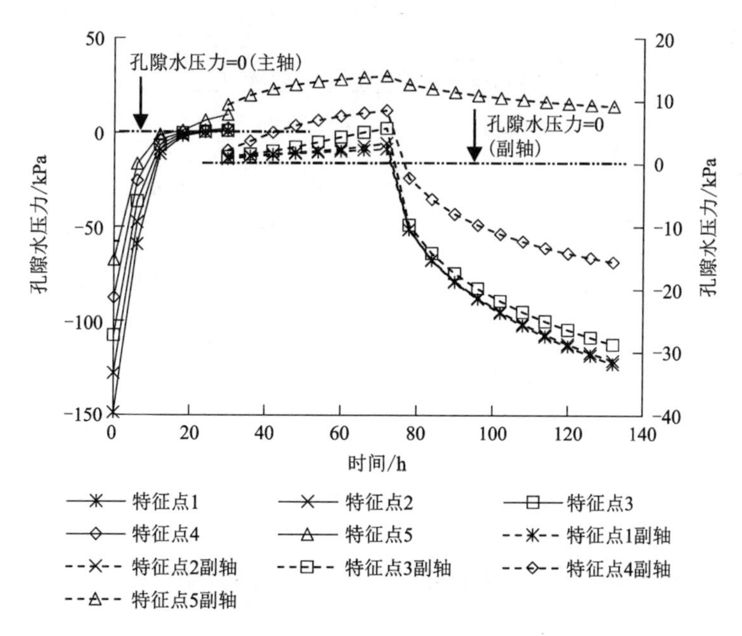

图 5-141　参数 b 为 1.944 时特征点孔隙水压力与时间的关系

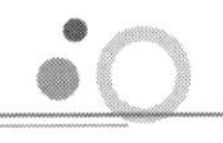

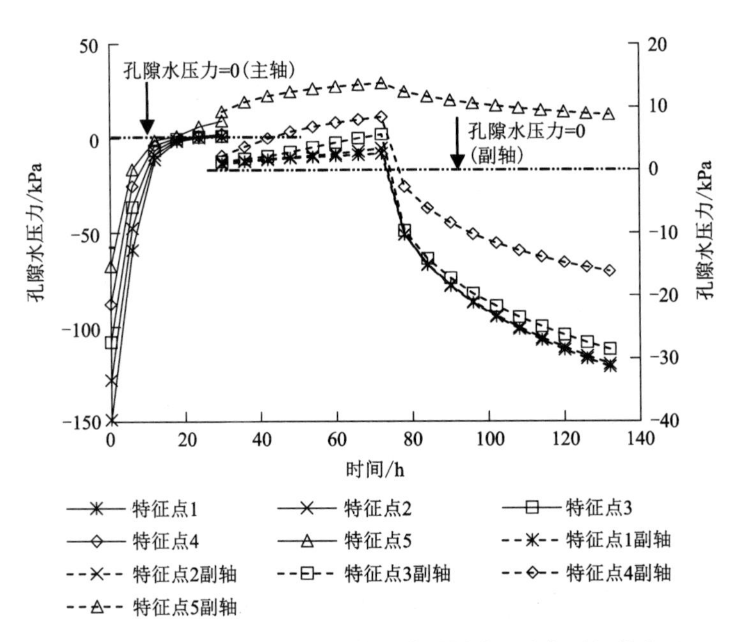

图 5-142　参数 b 为 1.728 时特征点孔隙水压力与时间的关系

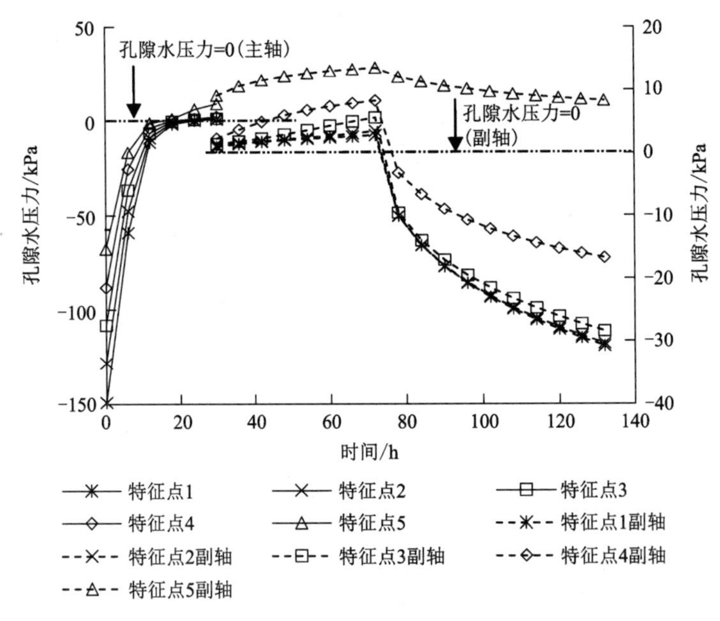

图 5-143　参数 b 为 1.62 时特征点孔隙水压力与时间的关系

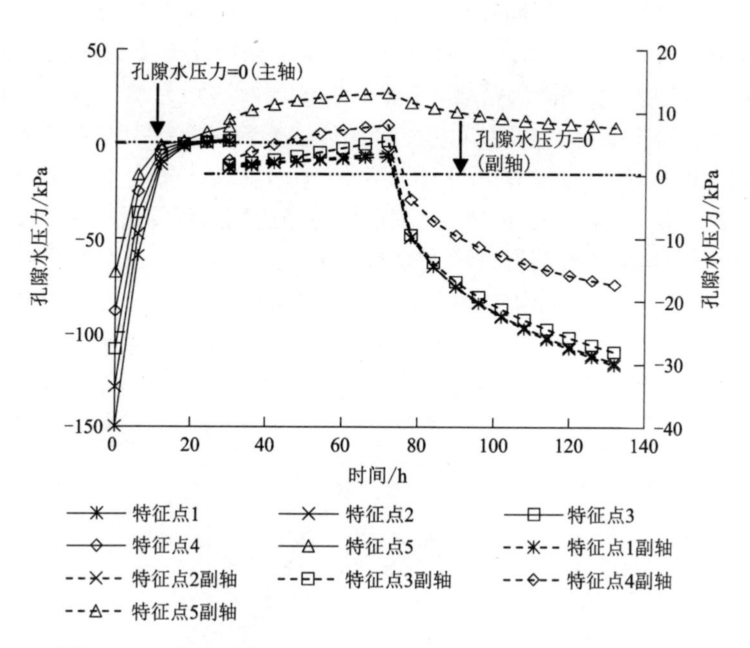

图 5-144　参数 b 为 1.458 时特征点孔隙水压力与时间的关系

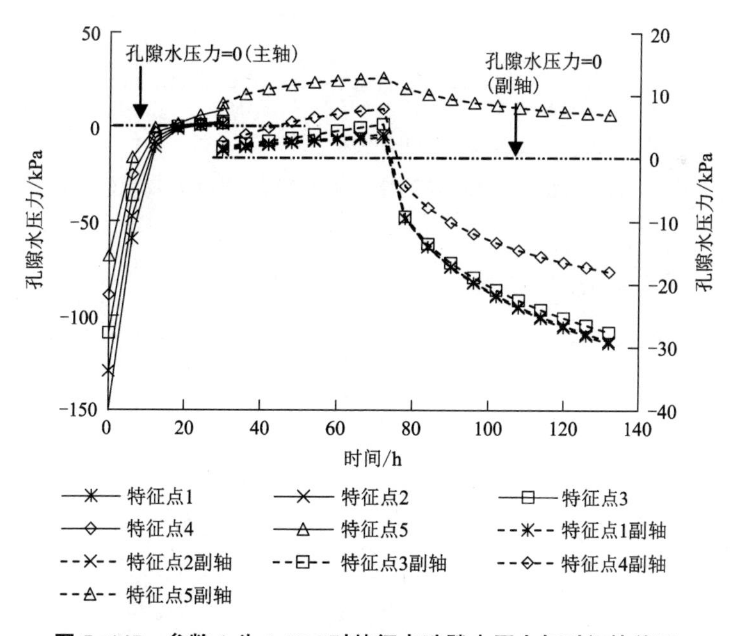

图 5-145　参数 b 为 1.296 时特征点孔隙水压力与时间的关系

不同参数 b 下边坡内部坡脚附近特征截面Ⅰ—Ⅰ处的孔隙水压力随边坡高程的变化规律分别如图 5-146～图 5-150 所示。分析可知，特征截面Ⅰ—Ⅰ处在降雨开始后，边坡表层孔隙水压力逐渐增大，当降雨持续 6 h 后，边坡表面达到饱和，孔隙水压力为 0 kPa。对比其初始状态的孔隙水压力分布线可知，降雨入渗影响深度约为地表以下 7～8 m，在降雨入渗影响深度以内，各截面孔隙水压力逐渐减小。当参数 b 为 1.944、1.782、1.620、1.458、1.296，降雨历时为 0～12 h 时，孔隙水压力随边坡高程的增大先减小后增大，超过 18 h 后，孔隙水压力均随边坡高程的增大逐渐减小。此外，整个截面内孔隙水压力在降雨过程中保持整体增大的趋势，降雨初始阶段边坡表层增大幅度大于边坡内部，随着降雨的持续入渗，当表层饱和区与初始深部饱和区相接后，边坡深部孔隙水压力显著增大，降雨停止后截面孔隙水压力逐渐降低，降低速率小于增大速率。

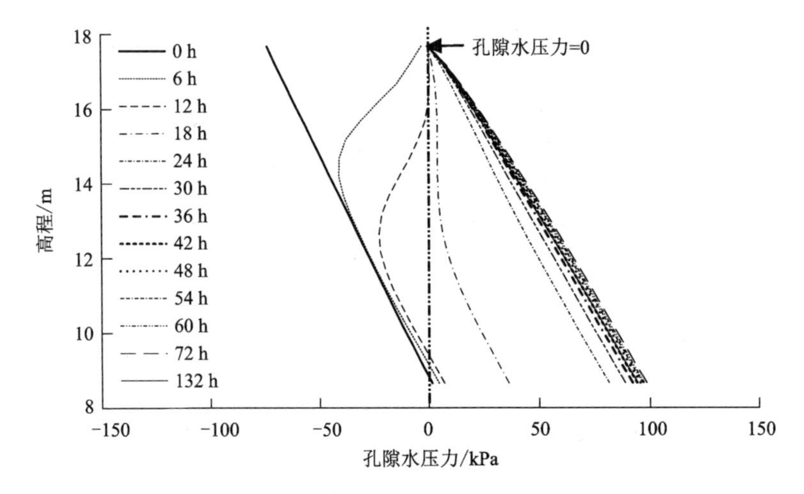

图 5-146　参数 b 为 1.944 时特征截面孔隙水压力与高程的关系

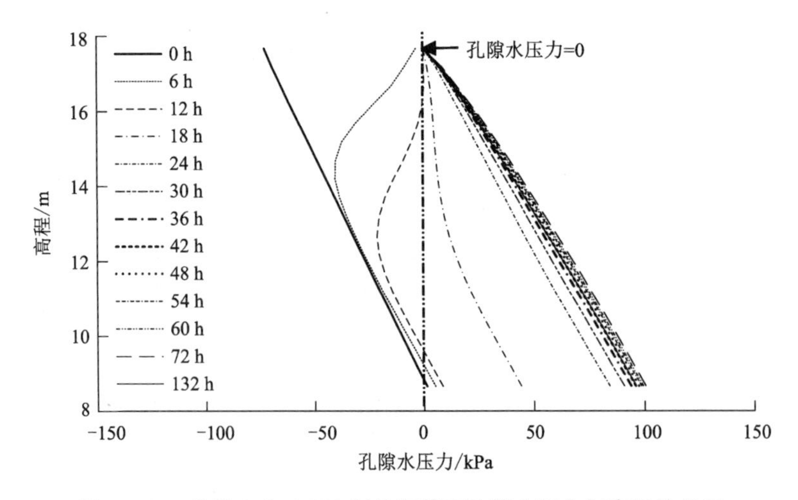

图 5-147　参数 b 为 1.728 时特征截面孔隙水压力与高程的关系

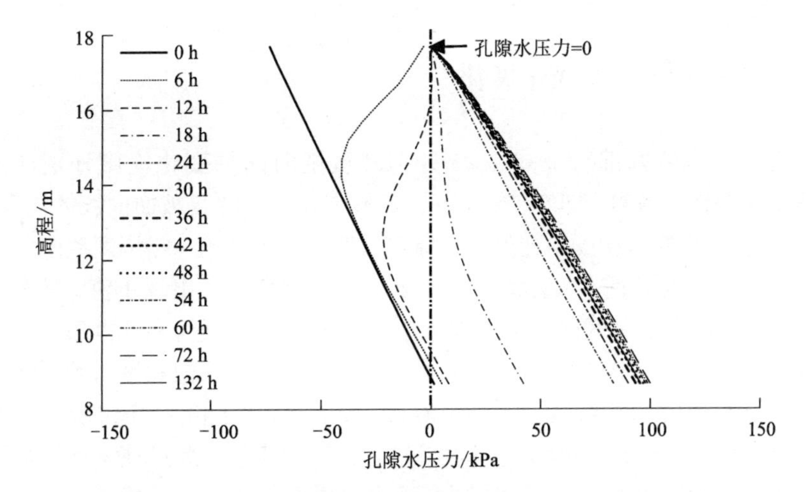

图 5-148　参数 b 为 1.620 时特征截面孔隙水压力与高程的关系

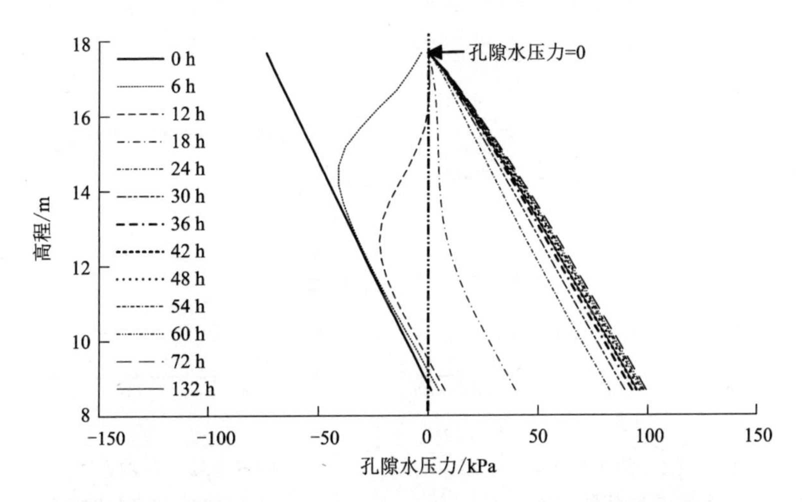

图 5-149　参数 b 为 1.458 时特征截面孔隙水压力与高程的关系

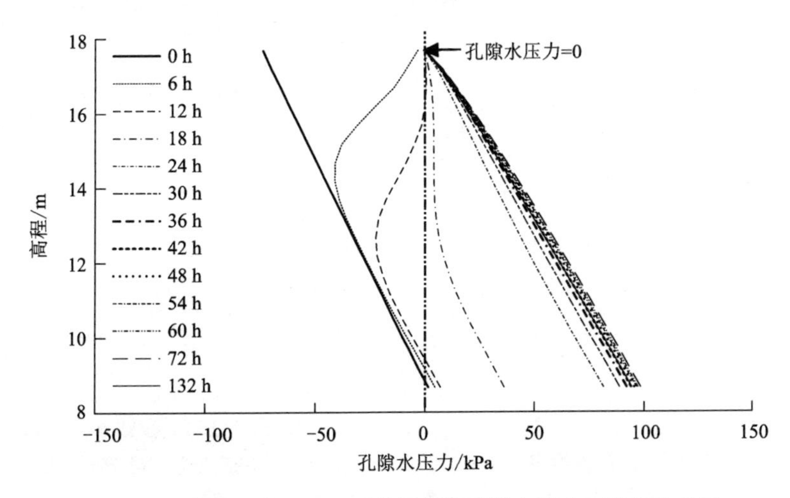

图 5-150　参数 b 为 1.296 时特征截面孔隙水压力与高程的关系

5.6.2 边坡内饱和度变化规律

不同参数 b 下边坡内部特征点 1~5 处饱和度随时间的变化规律分别如图 5-151~图 5-155 所示。由图 5-151~图 5-155 可知，降雨初期，雨水自坡面向坡体内部依次扩展，边坡内部特征点 1~5 处饱和度迅速升高；降雨后期，坡面以下一定深度范围内岩土体达到饱和状态，特征点 1~5 处饱和度始终为 1 m^3/m^3，孔隙水压力出现正值，且缓慢升高；降雨停止后，原降雨入渗影响区内雨水继续下渗，特征点 1~5 处饱和度也随之持续降低。对不同位置特征点而言，不同参数 b 下，特征点 1~5 处的起始饱和度分别为 0.53 m^3/m^3、0.56 m^3/m^3、0.59 m^3/m^3、0.62 m^3/m^3、0.66 m^3/m^3，饱和度随特征点位置沿坡面下移至坡脚逐渐增大。此外，随参数 b 减小，不同位置特征点达到饱和所需时间及降雨停止后边坡饱和度减小速率均无较大变化，且均表现为距边坡顶面位置先达到饱和，再逐步向坡脚位置扩展，这与边坡孔隙水压力计算结果一致。

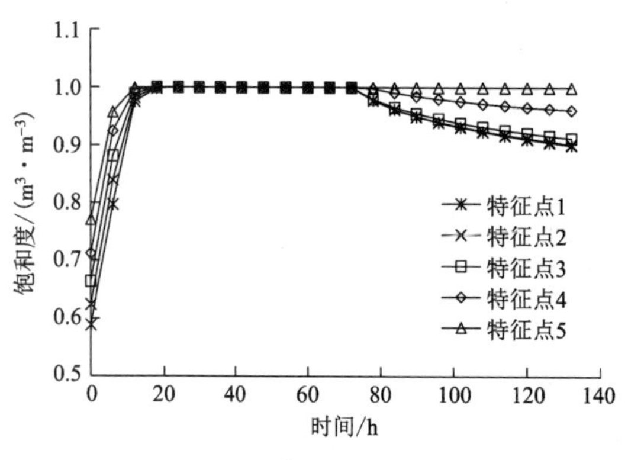

图 5-151 参数 b 为 1.944 时特征点饱和度与时间的关系

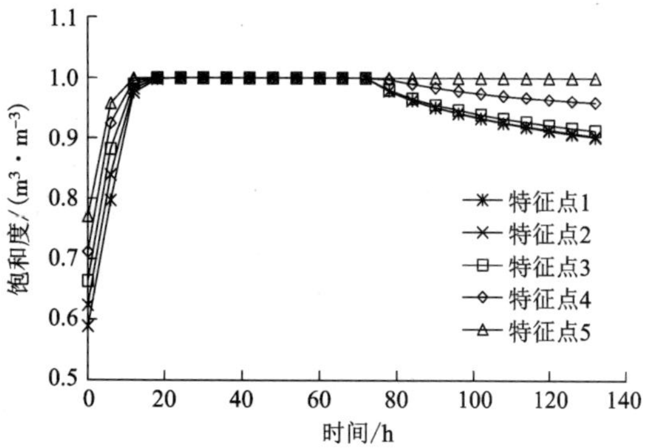

图 5-152 参数 b 为 1.728 时特征点饱和度与时间的关系

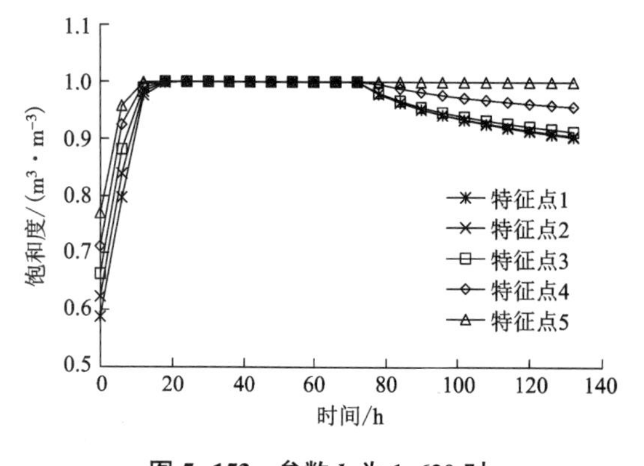

图 5-153 参数 b 为 1.620 时特征点饱和度与时间的关系

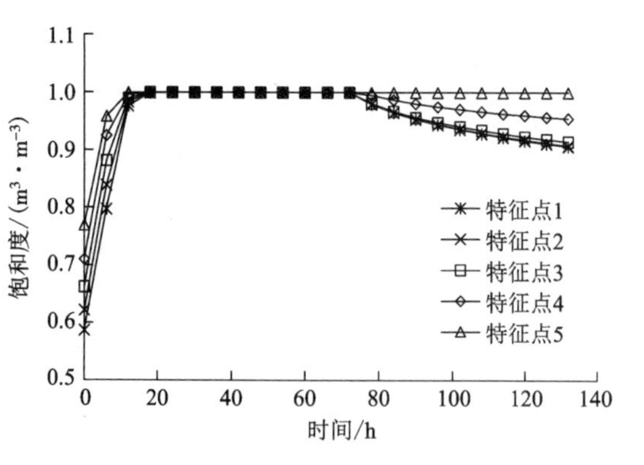

图 5-154 参数 b 为 1.458 时特征点饱和度与时间的关系

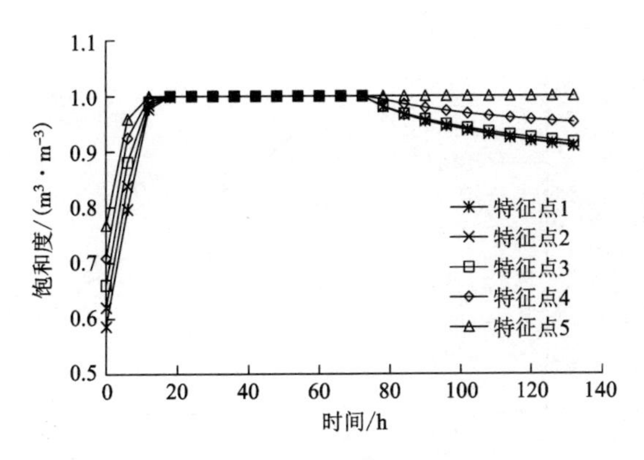

图 5-155　参数 *b* 为 1.296 时特征点饱和度与时间的关系

饱和度的变化仍然表现在边坡体内的空间位置上，图 5-156～图 5-160 为特征截面Ⅰ—Ⅰ处饱和度随高程的变化规律图。分析可知，不同参数 *b* 下，边坡特征点饱和度达到 1.00 m^3/m^3 的历时均为 6 h，但根据初始饱和曲线可知，当参数 *b* 为 1.944、1.782、1.620、1.458、1.296 时，降雨入渗的影响深度为 5～6 m。

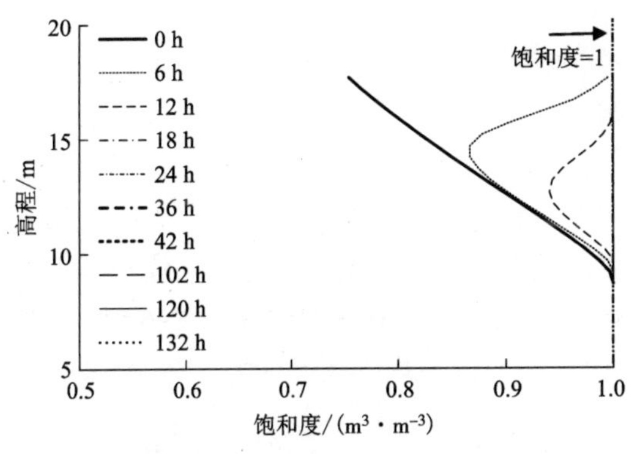

图 5-156　参数 *b* 为 1.944 时特征截面饱和度与高程的关系

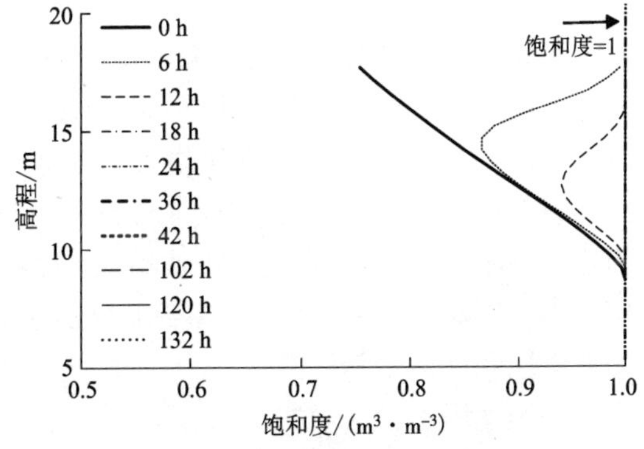

图 5-157　参数 *b* 为 1.728 时特征截面饱和度与高程的关系

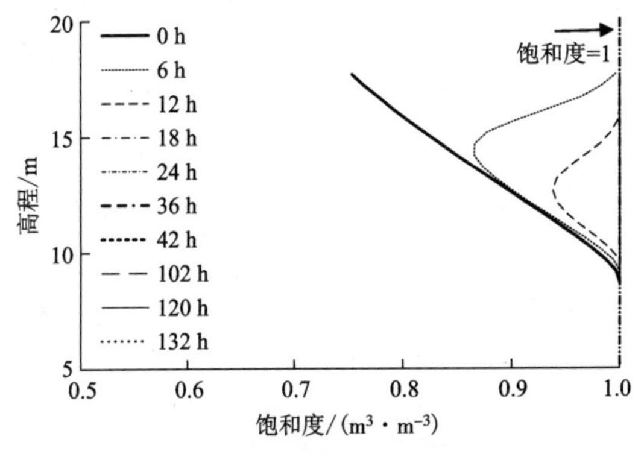

图 5-158　参数 *b* 为 1.620 时特征截面饱和度与高程的关系

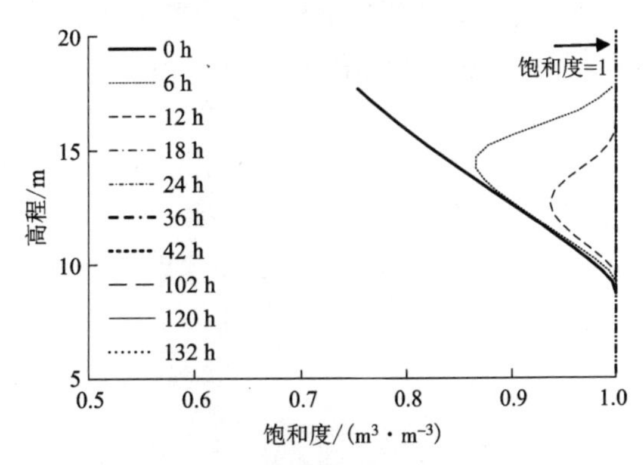

图 5-159　参数 *b* 为 1.458 时特征截面饱和度与高程的关系

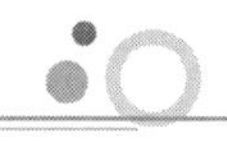

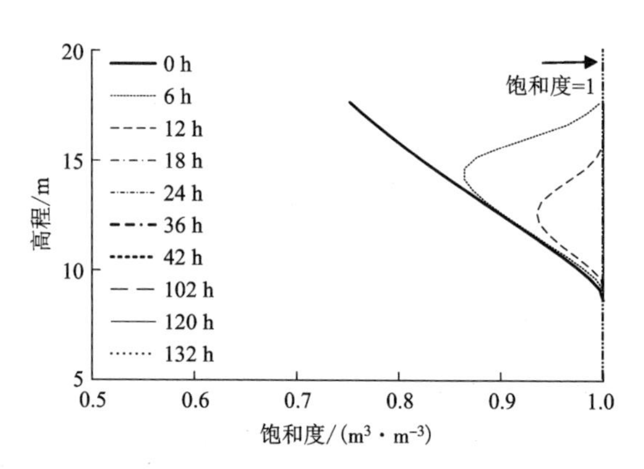

图 5-160　参数 b 为 1.296 时
特征截面饱和度与高程的关系

5.6.3　边坡暂态饱和区演化特征

不同参数 b 下边坡暂态饱和区空间分布、暂态饱和区面积及孔隙水压力峰值随时间的变化规律分别如图 5-161～图 5-185 所示。由图 5-160～图 5-185 可知，在边坡内部的饱和区随降雨历时的增加先平缓增大，再迅速增大，并趋于稳定，最后呈逐渐减小的趋势，当参数 b 分别为 1.944、1.728、1.620、1.458 和 1.296 时，孔隙水压力峰值随时间的增大而增大，且在 0～12 h 表现为迅速增大，12～132 h 则表现为平缓增长，最大孔隙水压力峰值与参数 b 呈正相关关系；当参数 b 分别为 1.944、1.728、1.620、1.458 和 1.296 时，边坡内暂态饱和区面积随时间的增大而增大，且均在 0～12 h 内表现为缓慢增大，12～84 h 内则表现为迅速增长，84～132 h 逐渐减小。

降雨开始后，边坡暂态饱和区自坡面向坡体内部逐渐扩展，暂态饱和区面积持续增大；暂态饱和区内岩土体渗流量相同，距坡面深度越小，岩土体饱和渗透系数越大，水头梯度越小，导致暂态饱和区内孔隙水压力沿深度先增大后减小，且均为正值；暂态饱和区与初始饱和区联通前(0～36 h)，孔隙水压力峰值缓慢增大，暂态饱和区与初始饱和区联通后(36～60 h)，孔隙水压力峰值迅速增大。降雨停止初期(60～84 h)，暂态饱和区内孔隙水沿坡面迅速排出，边坡上部暂态饱和区快速消散，暂态饱和区面积迅速减小，孔隙水压力峰值小幅减小；降雨停止后期(84～132 h)，暂态饱和区内孔隙水继续向坡体内部扩展，暂态饱和区面积缓慢增大，导致坡脚附近地下水位持续降低，边坡内部地下水位持续升高，孔隙水压力峰值缓慢增大。

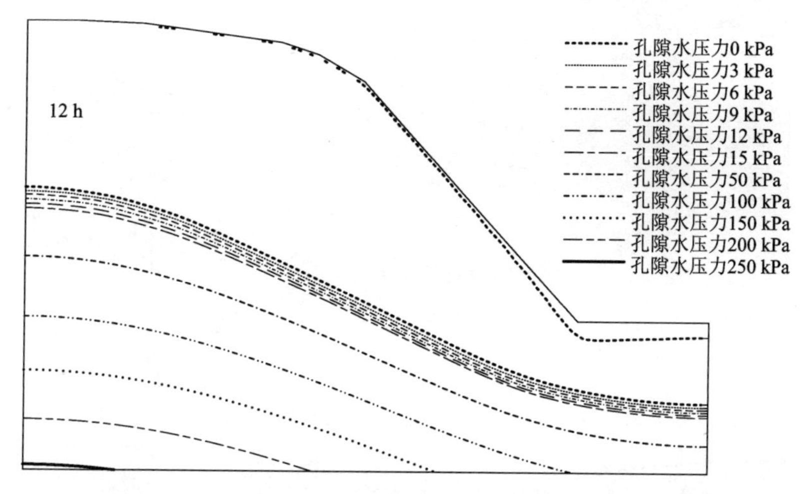

图 5-161　参数 *b* 为 1.944 时边坡内暂态饱和区 12 h 变化图

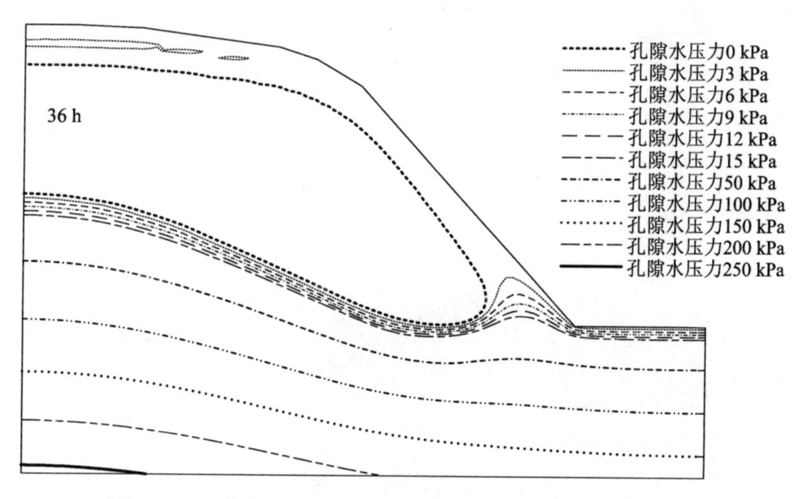

图 5-162　参数 *b* 为 1.944 时边坡内暂态饱和区 36 h 变化

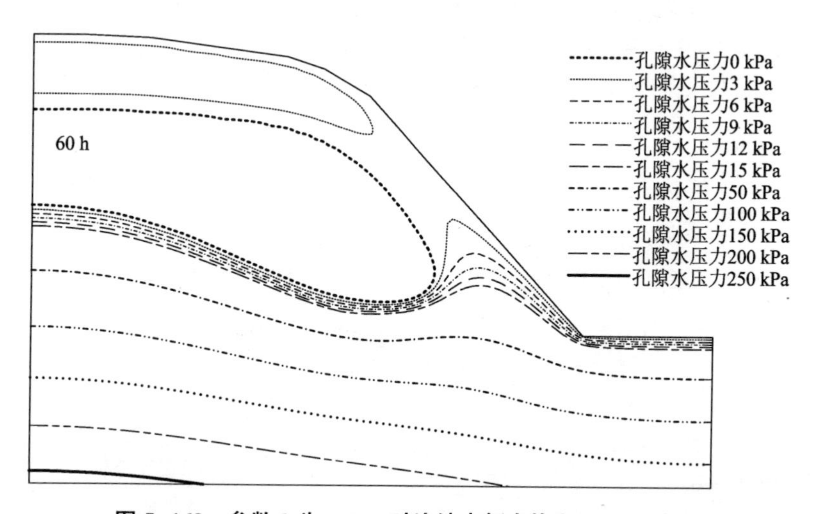

图 5-163　参数 *b* 为 1.944 时边坡内暂态饱和区 60 h 变化

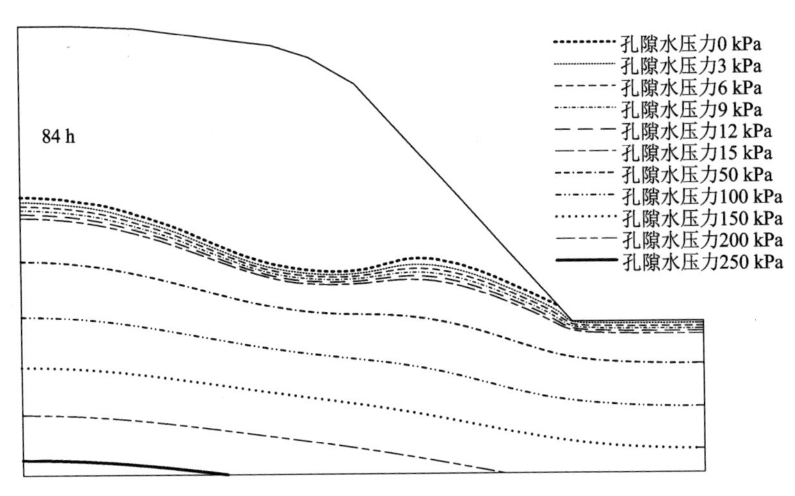

图 5-164　参数 *b* 为 1.944 时边坡内暂态饱和区 84 h 变化

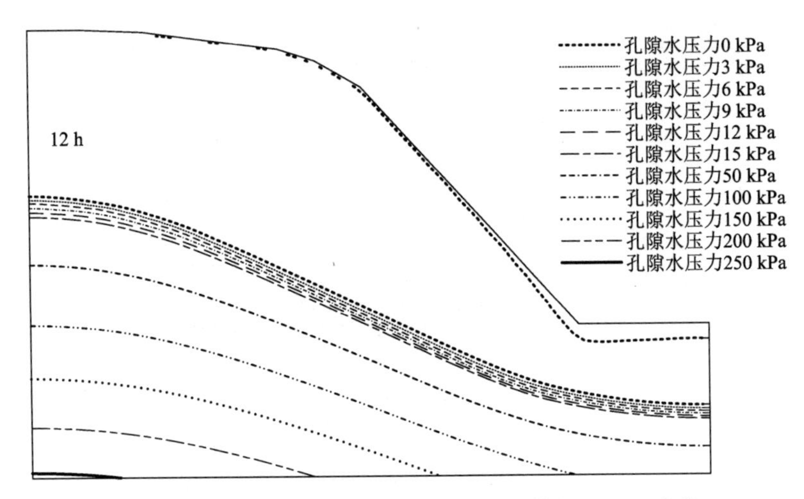

图 5-165　参数 *b* 为 1.728 时边坡内暂态饱和区 12 h 变化

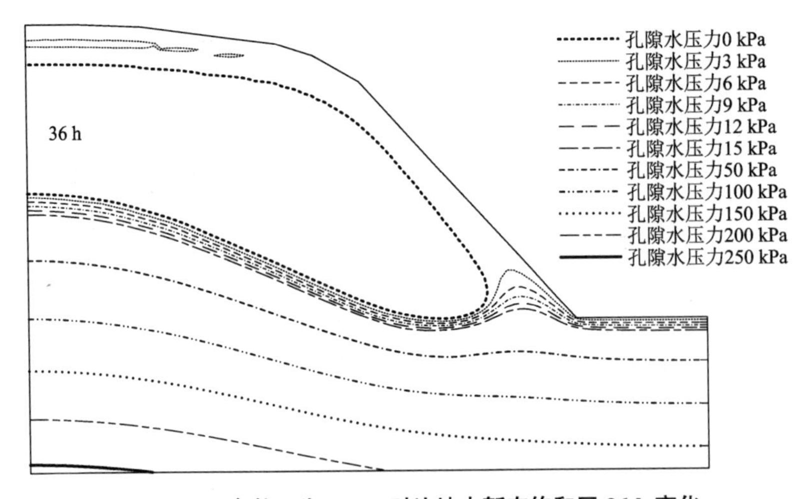

图 5-166　参数 *b* 为 1.728 时边坡内暂态饱和区 36 h 变化

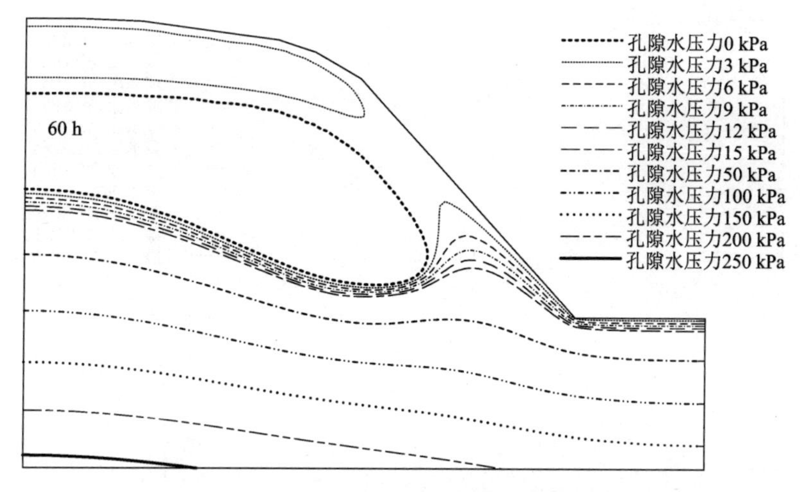

图 5-167　参数 *b* 为 1.728 时边坡内暂态饱和区 60 h 变化

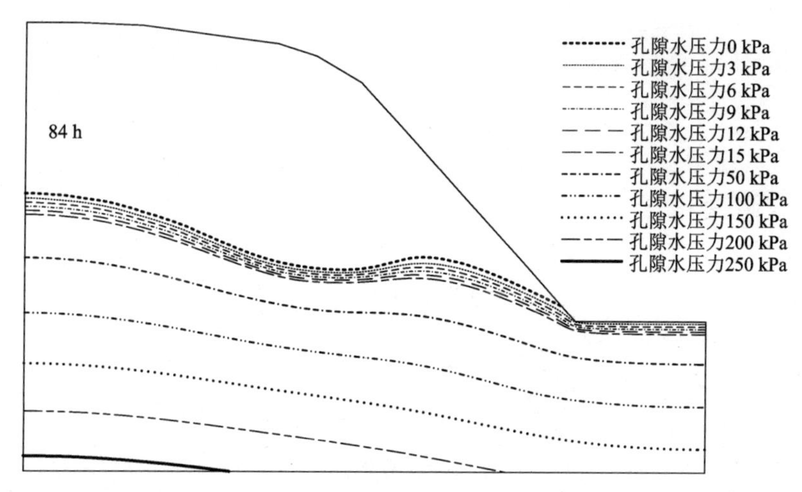

图 5-168　参数 *b* 为 1.728 时边坡内暂态饱和区 84 h 变化

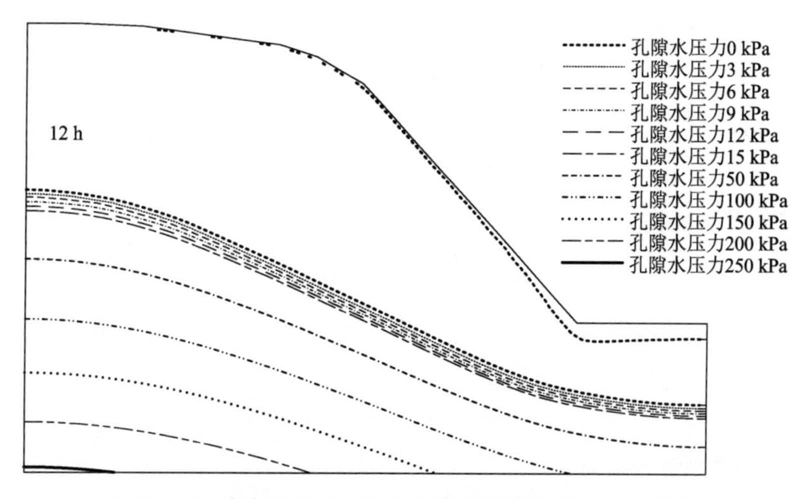

图 5-169　参数 *b* 为 1.620 时边坡内暂态饱和区 12 h 变化

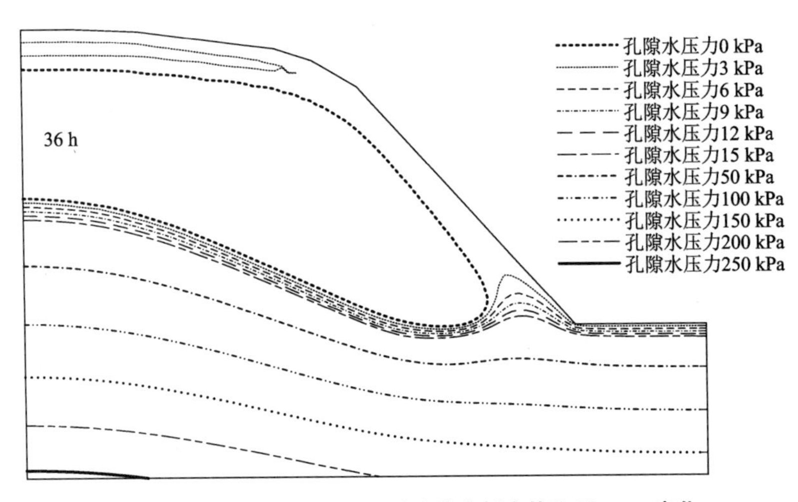

图 5-170　参数 b 为 1.620 时边坡内暂态饱和区 36 h 变化

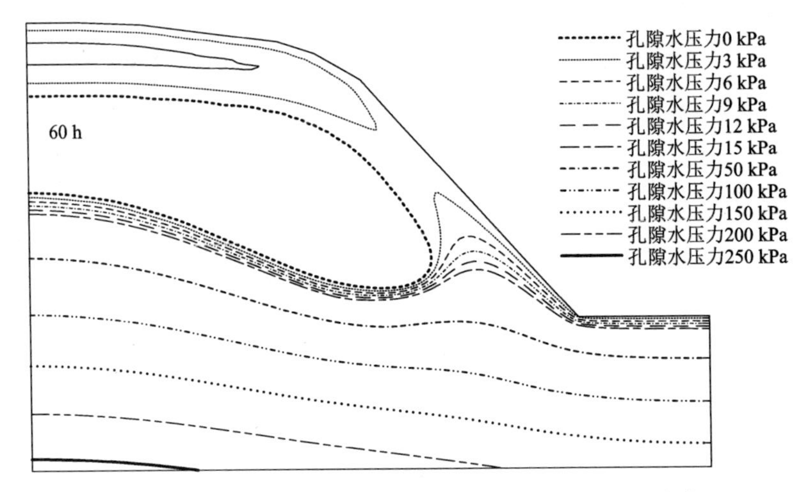

图 5-171　参数 b 为 1.620 时边坡内暂态饱和区 60 h 变化

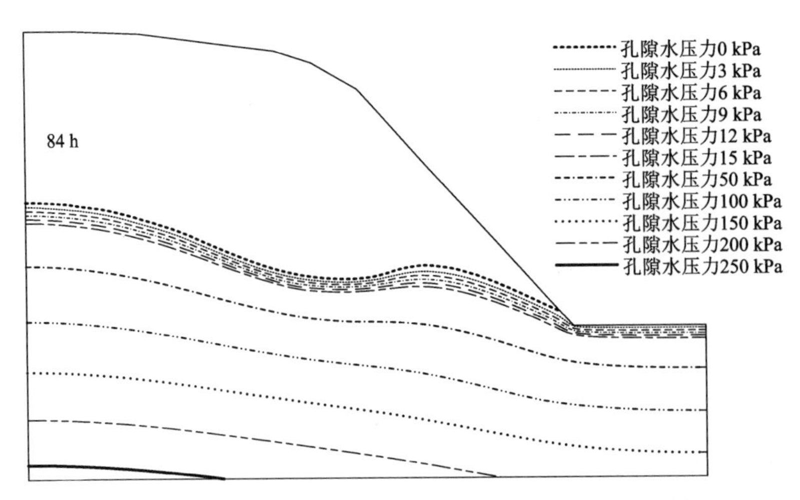

图 5-172　参数 b 为 1.620 时边坡内暂态饱和区 84 h 变化

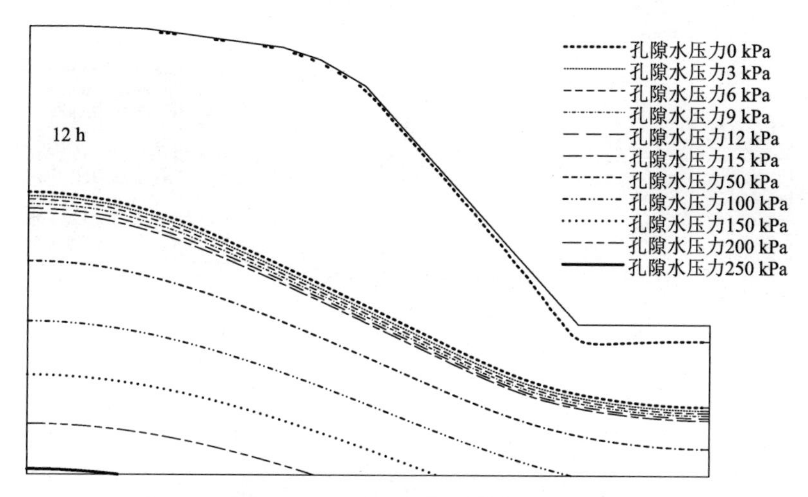

图 5-173 参数 *b* 为 1.458 时边坡内暂态饱和区 12 h 变化

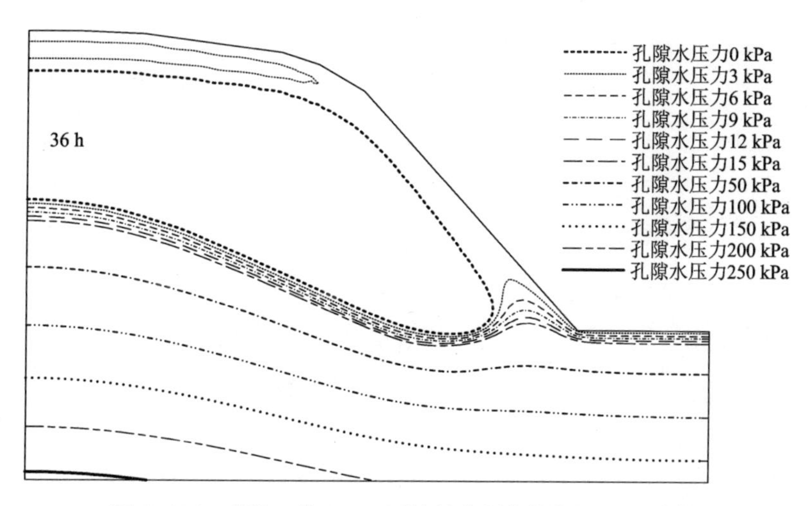

图 5-174 参数 *b* 为 1.458 时边坡内暂态饱和区 36 h 变化

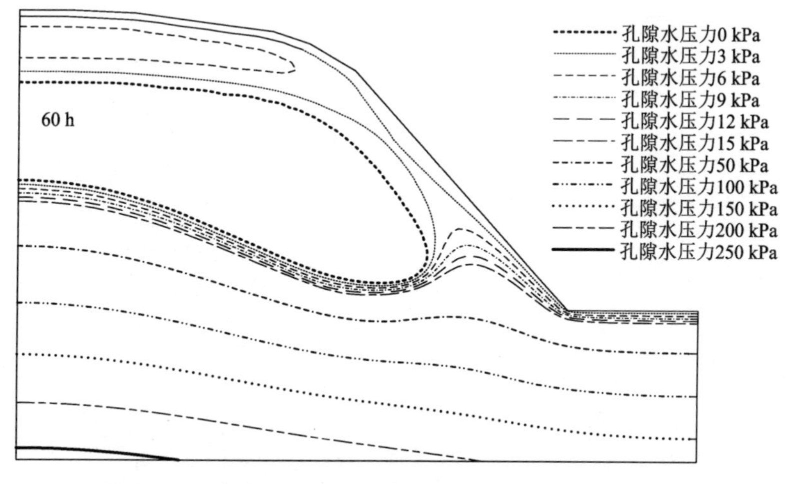

图 5-175 参数 *b* 为 1.458 时边坡内暂态饱和区 60 h 变化

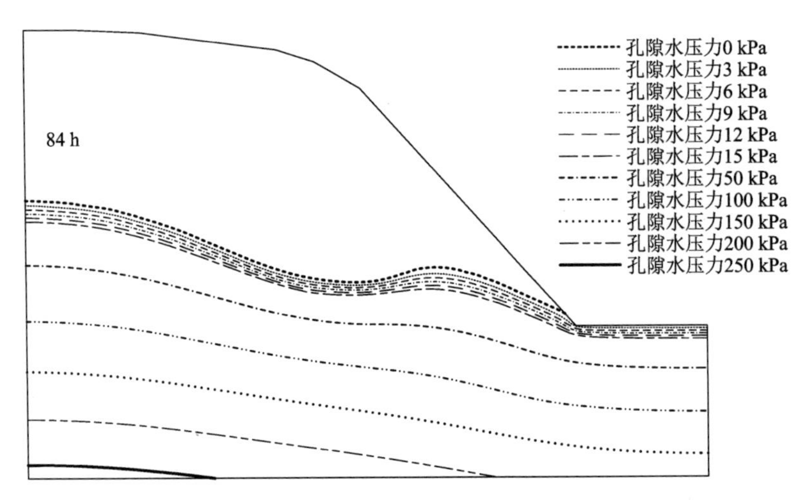

图 5-176　参数 b 为 1.458 时边坡内暂态饱和区 84 h 变化

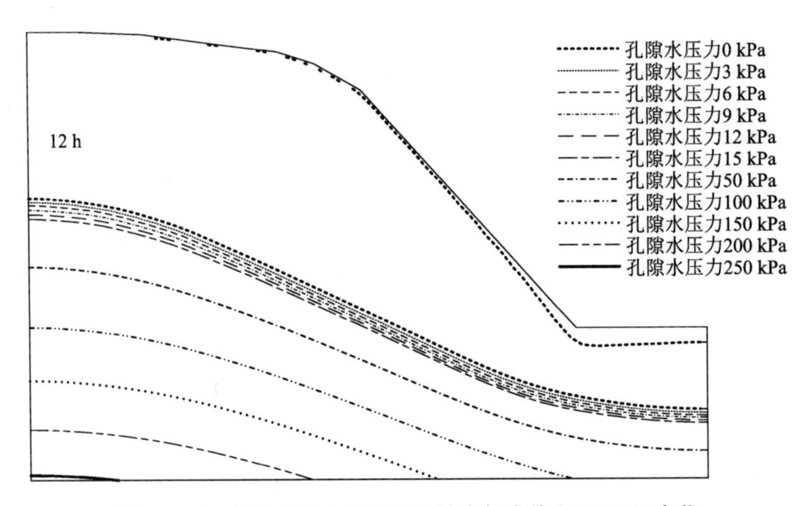

图 5-177　参数 b 为 1.296 时边坡内暂态饱和区 12 h 变化

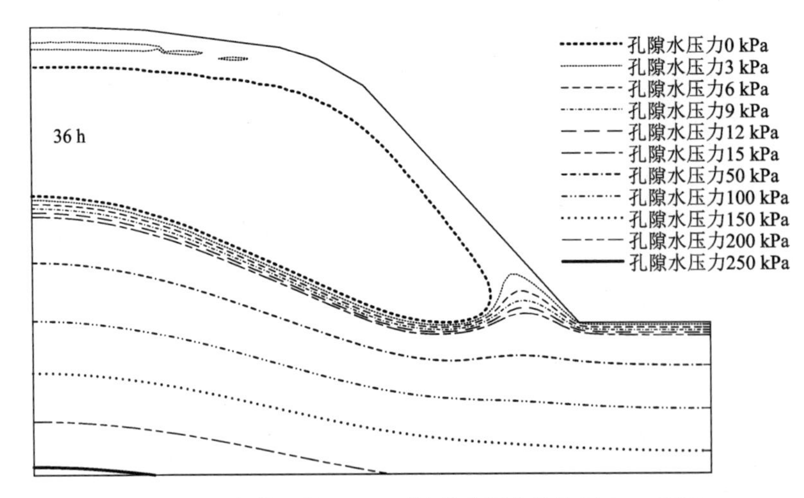

图 5-178　参数 b 为 1.296 时边坡内暂态饱和区 36 h 变化

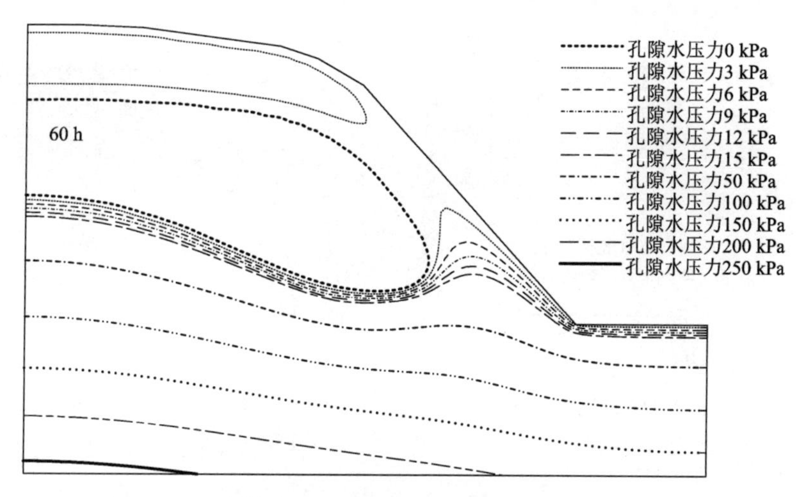

图 5-179　参数 *b* 为 1.296 时边坡内暂态饱和区 60 h 变化

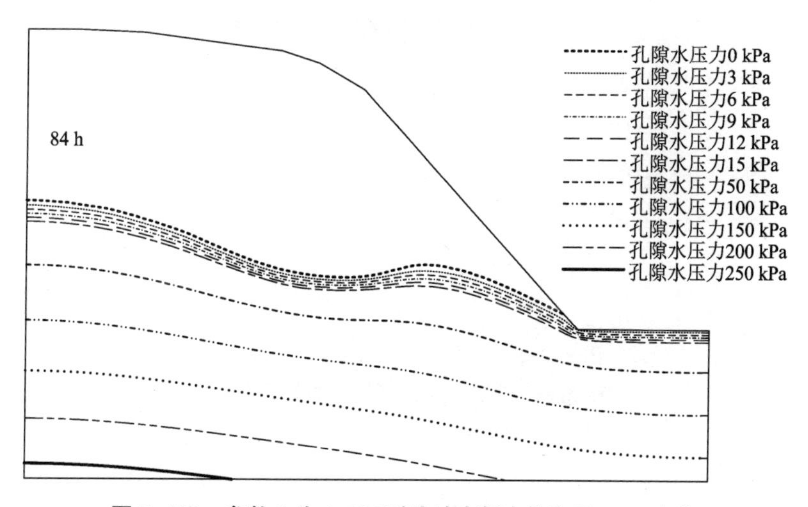

图 5-180　参数 *b* 为 1.296 时边坡内暂态饱和区 84 h 变化

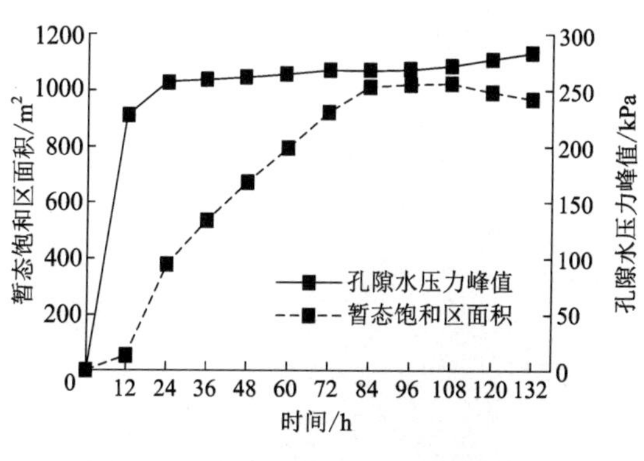

图 5-181　参数 *b* 为 1.944 时暂态饱和区面积、孔隙水压力峰值与时间的关系

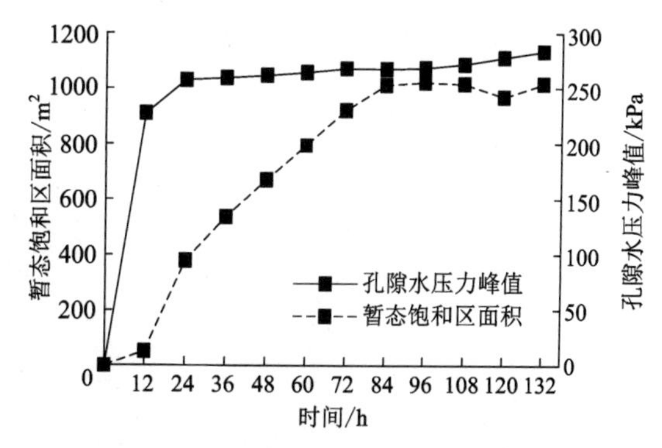

图 5-182　参数 *b* 为 1.728 时暂态饱和区面积、孔隙水压力峰值与时间的关系

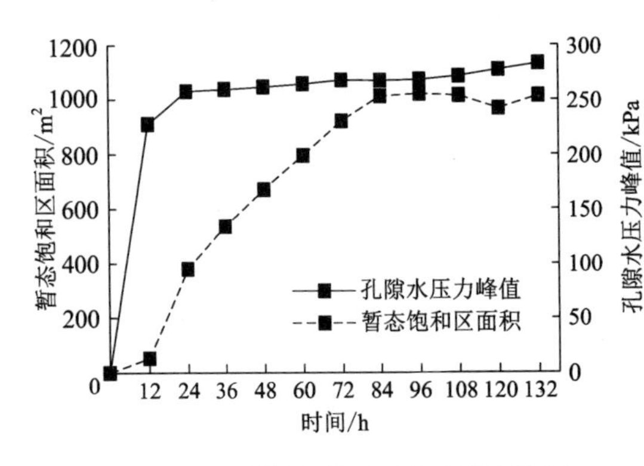

图 5-183　参数 *b* 为 1.620 时暂态饱和区面积、孔隙水压力峰值与时间的关系

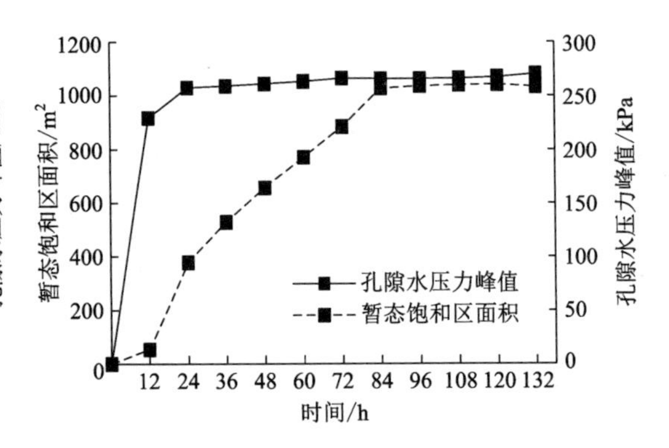

图 5-184　参数 *b* 为 1.458 时暂态饱和区面积、孔隙水压力峰值与时间的关系

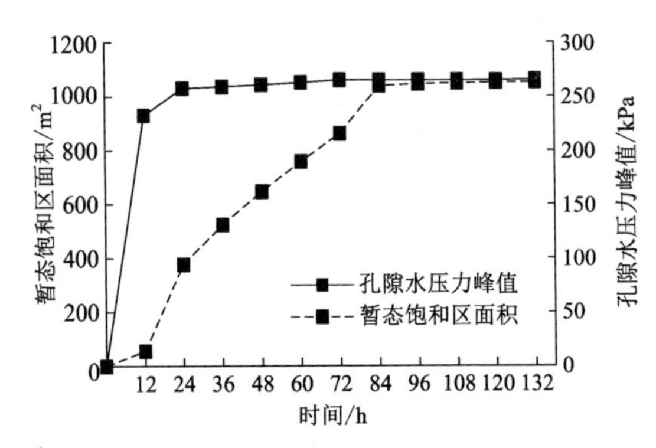

图 5-185　参数 *b* 为 1.296 时暂态饱和区面积、孔隙水压力峰值与时间的关系

参考文献

[1]　王世通. 堆积层滑坡降雨渗流弱化效应与稳定性演化规律研究[D]. 青岛：青岛理工大学，2018.

第6章

降雨条件下高液限红黏土边坡稳定性分析方法

降雨作为边坡失稳的重要影响因素，如何在雨水入渗的情况下保证黏土边坡的稳定性是近年来广大科研工作者所研究的重点。目前，由雨水入渗导致边坡破坏的机理研究已相对成熟。总的来说，雨水入渗影响坡体稳定性的原因主要包括以下四个方面：①降雨入渗区饱和度和重度增加。②降雨入渗区无基质吸力，降雨入渗区发展土体非饱和抗剪强度降低。③降雨入渗区内土体含水进而产生软化现象。④降雨入渗区内土体的孔压升高，有效应力下降。现有的诸多研究成果，基本上忽视了土体抗剪强度随深度的变化与暂态饱和区扩大所产生的水压力，若单考虑土体饱和度变化、基质吸力变化、饱水软化现象、孔隙水压力变化中的一个或多个因素的影响，往往不够全面，缺乏一定的可靠性。

综合考虑上述问题，本章考虑了坡体危险滑动面和降雨入渗时暂态饱和区的空间关系，推导了综合深度效应、暂态水压力变化、地下水压力变化、饱水软化现象、非饱和区强度大小、孔隙水重度等多种因素共同作用下的稳定性分析公式，研发了一种边坡稳定性计算分析程序，以自行计算该边坡潜在滑动面所在部位，研究边坡降雨入渗期间内的稳定性、失稳模式及这两个因素对稳定性系数的相关程度，以期为高液限红黏土边坡在降雨入渗条件下的浅层失稳破坏机制的研究提供理论参考。

6.1 降雨条件下边坡稳定性分析方法

降雨入渗条件下，暂态饱和边坡模型如图 6-1 所示，不考虑作用在条块左右两侧的法向力和切向力，考虑作用在条块左右两侧的水压力，采用水土合算方法计算[1]（考虑滑动面上的水压力，需考虑饱和重度的影响）推导出了考虑暂态饱和区稳定性系数的分析公式。图 6-2~图 6-4 为暂态饱和区、非饱和区和初始饱和区与潜在滑动面之间的空间关系。其中：W_i 为条块重力；θ_i 为条块潜在滑动面倾角；R 为潜在危险滑动面半径；x_i 为条块宽；P_{i-1}、P_i 为作用在条块两侧暂态水压力；E_{i-1}、E_i 为条块两侧法向力；F_{i-1}、F_i 为地下水压力；U_i 为滑动面上的水压力（滑动面在非饱和区时，$U_i=0$）；h_{i-1}、h_i 为条块底端到坡面的距离；N_i 和 T_i 为法向力和切向力；$i1_{j1}$ 是第 i 个条块在暂态饱和区内第 j 个单元上的第 1 个节点，$i2_{j1}$ 是第 i 个条块在非饱和区内第 j 个单元上的第 1 个节点，$i3_{j1}$ 是第 i 个条块在初始饱和区内第 j 个单元上的第 1 个节点。接下来对三个区域内的滑动面位置进行分析计算。

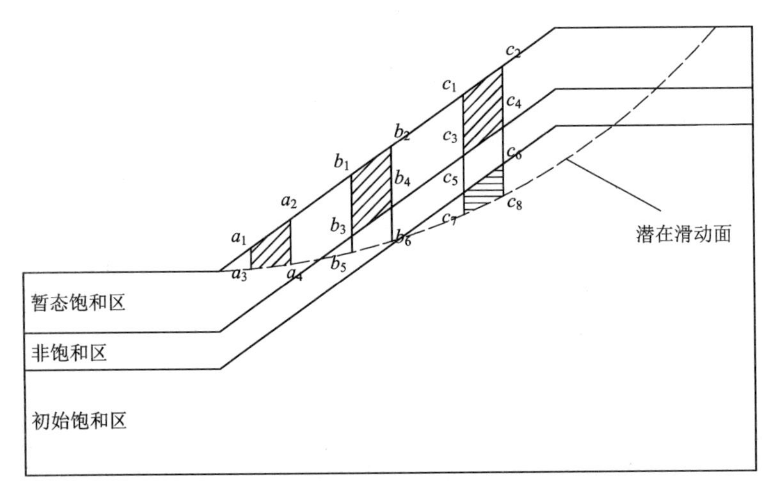

图 6-1　暂态饱和边坡稳定性分析模型

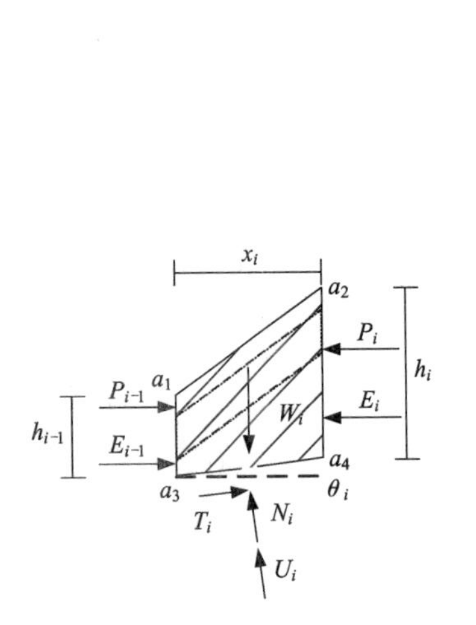

图 6-2　潜在滑动面位于暂态饱和区

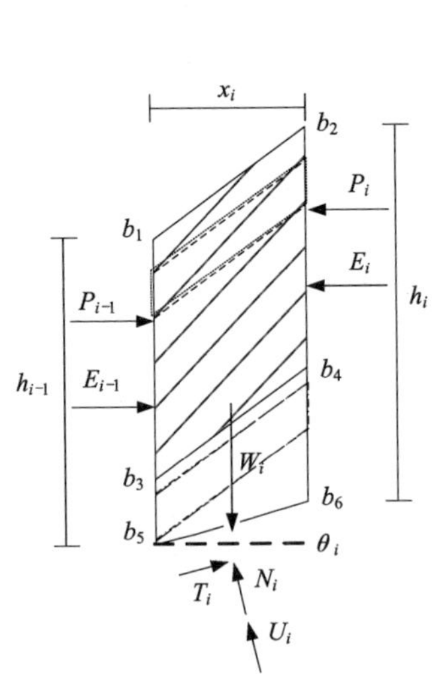

图 6-3　潜在滑动面位于非饱和区

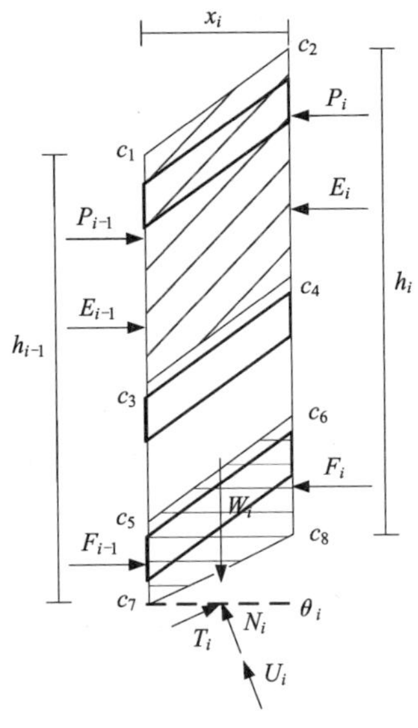

图 6-4　潜在滑动面位于初始饱和区

6.1.1　考虑暂态水压力与深度效应的改进瑞典条分法

1. 潜在滑动面位于暂态饱和区

当暂态饱和区内存在潜在危险滑动面时，暂态饱和区内条块单元受力情况如图 6-5 所示，条块受力情况可表示为：

$$W_i = \sum_{j=1}^{n} Wi1_j \tag{6-1}$$

$$Wi1_j = \gamma_{sat} Ai1_j \tag{6-2}$$

$$Ai1_j = 0.5(yi1_{j1} + yi1_{j2} - yi1_{j3} - yi1_{j4})x_i \tag{6-3}$$

$$P_{i-1}i1_j = 0.5(u_w i1_{j1} + u_w i1_{j3})(yi1_{j1} - yi1_{j3}) \tag{6-4}$$

$$P_i i1_j = 0.5(u_w i1_{j2} + u_w i1_{j4})(yi1_{j2} - yi1_{j4}) \tag{6-5}$$

$$P_{i-1} = \sum_{j=1}^{n} P_{i-1}i1_j \tag{6-6}$$

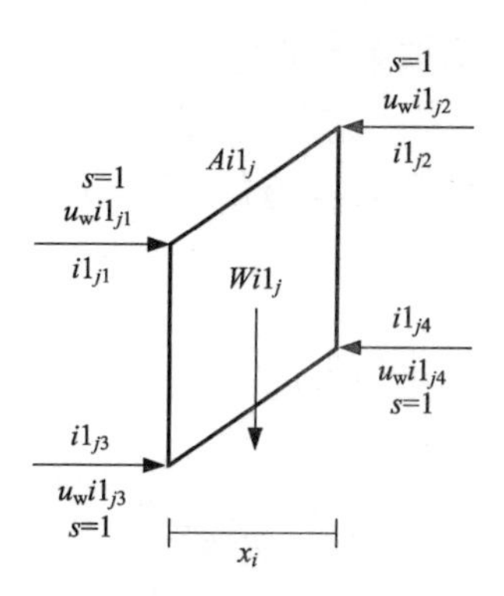

图 6-5　暂态饱和区内单元计算简图

$$P_i = \sum_{j=1}^{n} P_i i1_j \tag{6-7}$$

$$F_i = F_{i-1} = 0 \tag{6-8}$$

$$U_i = 0.5(u_{wa_3} + u_{wa_4})x_i / \cos\theta_i \tag{6-9}$$

式中：$Wi1_j$、$Ai1_j$ 为暂态饱和区内第 i 个条块第 j 个单元上的重力和面积；γ_{sat} 为土体饱和重度；$u_w i1_{j1}$、$yi1_{j1}$ 为暂态饱和区内第 i 个条块第 j 个单元上第 1 个节点的孔隙水压力和高程。

暂态饱和区内高液限红黏土抗剪强度计算公式为：

$$\tau_f = c + \sigma_N \tan\varphi \tag{6-10}$$

式中：τ_f 为抗剪强度；c 为黏聚力；φ 为内摩擦角；σ_N 为正应力。

根据第 3 章中红黏土的土工实验可得，坡面以下高液限红黏土抗剪强度与该处土体到坡面的距离的关系，可表示为：

$$c_h' = \mu_{ch1}\left(1 + \frac{h}{\mu_{ch2} + \mu_{ch3}h}\right) \tag{6-11}$$

$$\varphi_h' = \mu_{\varphi h1}\left(1 + \frac{h}{\mu_{\varphi h2} + \mu_{\varphi h3}h}\right) \tag{6-12}$$

式中：c_h'为距坡面 h 处红黏土黏聚力值；φ_h'为距坡面 h 处土体的内摩擦角；μ_{ch1}、μ_{ch2}、μ_{ch3}、$\mu_{\varphi h1}$、$\mu_{\varphi h2}$、$\mu_{\varphi h3}$ 为拟合参数。

土体饱和抗剪强度降幅与饱和时间之间的变化关系，如式(6-13)~式(6-16)所示：

$$\Delta c_t = [1 - \exp(\mu_{\Delta ch1} t_{sat})] / (1 + \mu_{\Delta ch2}) \tag{6-13}$$

$$\Delta\varphi_t = [1 - \exp(\mu_{\Delta\varphi h1} t_{sat})] / (1 + \mu_{\Delta\varphi h2}) \tag{6-14}$$

$$c = c_h'(1 - \Delta c_t) \tag{6-15}$$

$$\varphi = \varphi_h'(1 - \Delta\varphi_t) \tag{6-16}$$

式中：Δc_t 为土体黏聚力减幅；$\Delta\varphi_t$ 为内摩擦角减幅；t_{sat} 为饱和时间；$\mu_{\Delta ch1}$、$\mu_{\Delta ch2}$、$\mu_{\Delta\varphi h1}$、$\mu_{\Delta\varphi h2}$ 为拟合参数。

如图 6-2 所示，水平方向上条块的静力平衡方程为：

$$P_{i-1}-P_i-(N_i+U_i)\sin\theta_i+T_i\cos\theta_i=0 \tag{6-17}$$

纵向条块的静力平衡方程为：

$$(N_i+U_i)\cos\theta_i+T_i\sin\theta_i-W_i=0 \tag{6-18}$$

联立式(6-17)与式(6-18)，可得：

$$N_i=W_i\cos\theta_i+(P_{i-1}-P_i)\sin\theta_i-U_i \tag{6-19}$$

$$T_i=W_i\sin\theta_i-(P_{i-1}-P_i)\cos\theta_i \tag{6-20}$$

可推出滑动面上(暂态饱和区内)的 F_s 计算式为：

$$F_s=\frac{\sum_{i=1}^{n}\{c_il_i+[W_i\cos\theta_i+(P_{i-1}-P_i)\sin\theta_i-U_i]\tan\varphi\}}{\sum_{i=1}^{n}[W_i\sin\alpha_i-(P_{i-1}-P_i)\cos\theta_i]} \tag{6-21}$$

2. 潜在滑动面位于非饱和区

当非饱和区内存在潜在危险滑动面时，非饱和区内土体单元受力情况如图 6-6 所示，条块受力情况可表示为：

$$W_i=\sum_{j=1}^{n}Wi1_j+\sum_{j=1}^{n}Wi2_j \tag{6-22}$$

$$Wi2_j=[\gamma_d+(si2_{j1}+si2_{j2}+si2_{j3}+si2_{j4})(\gamma_{sat}-\gamma_d)/4]Ai2_j \tag{6-23}$$

$$U_i=0 \tag{6-24}$$

式中：$Wi2_j$ 为非饱和区内第 i 个条块第 j 个单元的重力；$Ai2_j$ 为非饱和区内第 i 个条块第 j 个单元的面积；γ_d 为红黏土干重度；$si2_{j1}$ 为非饱和区内第 i 个条块第 j 个单元上第 1 个节点处的高液限红黏土饱和度。

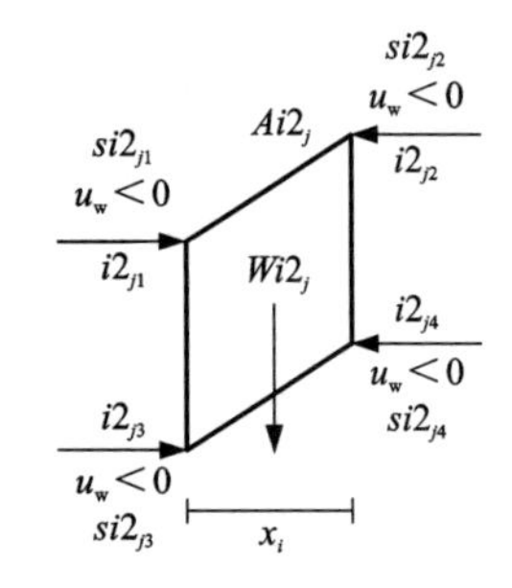

图 6-6 非饱和区内单元计算简图

采用高液限红黏土的非饱和强度改进其抗剪强度计算式：

$$\tau_f=c+\sigma_N\tan\varphi+\psi\tan\varphi_b \tag{6-25}$$

式中：φ_b 为内摩擦角(受基质吸力影响)。

根据图 6-3 中条块的受力分析，可得水平方向上条块的平衡方程：

$$P_{i-1}-P_i-N_i\sin\theta_i+T_i\cos\theta_i=0 \tag{6-26}$$

纵向上条块的平衡方程：

$$N_i\cos\theta_i+T_i\sin\theta_i-W_i=0 \tag{6-27}$$

联立式(6-26)与式(6-27)，可得：

$$N_i=W_i\cos\theta_i+(P_{i-1}-P_i)\sin\theta_i \tag{6-28}$$

$$T_i=W_i\sin\theta_i-(P_{i-1}-P_i)\cos\theta_i \tag{6-29}$$

可得条块在暂态饱和区内 F_s 计算式为：

$$F_s = \frac{\sum_{i=1}^{n} \{c_i l_i + \psi_i \tan \varphi_b l_i + [W_i \cos \theta_i + (P_{i-1} - P_i) \sin \theta_i] \tan \varphi\}}{\sum_{i=1}^{n} [W_i \sin \alpha_i - (P_{i-1} - P_i) \cos \theta_i]} \tag{6-30}$$

3. 潜在滑动面位于初始饱和区

当初始饱和区内存在潜在危险滑动面时，初始饱和区内土体单元在初始饱受力情况如图 6-7 所示，条块受力情况可表示为：

$$W_i = \sum_{j=1}^{n} Wi1_j + \sum_{j=1}^{n} Wi2_j + \sum_{j=1}^{n} Wi3_j \tag{6-31}$$

$$Wi3_j = \gamma_{sat} Ai3_j \tag{6-32}$$

$$F_{i-1}i3_j = 0.5(u_w i3_{j1} + u_w i3_{j3})(yi3_{j1} - yi3_{j3}) \tag{6-33}$$

$$F_i i3_j = 0.5(u_w i3_{j2} + u_w i3_{j4})(yi3_{j2} - yi3_{j4}) \tag{6-34}$$

$$F_{i-1} = \sum_{j=1}^{n} F_{i-1} i3_j \tag{6-35}$$

$$F_i = \sum_{j=1}^{n} F_i i3_j \tag{6-36}$$

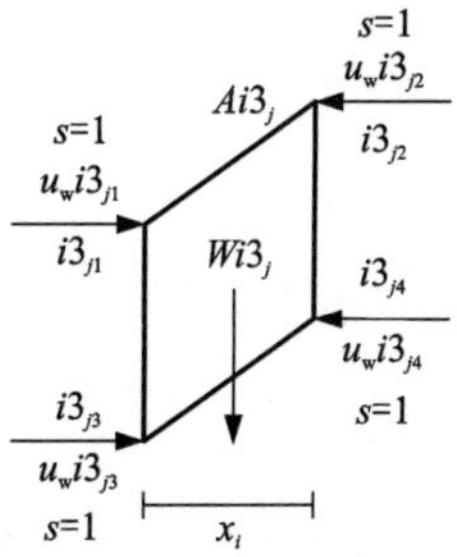

图 6-7　初始饱和区内单元计算简图

$$U_i = 0.5(u_{wc_7} + u_{wc_8}) x_i / \cos \theta_i \tag{6-37}$$

式中：$Wi3_j$ 为初始饱和区内第 i 个条块第 j 个单元的重力；$Ai3_j$ 为初始饱和区内第 i 个条块第 j 个单元的面积。

如图 6-4 所示，对图中条块的受力情况进行分析，经过力的合成与分解，可得水平方向上条块的平衡方程：

$$P_{i-1} - P_i + F_{i-1} - F_i - N_i \sin \theta_i + T_i \cos \theta_i = 0 \tag{6-38}$$

条块沿纵向的平衡方程：

$$N_i \cos \theta_i + T_i \sin \theta_i - W_i = 0 \tag{6-39}$$

联立式(6-38)与式(6-39)，可得：

$$N_i = W_i \cos \theta_i + (P_{i-1} - P_i + F_{i-1} - F_i) \sin \theta_i \tag{6-40}$$

$$T_i = W_i \sin \theta_i - (P_{i-1} - P_i) \cos \theta_i \tag{6-41}$$

可得条块在暂态饱和区内的 F_s 计算式：

$$F_s = \frac{\sum_{i=1}^{n} \{c_i l_i + \psi_i \tan \varphi_b l_i + [W_i \cos \theta_i + (P_{i-1} - P_i + F_{i-1} - F_i) \sin \theta_i] \tan \varphi\}}{\sum_{i=1}^{n} [W_i \sin \alpha_i - (P_{i-1} - P_i + F_{i-1} - F_i) \cos \theta_i]} \tag{6-42}$$

6.1.2 考虑暂态水压力与深度效应的改进 Bishop 条分法

1. 潜在滑动面位于暂态饱和区

根据图 6-2 中条块的受力情况分析，可得条块在纵向的静力平衡方程：

$$(N_i+U_i)\cos\theta_i+T_i\sin\theta_i-W_i=0 \tag{6-43}$$

F_s 为改进 Bishop 条分法假设的滑动面安全系数，T_i 为条块抗滑力：

$$T_i=\frac{(c_i+N_i\tan\varphi_i\cos\theta_i/x_i)l_i}{F_s} \tag{6-44}$$

联立式(6-43)与式(6-44)，可得：

$$N_i=\frac{W_i-U_i\cos\theta_i-c_il_i\sin\theta_i/F_s}{\cos\theta_i+\tan\varphi\sin\theta_i/F_s} \tag{6-45}$$

根据图 6-2 中条块的受力分析，可得条块在水平方向上的静力平衡方程：

$$(E_{i-1}-E_i+P_{i-1}-P_i)\cos\theta_i+T_i-W_i\sin\theta_i=0 \tag{6-46}$$

移项后，可推出：

$$E_i-E_{i-1}=(P_{i-1}-P_i)+(T_i-W_i\sin\theta_i)/\cos\theta_i \tag{6-47}$$

将所有条块(E_i-E_{i-1})项求和，当边坡在水平方向没有受到外力作用时，$\sum(E_i-E_{i-1})=0$，代入式(6-47)中，可得条块在暂态饱和区内的 F_s 计算式：

$$F_s=\frac{\sum_{i=1}^{n}\left[\frac{c_il_i\cos\theta_i+(W_i-U_i\cos\theta_i)\tan\varphi}{\cos\theta_i+\tan\varphi\sin\theta_i/F_s}\right]}{\sum_{i=1}^{n}\left[W_i\sin\alpha_i-(P_{i-1}-P_i)\cos\theta_i\right]} \tag{6-48}$$

2. 潜在滑动面位于非饱和区

根据图 6-3 中条块的受力分析，可得条块在纵向的力学平衡方程：

$$N_i\cos\theta_i+T_i\sin\theta_i-W_i=0 \tag{6-49}$$

条块底部切向抗滑力 T_i 为：

$$T_i=\frac{(c_i+N_i\tan\varphi_i\cos\theta_i/x_i+\psi_i\tan\varphi_b)l_i}{F_s} \tag{6-50}$$

联立式(6-49)与式(6-50)，可得：

$$N_i=\frac{W_i-\psi_i\tan\varphi_bl_i\sin\theta_i/F_s-c_il_i\sin\theta_i/F_s}{\cos\theta_i+\tan\varphi\sin\theta_i/F_s} \tag{6-51}$$

剩下的推导过程与本章 6.1.1 小节中第 1 小段(1. 潜在滑动面位于暂态饱和区)的推导过程相同，可得条块在非饱和区内的 F_s 计算式：

$$F_s=\frac{\sum_{i=1}^{n}\left(\frac{c_il_i\cos\theta_i+\psi_il_i\tan\varphi_b+W_i\tan\varphi}{\cos\theta_i+\tan\varphi\sin\theta_i/F_s}\right)}{\sum_{i=1}^{n}\left[W_i\sin\alpha_i-(P_{i-1}-P_i)\cos\theta_i\right]} \tag{6-52}$$

3. 潜在滑动面位于初始饱和区

根据图 6-4 中条块的受力分析，可推导出潜在滑动面上条块的力学平衡方程：

$$(E_{i-1}-E_i+P_{i-1}-P_i+F_{i-1}-F_i)\cos\theta_i+T_i-W_i\sin\theta_i=0 \tag{6-53}$$

剩下的推导过程与本章 6. 1. 1 小节中第 2、3 小段(2. 潜在滑动面位于非饱和区和(3. 潜在滑动面位于初始饱和区)的推导过程相同，可得条块在初始饱和区内的 F_s 计算式：

$$F_s=\frac{\sum_{i=1}^{n}\left[\frac{c_il_i\cos\theta_i+(W_i-U_i\cos\theta_i)\tan\varphi}{\cos\theta_i+\tan\varphi\sin\theta_i/F_s}\right]}{\sum_{i=1}^{n}\left[W_i\sin\alpha_i-(P_{i-1}-P_i+F_{i-1}-F_i)\cos\theta_i\right]} \tag{6-54}$$

6.1.3　考虑暂态水压力与深度效应的改进 Janbu 条分法

1. 潜在滑动面位于暂态饱和区

根据图 6-2 中条块的受力分析，考虑法向力的作用，可得水平方向上条块的力学平衡方程：

$$(N_i+U_i)\sin\theta_i+E_i+P_i=T_i\cos\theta_i+E_{i-1}+P_{i-1} \tag{6-55}$$

条块在纵向的力学平衡方程：

$$W_i=(N_i+U_i)\cos\theta_i+T_i\sin\theta_i \tag{6-56}$$

联立式(6-55)与式(6-56)，可推得：

$$N_i=(W_i-T_i\sin\theta_i)/\cos\theta_i-U_i \tag{6-57}$$

$$E_i-E_{i-1}=T_i\cos\theta_i+P_{i-1}-P_i-(N_i+U_i)\sin\theta_i \tag{6-58}$$

联立式(6-57)与式(6-58)，可推得：

$$E_i-E_{i-1}=\frac{T_i}{\cos\theta_i}+P_{i-1}-P_i-W_i\sin\theta_i \tag{6-59}$$

将所有条块(E_i-E_{i-1})项求和，当没有水平方向的外力作用在边坡上时，有 $\sum(E_i-E_{i-1})=0$，可推得：

$$\sum\left(\frac{T_i}{\cos\theta_i}+P_{i-1}-P_i-W_i\sin\theta_i\right)=0 \tag{6-60}$$

条块底端切向抗滑力 T_i 为：

$$T_i=\frac{(c_il_i+N_i\tan\varphi_i)}{F_s} \tag{6-61}$$

将式(6-61)代入式(6-60)中，可推得：

$$F_s=\frac{\sum(c_il_i+N_i\tan\varphi_i)/\cos\theta_i}{\sum(W_i\tan\theta_i+P_i-P_{i+1})} \tag{6-62}$$

将式(6-61)代入式(6-57)中，可推得：

$$N_i=\frac{W_i-c_il_i\sin\theta_i/F_s-U_i\cos\theta_i}{\cos\theta_i+\sin\theta_i\tan\varphi_i/F_s}\tag{6-63}$$

将式(6-63)代入式(6-62)中，可得条块在暂态饱和区内的 F_s 计算式：

$$F_s=\frac{\sum\frac{[c_il_i\cos\theta_i+(W_i-U_i\cos\theta_i)\tan\varphi_i]}{(\cos\theta_i+\sin\theta_i\tan\varphi_i/F_s)\cos\theta_i}}{\sum(W_i\tan\theta_i+P_i-P_{i+1})}\tag{6-64}$$

2. 潜在滑动面位于非饱和区

根据图 6-3 中条块的受力分析，可得水平方向上条块的力学平衡方程：

$$N_i\sin\theta_i+E_i+P_i=T_i\cos\theta_i+E_{i-1}+P_{i-1}\tag{6-65}$$

条块在纵向的力学平衡方程：

$$W_i=N_i\cos\theta_i+T_i\sin\theta_i\tag{6-66}$$

联立式(6-65)与式(6-66)，可推得：

$$N_i=(W_i-T_i\sin\theta_i)/\cos\theta_i\tag{6-67}$$

$$E_i-E_{i-1}=T_i\cos\theta_i+P_{i-1}-P_i-N_i\sin\theta_i\tag{6-68}$$

联立式(6-67)与式(6-68)，可推得：

$$E_i-E_{i-1}=\frac{T_i}{\cos\theta_i}+P_{i-1}-P_i-W_i\sin\theta_i\tag{6-69}$$

将所有条块(E_i-E_{i-1})项求和，当没有水平方向的外力作用在边坡上时，有$\sum(E_i-E_{i-1})=0$，可推得：

$$\sum\left(\frac{T_i}{\cos\theta_i}+P_{i-1}-P_i-W_i\sin\theta_i\right)=0\tag{6-70}$$

条块底部切向抗滑力 T_i 为：

$$T_i=\frac{(c_i+N_i\tan\varphi_i\cos\theta_i/x_i+\psi_i\tan\varphi_b)l_i}{F_s}\tag{6-71}$$

将式(6-71)代入式(6-70)中，可推得：

$$F_s=\frac{\sum(c_il_i+\psi_i\tan\varphi_bl_i+N_i\tan\varphi_i)/\cos\theta_i}{\sum(W_i\tan\theta_i+P_i-P_{i+1})}\tag{6-72}$$

将式(6-71)代入式(6-67)中，可推得：

$$N_i=\frac{W_i-\psi_i\tan\varphi_bl_i\sin\theta_i/F_s-c_il_i\sin\theta_i/F_s}{\cos\theta_i+\tan\varphi\sin\theta_i/F_s}\tag{6-73}$$

将式(6-73)代入式(6-72)中，可得条块在非饱和区内的 F_s 计算式：

$$F_s=\frac{\sum\frac{[c_il_i\cos\theta_i+\psi_il_i\tan\varphi_b+W_i\tan\varphi_i]}{(\cos\theta_i+\sin\theta_i\tan\varphi_i/F_s)\cos\theta_i}}{\sum(W_i\tan\theta_i+P_i-P_{i+1})}\tag{6-74}$$

3. 潜在滑动面位于初始饱和区

根据图 6-4 中条块的受力分析，推出水平方向上条块的力学平衡方程：

$$(N_i+U_i)\sin\theta_i+E_i+P_i+F_i=T_i\cos\theta_i+E_{i-1}+P_{i-1}+F_{i-1} \tag{6-75}$$

条块在纵向的力学平衡方程：

$$W_i=(N_i+U_i)\cos\theta_i+T_i\sin\theta_i \tag{6-76}$$

联立式(6-75)与式(6-76)，可推得：

$$N_i=(W_i-T_i\sin\theta_i)/\cos\theta_i-U_i \tag{6-77}$$

$$E_i-E_{i-1}=T_i\cos\theta_i+P_{i-1}-P_i+F_{i-1}-F_i-(N_i+U_i)\sin\theta_i \tag{6-78}$$

联立式(6-77)与式(6-78)，可推得：

$$E_i-E_{i-1}=\frac{T_i}{\cos\theta_i}+P_{i-1}-P_i+F_{i-1}-F_i-W_i\sin\theta_i \tag{6-79}$$

将所有条块的(E_i-E_{i-1})项求和，当边坡没有受到水平方向外力作用时，有$\sum(E_i-E_{i-1})=0$，可推得：

$$\sum\left(\frac{T_i}{\cos\theta_i}+P_{i-1}-P_i+F_{i-1}-F_i-W_i\sin\theta_i\right)=0 \tag{6-80}$$

条块底部切向抗滑力T_i为：

$$T_i=\frac{(c_il_i+N_i\tan\varphi_i)}{F_s} \tag{6-81}$$

将式(6-81)代入式(6-80)中，可推得：

$$F_s=\frac{\sum(c_il_i+N_i\tan\varphi_i)/\cos\theta_i}{\sum(W_i\tan\theta_i+P_i-P_{i+1}+F_{i-1}-F_i)} \tag{6-82}$$

将式(6-81)代入式(6-77)中，可推得：

$$N_i=\frac{W_i-c_il_i\sin\theta_i/F_s-U_i\cos\theta_i}{\cos\theta_i+\sin\theta_i\tan\varphi_i/F_s} \tag{6-83}$$

将式(6-83)代入式(6-82)中，可得条块在初始饱和区内的F_s计算式：

$$F_s=\frac{\sum\dfrac{[c_il_i\cos\theta_i+(W_i-U_i\cos\theta_i)\tan\varphi_i]}{(\cos\theta_i+\sin\theta_i\tan\varphi_i/F_s)\cos\theta_i}}{\sum(W_i\tan\theta_i+P_i-P_{i+1}+F_{i-1}-F_i)} \tag{6-84}$$

6.2　计算程序设计与适用性验证

本书首先将渗流计算得到的不同时刻的边坡孔隙水压力和饱和度等信息导入到本书的开发程序中，并将第3章试验得到的土体抗剪强度参数输入到程序中，采用推导的稳定性计算方法，分析不同时刻的边坡稳定性，从而得到不同时刻的边坡稳定性状态。

降雨入渗过程中，边坡安全系数受暂态饱和区的空间位置的影响，为了精准定位计算降雨入渗过程中潜在滑动面位置以及该滑动面的安全系数，综合考虑红黏土抗剪强度的深度效应、暂态水压力大小、地下水压力大小、饱水软化现象、非饱和强度大小、孔隙水重度等多种参数，通过先假定潜在危险滑动面的出入位置、后调整潜在危险滑动面半径的方法，研发了可自行计算边坡潜在危险滑动面位置的稳定性计算程序。程序计算流程如图 6-8 所示。降雨入渗过程中边坡稳定性计算程序的数据输入和结果显示界面如图 6-9 所示。

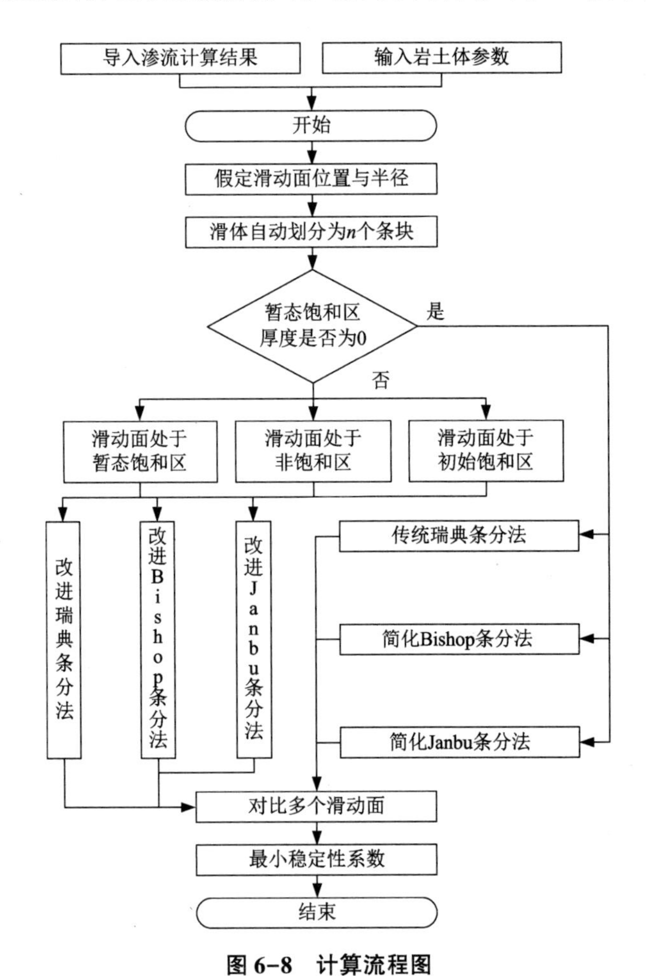

图 6-8　计算流程图

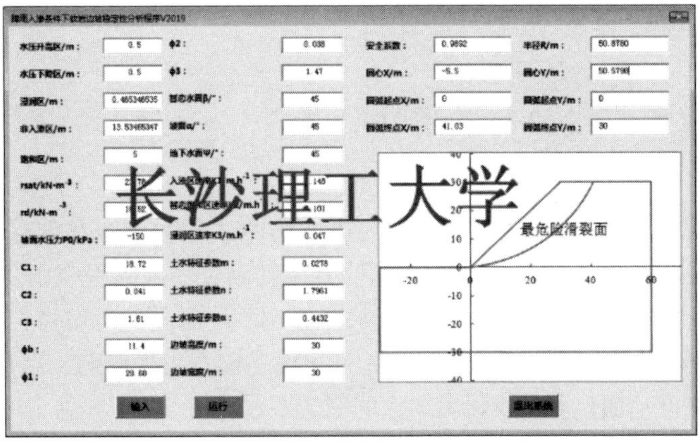

图 6-9　程序分析界面

为了证明本书所开发程序的合理性和适用性，将采用该程序计算所得结果与已知的算例边坡结果进行分析对比(降雨入渗持续 108 h)。表 6-1 为算例边坡的参数，表 6-2 为 Geostudio 软件[2-5]和自研程序的算例边坡稳定性系数计算结果。

表 6-1　算例边坡几何及物理参数

坡度 /(°)	高度 /m	c /kPa	φ /(°)	干重度 /(kN·m^{-3})	饱和重度 /(kN·m^{-3})	降雨强度 /(m·h^{-1})	饱和渗透系数 /(m·h^{-1})
45	15	20	33	22.5	24.0	1.66×10^{-3}	1.44×10^{-3}

表 6-2　算例边坡稳定性系数计算结果

时间/h	稳定性系数		相对误差/%
	本书程序	参考文献	
0	1.258	1.237	1.70
24	1.219	1.224	-0.41
48	1.212	1.208	0.33
72	1.201	1.196	0.42
108	1.157	1.171	-1.20

由表 6-2 可知，两种计算程序所得的边坡稳定性系数相对误差较小。由图 6-10 可得，降雨 108 h 时，两种程序计算所得的滑动面位置大致重合。由此可知，本书的自研程序所确定的滑动面位置和计算的滑动面安全系数具有一定的准确性和适用性。

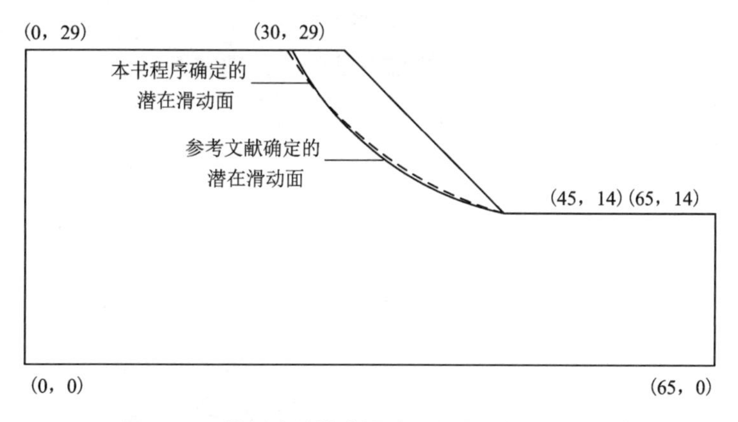

图 6-10　算例边坡潜在滑动面位置(降雨 108 h)

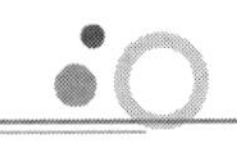

6.3 边坡稳定性分析

降雨入渗条件下边坡潜在危险滑动面位置以及该滑动面的安全系数和最大深度随降雨时间的变化关系如图 6-11~图 6-14 所示。由图 6-11~图 6-14 可知，①降雨入渗初期，稳定性系数开始下降，潜在危险滑动面上受到的暂态水压力增大；降雨 0~48 h 内，稳定性系数的降幅先保持稳定后逐渐加快，潜在滑动面垂直于坡面向上延展，作用在潜在滑动面上的暂态水压力的速率增幅较小，边坡破坏形式表现为深层整体滑移；降雨 48~72 h 内，边坡稳定性系数的降幅加大，作用在潜在滑动面上的暂态水压力增幅较大，边坡破坏形式由深层整体破坏转变为浅层局部滑移，潜在滑动面垂直于坡面缓慢下降，稳定性系数降低。②降雨入渗结束后，稳定性系数逐渐增加，作用在滑动面上的暂态水压力快速消失，滑动面垂直于坡面逐渐向下延展。

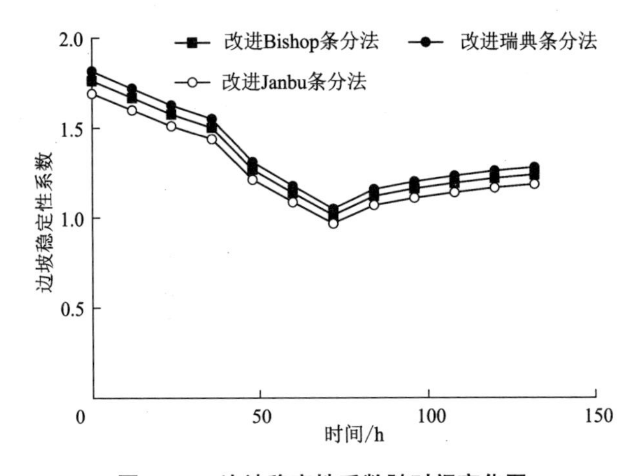

图 6-11　边坡稳定性系数随时间变化图

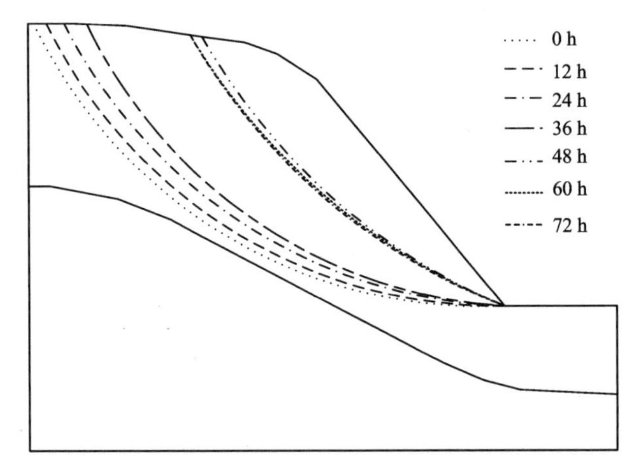

图 6-12　降雨持续期内边坡潜在滑动面位置

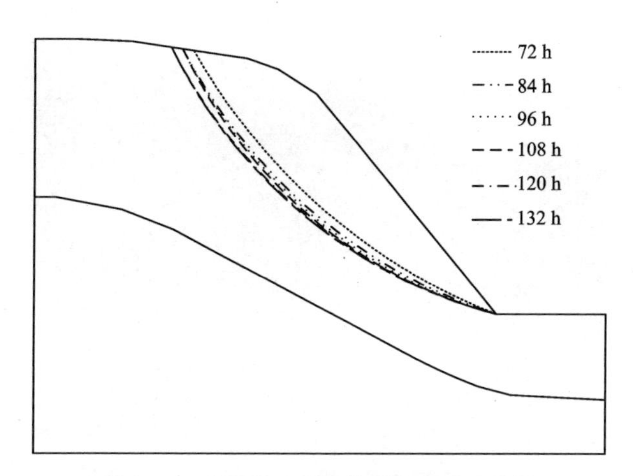

图6-13　降雨停止后边坡潜在滑动面位置

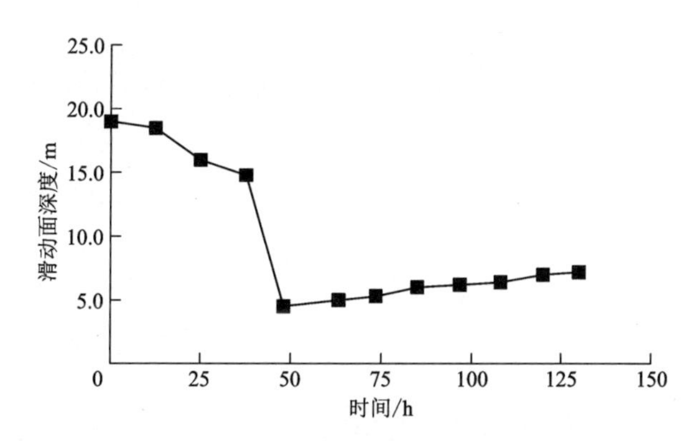

图6-14　滑动面深度与降雨时间的变化关系图

造成上述变化过程的原因为：①降雨入渗初期，随着雨水下渗降雨入渗区和暂态饱和区垂直于坡面向下发展，表层高液限红黏土重度逐渐增加，暂态饱和区在潜在危险滑动面上的范围逐渐扩大；降雨入渗0~48 h内，表层高液限红黏土的基质吸力区和非饱和区抗剪强度随降雨入渗时间的延长逐渐减小，潜在危险滑动面上包括暂态饱和和非饱和两个区域，使得潜在危险滑动面垂直于坡面方向向上发展；降雨入渗48~72 h内，暂态饱和区内的高液限红黏土逐渐产生软化现象，暂态水压随之逐渐上升，边坡稳定性系数持续减小，潜在滑动面垂直于坡面向暂态饱和区发展。②降雨入渗结束后，表层暂态饱和区逐渐消失，潜在危险滑动面垂直于坡面向下发展，与暂态饱和区逐渐分开，表层高液限红黏土的基质吸力和抗剪强度持续增加直至恢复到原有强度。

降雨条件下算例边坡出现了浅层失稳破坏，勘探资料显示边坡滑动面最大深度为4.71 m，如图6-15所示。降雨后期(48~72 h)及降雨停止后(72~132 h)，边坡稳定性系数较小，潜在滑动面最大深度为4.8~8.2 m，与实际边坡滑动面最大深度基本一致，表明采用本书所提出的方法分析红黏土边坡稳定性是适用的。

图 6-15　算例高液限红黏土边坡浅层失稳破坏

6.4　不同因素对高液限红黏土边坡稳定性的影响

土体参数的差异性都影响边坡稳定性，本章已对降雨入渗过程中所有潜在滑动面进行了计算，讨论比较了以下几种因素边坡稳定性系数的影响程度：不考虑高液限红黏土强度参数的深度效应、侧向暂态水压力大小、饱水软化现象、非饱和强度大小、孔隙水重度。稳定性系数和稳定性系数计算的相对误差与上述因素间的变化关系分别如图 6-16～图 6-20 所示。

深度效应对边坡稳定性系数和稳定性系数计算产生的相对误差的关系如图 6-16 所示，由图 6-16 可知，降雨入渗时间在 72 h 内，滑动面垂直于坡面方向向上发展至暂态饱和区，暂态水压力升高，抗剪强度减小，其产生抵抗边坡滑动的力矩逐渐减小，相对误差也逐渐减小，边坡破坏形式由深层破坏变成浅层失稳，边坡稳定性系数降低；降雨停止后，暂态饱和区面积减小，滑动面位置垂直于坡面向下发展，其产生的暂态水压力也减小，土体中的抗剪强度增大，抗滑力增加，而此时暂态水压力所产生的下滑力矩降低，导致坡体的安全系数增加，相对误差随着滑动面的减小先迅速下降后保持稳定。不考虑岩土体抗剪强度的深度效应，计算得到降雨条件下边坡稳定性系数相对误差为-20%～-10%，边坡稳定性系数偏小，岩土体抗剪强度的深度效应对边坡稳定性有利。

图 6-17 为考虑和不考虑侧向暂态水压力时该边坡模型的稳定性系数与计算得到的边坡稳定性系数的相对误差随时间变化图。由图 6-17 可知，当降雨入渗时间小于 48 h 时，滑动面上包括两个区域，分别为暂态饱和区和非饱和区，滑动面上的暂态水压力和滑体侧向的暂态水压力随着暂态饱和区深度的增加而增加，相对误差持续增加。降雨入渗时间 48～72 h 时，滑动面上的暂态水压力持续增加，滑动面深度减小，滑体侧向的暂态水压力也随之减小，相对误差逐渐降低。当降雨入渗时间大于 72 h 后，滑动面逐渐沿深度向下发展，滑动面上和滑体侧向的暂态水压力所产生的抗滑力矩与滑体侧向的暂态水压力所产生

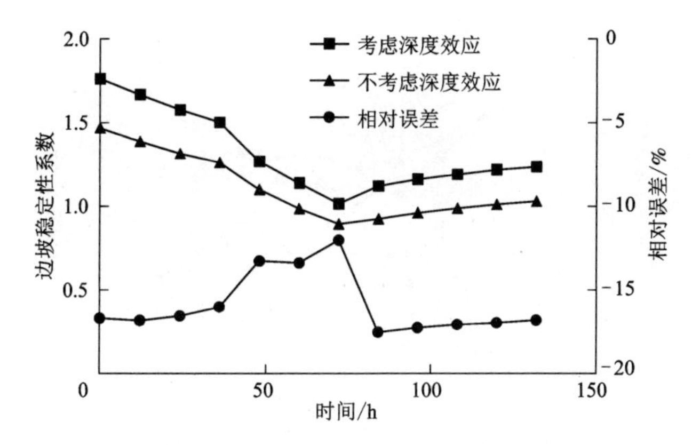

图 6-16　深度效应对边坡稳定性系数的影响

的下滑力矩之比保持不变。不考虑条块两侧侧向暂态水压力时，计算得到降雨条件下边坡稳定性系数相对误差为0%~0.6%，边坡稳定性系数偏大，侧向暂态水压力对边坡稳定性不利。

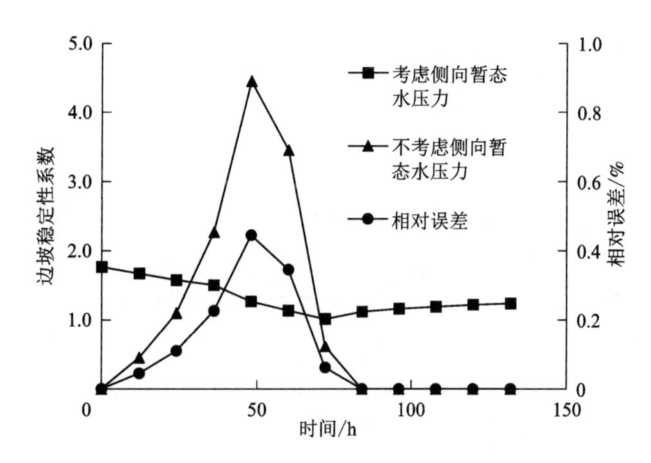

图 6-17　暂态水压力对边坡稳定性系数的影响

图 6-18 所示为不考虑软化时的边坡稳定性系数与稳定性系数计算相对误差结果。由图 6-18 可知，当降雨入渗时间在 48 h 内，滑动面上包括暂态饱和区与非饱和区，滑动面内暂态饱和区的范围随暂态饱和区深度的增加而增大，相对误差逐渐增大。当降雨入渗时间在 48~72 h，滑动面垂直于坡面向上发展至暂态饱和区，滑动面上的抗剪强度突变，导致相对误差迅速增加。降雨停止后，滑动面沿纵向扩大，土体抗剪强度降幅减小，由于软化作用引起的相对误差减小。不考虑软化作用时稳定性系数均大于等于考虑饱水软化时的稳定性系数，土体抗剪强度会在产生饱水软化效应后大大降低。忽略岩土体饱水软化时，计算得到降雨条件下边坡稳定性系数相对误差为 0%~20%，边坡稳定性系数偏大，饱水软化对边坡稳定性不利。

岩土体非饱和强度对边坡稳定性系数的影响程度如图 6-19 所示。由图可知，当降雨

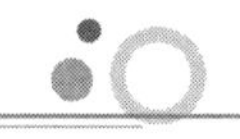

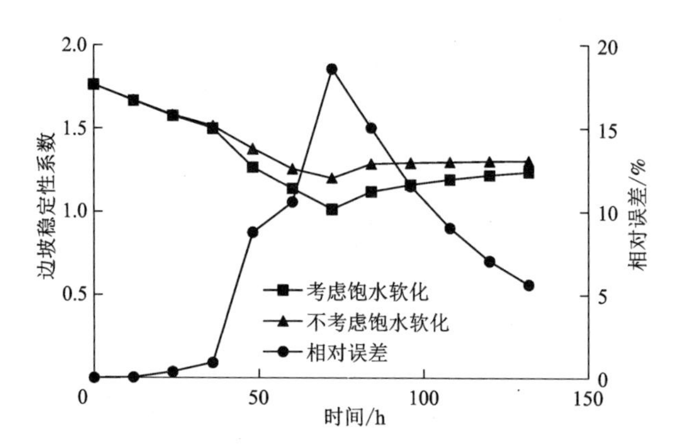

图 6-18　饱水软化对边坡稳定性系数的影响

入渗时间在 48 h 内，稳定性系数随降雨时间的增长而降低，滑动面上饱和区缩小，相对误差稳定在 18%。当降雨入渗时间大于 48 h，滑动面垂直于坡面上升至暂态饱和区，边坡稳定性系数的变化不受非饱和强度的影响，相对误差迅速减小至 0。降雨停止后，滑动面垂直于坡面向下延展，非饱和强度对边坡稳定性系数开始产生影响，相对误差开始逐渐提高。不考虑岩土体非饱和强度时，计算得到降雨条件下边坡稳定性系数相对误差为-25%~0%，边坡稳定性系数偏小，岩土体非饱和强度对边坡稳定性有利。

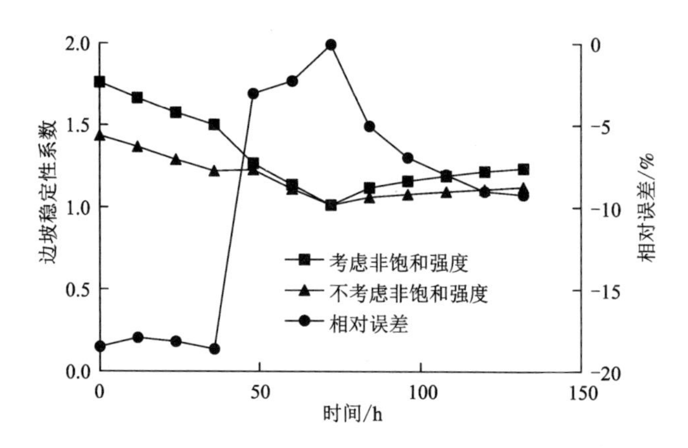

图 6-19　非饱和强度对边坡稳定性系数的影响

边坡稳定性系数和稳定性系数计算相对误差受孔隙水重度的影响程度如图 6-20 所示。由图 6-20 可知，当降雨入渗时间在 48 h 内，下滑力矩的增幅和滑动面与水平面的夹角随降雨入渗区最大深度的减小而减小，而滑动面上孔隙水重度导致抗滑力矩的增幅随之增大，相对误差也随之增大。降雨入渗时间在 48~72 h，滑动面与水平方向的夹角持续增大，滑动面上孔隙水重度导致的抗滑力矩的增幅随滑动面倾角的增大而减小，而下滑力矩的增幅变大相对误差减小。当降雨停止后，滑动面上孔隙水重度造成的抗滑力矩的涨幅随滑动面倾角的减小而增大，而下滑力矩的增幅却随之逐渐减小，相对误差持续减小。孔隙水重度造成的下滑力矩增幅与抗滑力矩的增幅之比大于 1。不考虑孔隙水重度时，计算得到降雨条件下边坡稳定性系数相对误差为 15%～35%，边坡稳定性系数偏大，孔隙水重度对边坡稳定性不利。

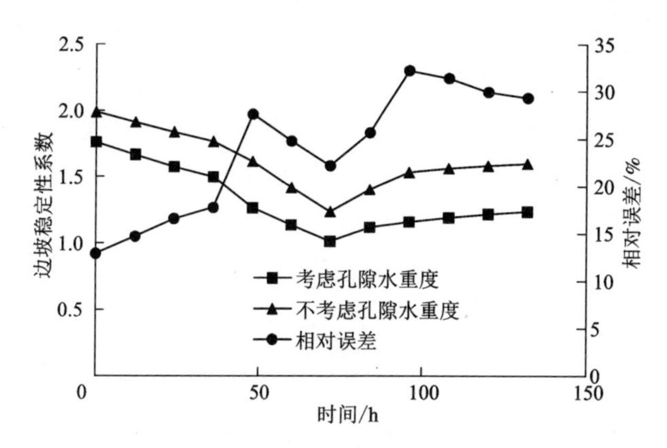

图 6-20　孔隙水重度对边坡稳定性系数的影响

6.5　半刚性支护生态综合处治技术

目前，常用的护坡方法主要有喷射混凝土、砌石护坡、锚杆支护、抗滑桩等。虽然上述方法均能在一定程度上提高边坡稳定性，但是难以满足生态护坡的要求；格构可以通过在其横纵梁之间布置绿植来保持水土和美化边坡，但是在边坡防排水、格构间岩土体稳固方面仍存在一定缺陷，且在边坡排、补、储水方面也未有较好的处理方式。边坡表面积水若不能及时排出，将导致不良地质岩土体人工边坡表层岩石崩落，土质边坡表层失稳，对边坡的稳定性造成隐患。此外，在工程施工、运营期间，由于边坡开挖、下雨积水等因素，高液限红黏土人工边坡浅层失稳频繁，严重影响工程建设进度与安全运营。

6.5.1　考虑暂态水压力与深度效应的不平衡推力传递系数法

在坡体中取第 i 个条块进行分析计算，由前文分析可得，第 $i-1$ 个与第 i 个条块之间的下滑力与第 $i-1$ 个条块底部倾向相同，此外该条块还受到垂直于该条块底部滑动面的地下水压力 U_i 和平行于该条块滑动面的暂态水压力 P_i 的影响。

在不考虑外力的作用下，条块底部法向力、切向力平衡，可推出：

$$N_i-W_i\cos\alpha_i-Q_{i-1}\sin(\alpha_{i-1}-\alpha_i)=0 \tag{6-85}$$

$$T_i+P_i-W_i\sin\alpha_i-Q_{i-1}\cos(\alpha_{i-1}-\alpha_i)=0 \tag{6-86}$$

假设条块底部抗滑力只发挥了 $1/F_s$，可得：

$$T_i=\frac{c_il_i+N_i\tan\varphi_i}{F_s} \tag{6-87}$$

联立式(6-85)~式(6-87)，消去 T_i，N_i，有

$$Q_i=W_i\sin\alpha_i-\frac{c_il_i+W_i\cos\alpha_i\tan\varphi_i}{F_s}+\psi_iQ_{i-1} \tag{6-88}$$

式中：ψ_i 为条块 i 的传递系数，即

$$\psi_i=\cos(\alpha_{i-1}-\alpha_i)-\tan\varphi\sin(\alpha_{i-1}-\alpha_i) \tag{6-89}$$

本书考虑地下水压力 U_i 和暂态水压力 P_i 的影响，得到不平衡推力的隐式解法为：

$$Q_i=N_{di}-T_i/F_s+\psi_iQ_{i-1} \tag{6-90}$$

$$T_i=c_il_i+[w_i\cos\alpha_i-(P_{i-1}-P_i)\sin\alpha_i-u_il_i]\tan\varphi_i \tag{6-91}$$

$$N_{di}=W_i\sin\alpha_i+(P_{i-1}-P_i)\cos\alpha_i \tag{6-92}$$

联立式(6-90)~式(6-92)，得：

$$Q_i=[w_i\sin\alpha_i+(P_{i-1}-P_i)\cos\alpha_i]-\{c_il_i+[w_i\cos\alpha_i-(P_{i-1}-P_i)\sin\alpha_i-u_il_i]\tan\varphi_i\}/F_s+Q_{i-1}\psi_i \tag{6-93}$$

由于条块数量较多，该方法迭代计算量大，需要借助计算机程序来进行求解，为简化迭代计算的过程，通常将式(6-90)简化为：

$$Q_i=F_sN_{di}-T_i+\psi_iQ_{i-1} \tag{6-94}$$

由此可将式(6-93)改写为：

$$Q_i=F_s[w_i\sin\alpha_i+(P_{i-1}-P_i)\cos\alpha_i]-\{c_il_i+[w_i\cos\alpha_i-(P_{i-1}-P_i)\sin\alpha_i-u_il_i]\tan\varphi_i\}+Q_{i-1}\psi_i \tag{6-95}$$

F_s 计算式为：

$$F_s=\frac{c_il_i+[w_i\cos\alpha_i-(P_{i-1}-P_i)\sin\alpha_i-u_il_i]\tan\varphi_i}{w_i\sin\alpha_i+(P_{i-1}-P_i)\cos\alpha_i} \tag{6-96}$$

6.5.2　半刚性支护生态综合处治结构及工作原理

本书针对高液限红黏土边坡易发生浅层失稳破坏的问题，提出了一种用于人工边坡半刚性支护的生态综合处治结构及其施工方法，该方法由锚固、排补储水和绿化三大部分组成。

锚固部分包括“ ト”形预制混凝土挡板和锚杆，锚杆从“ ト”形预制混凝土挡板上部的中心处打入人工边坡中。“ ト”形预制混凝土挡板所受到的土压力通过锚杆传递到稳定地层，锚杆、“ ト”形预制混凝土挡板和稳定地层所组成的空间结构可以将危险滑坡体锚固于稳定坡体中。这种结构可以提高高液限红黏土的自承能力，可以让土体在稳定的前提下产生一定的变形，提高坡面附近岩体的正应力，还可以边开挖边支护，防止边坡表面块石滚落、浅层失稳。此外，“ ト”形预制混凝土挡板一半埋入土中，暴露于空气中的长度较短，降低了坡面复绿时对植物高度的要求，预制混凝土挡板之间通过边缘锯齿状结构连接，通过预制混凝土挡板间产生的摩擦力紧密相连，在预制混凝土挡板打入锚杆处设有一块混凝土板，该混凝土板与梯形的嵌型板形成嵌套式结构，梯形的嵌型板紧靠上方预制混凝土挡板的竖直板，通过混凝土板和嵌型板的组合不仅可以承受锚杆的力，还可以使所有预制混凝土挡板形成一个整体，当局部“ ト”形预制混凝土挡板产生较大变形时，上侧的挡板可以

通过嵌型板传递到下侧的挡板，下侧的挡板一方面传递到该挡板的锚杆上，另一方面进一步传递到下侧的挡板，如此循环，直至所有结构的力与变形实现平衡为止，能有效防止边坡表层岩土体局部失稳。

排补储水部分包括排水管、纵向排水通道、边坡平台排水沟、集水槽、蓄水池和尼龙绳。排水通道沿坡面纵向布置且延伸至边坡底部；集水槽设置在预制混凝土挡板的横板中部，集水槽和边坡平台排水沟与纵向排水通道连接；排水管位于绿化系统的植生土表层；蓄水池位于人工边坡上，上下间隔四块预制混凝土挡板设置一个蓄水池；尼龙绳位于碎石层底部并连接集水槽和蓄水池。集水槽和边坡纵向排水通道能及时排出边坡表层的雨水，同时还能排出边坡内部裂隙水，位于边坡平台的排水沟和植生土处的排水管可快速排出坡面积水、内部的渗水，缩短坡面水径流长度，降低雨水冲刷的影响，以及防止坡面溢水裂隙附近岩土体软化，再通过“ ⊦”形预制混凝土挡板中的集水槽防止下渗水，防止坡面附近岩土体因干湿循环，出现表层崩解剥落的现象。

绿化部分包括植生土、碎石层和植物，碎石层位于“ ⊦”形预制混凝土挡板的横板上方，植物种在位于碎石层上方的植生土中。植被可通过尼龙绳和植物根尖的毛细现象分段自动吸水，避免因土壤干旱导致需要频繁进行人工洒水和边坡表面植被出现凋亡，节省了大量劳动力，保证了绿化效果。

其具体结构如图 6-21～图 6-23 所示。

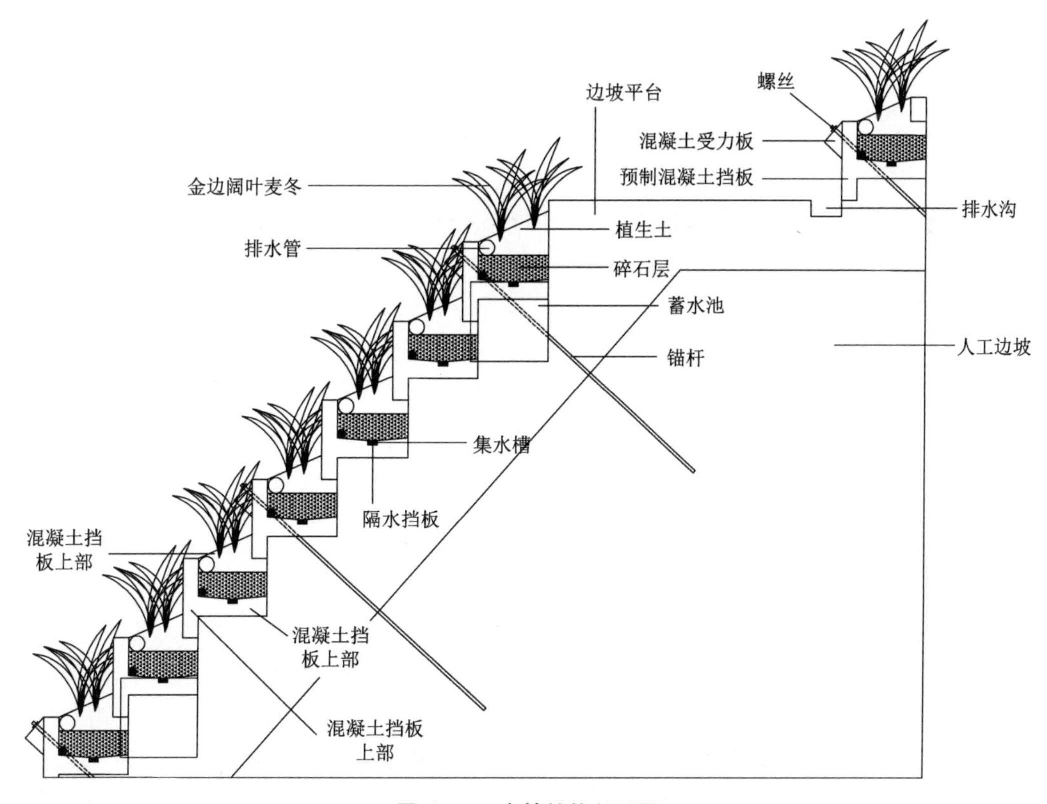

图 6-21　支护结构剖面图

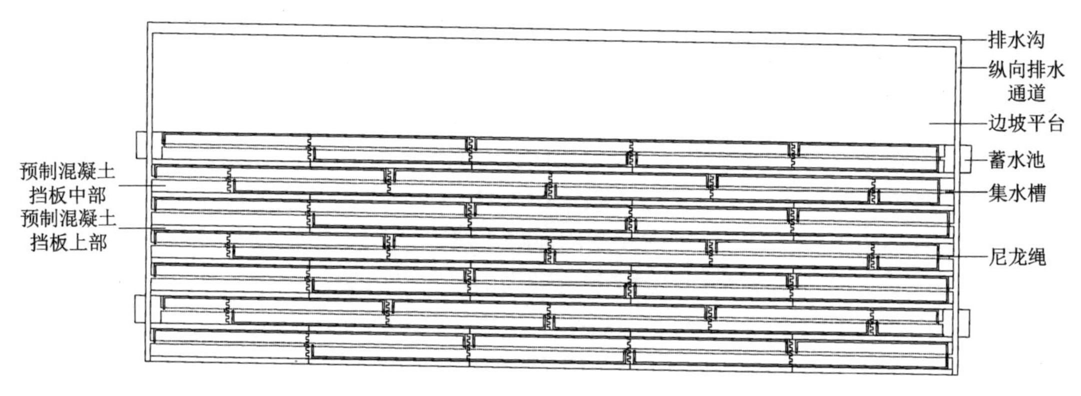

图 6-22　支护结构俯视图

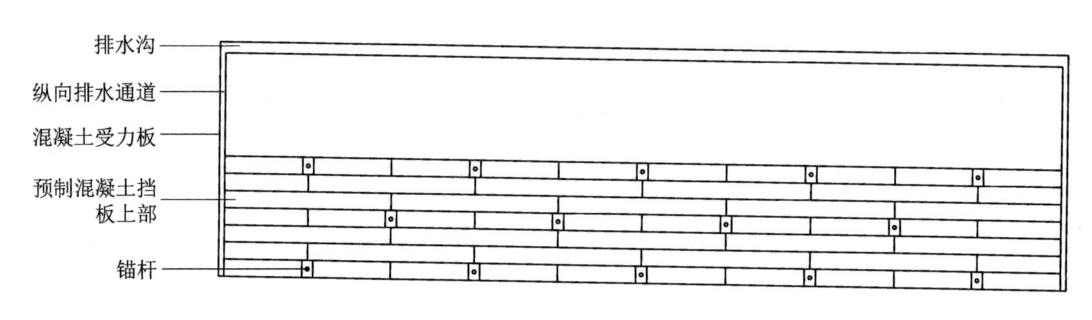

图 6-23　支护结构正视图

6.5.3　半刚性支护生态综合处治结构设计

1. 滑坡推力计算

按照《公路路基设计规范》(JTG D30—2015)要求，本书在进行边坡稳定性分析时考虑暴雨或连续降雨的情况，其工况选取为非正常工况Ⅰ，低级强度指标采用的快剪强度指标稳定性安全系数需满足1.25的要求，所以取加固后安全系数 $F_s=1.25$，沿用前文中的计算结果，采用改进后的不平衡推力传递系数法计算公式对该边坡的最危险滑动面进行计算，得出剩余下滑力 F 为138.6，得到的边坡安全系数为1.08。

2. 锚固设计

按照《岩土锚杆(索)技术规程》(CECS 22：2005)要求，本书设计锚杆支护结构属于永久性支护，高液限红黏土边坡危害大，易产生公共安全问题，取安全系数为2.2，杆体采用HRB400，抗拉强度标准值 $f_{yk}=400$ MPa，取抗拔安全系数为1.6。锚固土体为红黏土，处于软塑状态，取 $f_{mg}=40$ kPa。锚固段采用M35水泥砂浆，取锚固段砂浆与钢筋之间的黏结强度 f_{ms} 为2.7 MPa，杆体垂直距离为2 m，左右间距取3 m，一共设置15排。

锚杆倾角计算式为：

$$\delta=\beta-(45^{\circ}+\frac{\varphi}{2}) \tag{6-97}$$

式中：δ 为锚杆倾角；β 为滑面倾角；φ 为滑面内摩擦角。由规范可知，δ 在 15°～30°。取 $\delta=30°$。

锚固力计算：

$$J=\frac{F}{[F]\sin\delta+\cos\delta\tan\varphi}=153.8(\mathrm{kN/m}) \tag{6-98}$$

式中：F 为剩余下滑力；J 为锚固力。

单根锚杆标准拉力值为：

式中：N_k 为单孔锚杆拉力标准值；l 为锚索间距；n_0 为排数。

每孔锚杆钢筋的截面积为：

$$A_s\geqslant\frac{K_tN_t}{f_{yk}}=\frac{1.6\times2.2\times30.76}{4\times10^5}=2.71(\mathrm{cm}^2)$$

式中：A_s 为锚杆钢筋截面面积，单位为 m^2；K_t 为锚杆抗拉安全系数；N_t 为锚杆的轴向拉力设计值，单位为 kN，即锚杆在设计使用期内可能出现的最大拉力值。

取锚固钢筋为 $\phi20$ 面积为 $3.142\geqslant A_s$，锚杆设计参数如表 6-3、表 6-4 所示。

表 6-3　锚固体参数设计表

设计要素	锚索钻孔直径 d_h/m	注浆材料	杆体与水泥砂浆间的黏结力 τ_u/kPa	水泥砂浆体与土体间的黏结强度 /kPa	设计安全系数 F_{s2}
设计参数	0.15	M35 水泥砂浆	2700	40	2.2

锚杆锚固段长度计算：

$$l_a\geqslant\frac{KN_t}{\pi Df_{mg}\psi}=\frac{1.6\times2.2\times30.76}{3.14\times0.15\times40\times1.3}=4.4(\mathrm{m})$$

$$l_s\geqslant\frac{KN_t}{n\pi d\xi f_{ms}\psi}=\frac{1.6\times2.2\times30.76}{1\times3.14\times0.00227\times2700\times1.3}=4.3(\mathrm{m})$$

式中：K 为锚杆抗拉安全系数；l_a 为锚杆锚固段长度（由水泥砂浆与其周围岩土体的黏结强度确定）；l_s 为锚杆锚固段长度（由锚固钢筋与水泥砂浆间的黏结强度确定）；D 为锚固段的钻孔直径；d 为钢绞线或钢筋直径；ψ 为锚固段长度对黏结强度的影响系数；n 为钢筋的根数；ξ 为单孔大于等于 2 根钢筋时，界面黏结强度的降低系数，取 0.6～0.85。

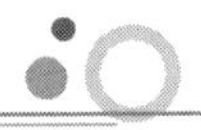

表 6-4　锚杆长度设计表

编号	l_a/m	自由段/m	总长/m
1	4. 5	1. 2	5. 7
2	4. 5	2. 6	7. 1
3	4. 5	3. 9	8. 4
4	4. 5	6	10. 5
5	4. 5	6. 9	11. 4
6	4. 5	7. 6	12. 1
7	4. 5	8. 2	12. 7
8	4. 5	8. 8	13. 3
9	4. 5	9. 2	13. 7
11	4. 5	9. 5	14
12	4. 5	9. 7	14. 2
13	4. 5	9. 9	14. 4
14	4. 5	9. 9	14. 4
15	4. 5	9	13. 5

"├"形预制混凝土挡板在工厂中进行预制，横板和立板所采用的钢筋均为 ϕ16 mm，其具体结构如图 6-24、图 6-25 所示。

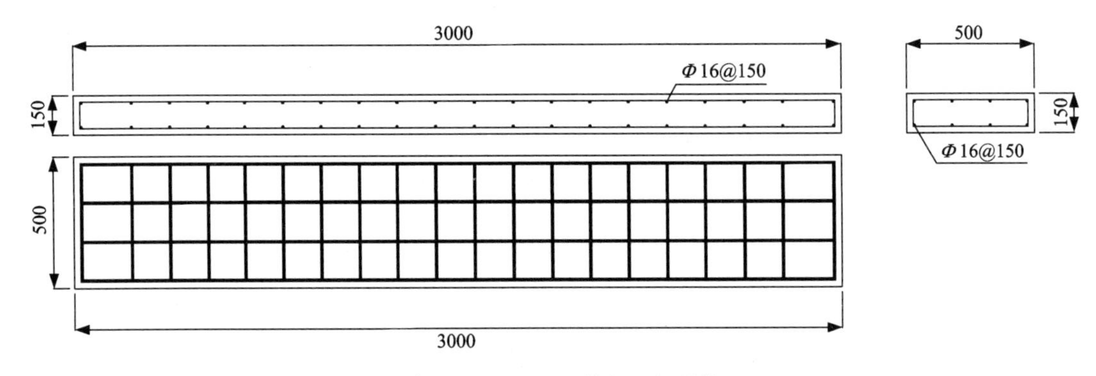

图 6-24　"├"形预制混凝土挡板立板结构图(mm)

3. 半刚性支护生态综合处治技术施工方法

根据上述计算结果，针对高液限红黏土边坡的浅层失稳问题设计了半刚性支护生态综合处治技术的施工方法。

①清理边坡表面。

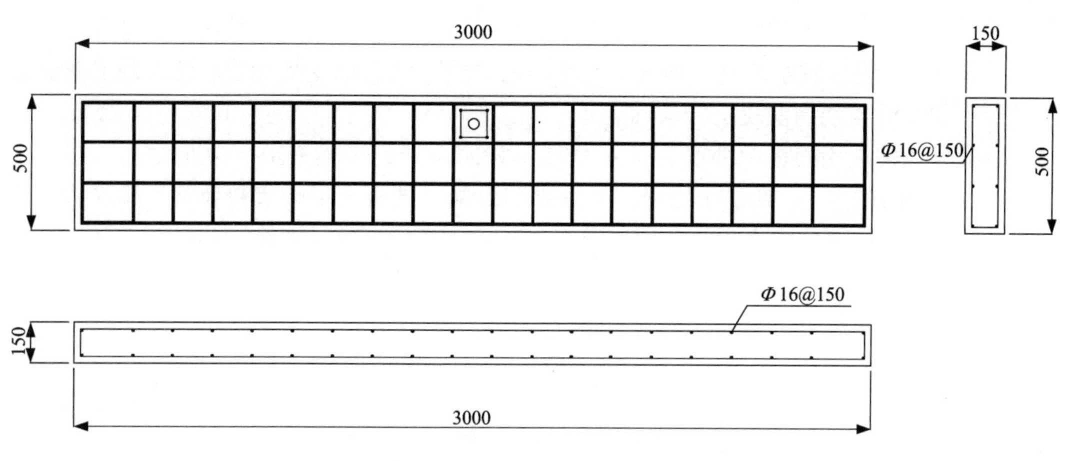

图 6-25　“├”形预制混凝土挡板横板结构图(mm)

②用挖掘机从坡顶自上而下分级进行坡面的梯级开挖，8 m 为一级，每级间设 1 m 宽边坡平台，边坡平台开挖一条宽 0.3 m、深 0.3 m 的排水沟，边坡表面开挖呈台阶状，开挖宽度为 0.5 m，高度为 0.5 m，水平方向边坡开挖坡度为 1°。

③在人工边坡上规划好每一块预制混凝土挡板的位置，预制混凝土挡板整体呈梅花形排列，预制混凝土挡板在工厂制作好以后运输到施工现场。将吊车开至吊装指定区域后，以距预制混凝土挡板上部上边缘两端四分之一处和距预制混凝土挡板中部外侧两个角点四分之一处为吊装点，将预制混凝土挡板用吊装螺丝固定好以后按照设计路线将预制混凝土挡板吊至指定位置，对准标记位置后垂直下降。安装好后将吊装螺丝的预留孔洞用混凝土填充密实，用沥青浇筑两块预制混凝土挡板之间的接缝，最后在预制混凝土挡板上部的内侧和中部的上层铺上一层防水土工布，打入锚杆的预制混凝土挡板的防水土工布铺设在两块混凝土受力板中间。

④穿过预制混凝土挡板上部中心处预留孔洞，在垂直不良地质岩土体人工边坡方向上打锚孔(洞)，上下两个锚孔(洞)间隔两块预制混凝土挡板。

⑤穿过预制混凝土挡板上部的锚孔(洞)在垂直人工边坡方向上打入锚杆，按计算的锚杆长度进行施工，施加的预应力大小为设计锚固力的 60%~70%，并将锚头用螺丝将锚杆固定拧紧。打入锚杆处的预制混凝土挡板有一块受力板和嵌型板，受力板厚 0.03 m，嵌型板紧靠上一块预制混凝土挡板下部，受力板和嵌型板形成嵌套式结构。

⑥以五块预制混凝土挡板为一个单位，每间隔五块预制混凝土挡板(即 15 m)，开挖一条延伸至边坡底部的纵向排水通道，在边坡纵向排水通道处每间隔四块预制混凝土挡板开挖一个长、宽各 0.5 m，深 0.5 m 的蓄水池。蓄水池低于边坡纵向排水通道 0.3 m，预制混凝土挡板上的集水槽与蓄水池相连。蓄水池开挖好以后与混凝土进行护壁支护，喷涂防水材料使其不渗水、漏水。

⑦在预制混凝土挡板预留通道安装尼龙绳，尼龙绳一端连接预制混凝土挡板集水槽处的隔水挡板内侧，一端连接上一段集水槽的进水口。每根尼龙绳连接两块预制混凝土挡

板，形成水平逐级吸水的补水系统。两端的预制混凝土挡板上的尼龙绳延伸至蓄水池底部。最外侧连接蓄水池的预制混凝土挡板同样设有尼龙绳，该处尼龙绳纵向连接每一个蓄水池，形成纵向逐级吸水的补水系统。水平向尼龙绳与纵向尼龙绳相连，铺设好尼龙绳后用建筑胶粉将其与预制混凝土挡板固定。

⑧在预制混凝土挡板中部铺上厚度为 15~20 cm 的石子，再在石子上面铺上一层厚度为 10~20 cm 的植生土，在植生土表层靠近预制混凝土挡板上部放置排水管，排水管上半部分设有小孔，在植生土上种植金边阔叶麦冬或花叶冬青等常绿植物。

参考文献

[1] 彭海军. 基于高灵敏度土场地某深基坑支护研究[D]. 北京：中国地质大学(北京)，2017.

[2] 陈星. 黄土填方边坡界面效应及稳定性研究[D]. 西安：长安大学，2019.

[3] 施炳军. 降雨入渗下边坡渗流场与稳定性数值分析[D]. 昆明：昆明理工大学，2013.

[4] 郑素苹. 滑坡稳定性评价及治理研究[J]. 黑龙江工业学院学报(综合版)，2018，18(4)：57-61.

[5] 王聪聪，李江腾，廖峻，等. 抗滑桩加固边坡稳定性分析及其优化[J]. 中南大学学报(自然科学版)，2015，46(1)：231-237.